JOSEF SETTELE

DIE TRIPLE KRISE

Artensterben, Klimawandel, Pandemien

JOSEF SETTELE

DIE TRIPLE KRISE

Artensterben, Klimawandel, Pandemien

Warum wir dringend
handeln müssen

Für Doris und Sam

INHALT

Kapitel 1

EIN DÜSTERER AUSBLICK IN DIE ZUKUNFT?

Beginnen wir mit einer Zeitreise und stellen wir uns Deutschland im Jahr 2040 vor:

Seit Fleisch im Labor gezüchtet wird, ist es im Supermarkt wieder so preiswert, wie es zuletzt 2020 war. Obst hingegen, selbst einheimisches, ist ebenso wie Kaffee eine unerschwingliche Luxusware. Viele Kinder kennen Äpfel und Kirschen nur noch aus dem Internet. Denn alle Versuche, die Obstbäume mit Drohnen zu bestäuben, sind bisher gescheitert. Weil Maschinen nicht präzise genug sind, landen die wertvollen Pollen überall, nur viel zu selten da, wo sie ihre lebenspendende Kraft entfalten können. Blüten werden daher von Menschenhand bestäubt, eine Arbeit, die den Preis für Obst rund um den Erdball in schwindelerregende Höhen treibt. Die natürlichen Helfer, die diesen Job bisher kostenlos verrichtet haben, indem sie die Pollen fliegend und krabbelnd von Blüte zu Blüte brachten, sind verschwunden oder in weiten Teilen der Welt stark dezimiert: Gemeint sind die Bienen und andere Bestäuber.

Spaziergänge, Joggen und Radeln durch Waldeinsamkeit gehören im Jahr 2040 der Vergangenheit an. Nur noch wenige ausgewiesene Areale sind der Öffentlichkeit zugänglich. Der größte Teil der Waldbestände ist gesperrt: Die Gefahr, sich

ein Virus einzufangen oder von einem herabstürzenden Ast-
gerippe erschlagen zu werden, ist zu groß. Die massenhafte
Vermehrung der Borkenkäfer und invasive Arten haben den
Wald in unseren Breitengraden in ein geisterhaftes Trümmer-
feld verwandelt. Auch die Angst vor der gefährlichen Riesenzecke *(Hyalomma)* und dem Nilflughund *(Rousettus aegyptiacus)*
macht den Wald zur No-go-Area. Riesenzecke wie Nilflughund, irgendwann aus Afrika eingeschleppt, sind aufgrund des
zunehmend tropischen Klimas in Mitteleuropa heimisch geworden. Die blutsaugende *Hyalomma* verbreitet das gefährliche Krim-Kongo-Fieber, gegen das nach jahrelanger Forschung immerhin ein Impfstoff gefunden werden konnte. Die
Nilflughunde wiederum werden systematisch gejagt, seit man
weiß, dass das Corona-Virus, das 2038 die Große Pandemie
auslöste, von diesem Fledertier auf den Menschen überge-
sprungen ist. Weltweit sind bereits mehr als 40 Millionen Menschen gestorben, allein in Deutschland über 200.000 – obwohl
die Bundesrepublik ihr Schutzkonzept gegen Pandemien nach
der Corona-Krise 2020 grundlegend überarbeitet und Jahr für
Jahr Millionen für Impfstoffe ausgegeben hat, um gewappnet
zu sein. Aber gegen COVID-38 – benannt nach dem Jahr des
ersten Auftretens – ist bisher kein geeignetes Serum gefunden
worden.

Der Wald stinkt, denn Insekten, die natürlichen Entsorger
und Totengräber verendeter Rehe, Wildschweine und anderer Waldbewohner, gibt es so gut wie keine mehr. Millionen
von Jahren sorgten sie für den biologischen Abbau von Tier-
leichen und die Rückführung der organischen Substanzen in

den Kreislauf der Natur. Durch das Verschwinden der Insekten dauert der Verwesungsvorgang nun quälend lange, sodass Menschen in Schutzanzügen regelmäßig das Unterholz nach Kadavern durchkämmen, um sie zu entsorgen.

Und still ist es im Wald, kein Vogelzwitschern und -trillern ist zu hören, denn auch Singvögel sind aus den Wäldern mehr oder weniger verschwunden. Sie haben ihre angestammten Lebensräume verlassen und sich an das Leben in den Städten angepasst. Freilich war dies nur einigen flexibleren Arten möglich. Im Wald ist die wichtigste Nahrungsquelle der Vögel versiegt: Insekten.

Stopp, cut!

Entschuldigen Sie, dass ich Ihnen zum Auftakt meines Buches dieses – ziemlich unwissenschaftliche – Horrorszenario zumute. Ich verstehe mich als seriösen Forscher und neige schon von Berufs wegen mehr zur wunderbaren Farbenvielfalt, wie wir sie von Schmetterlingen kennen, als zum Schwarzmalen. Ich versichere Ihnen: So schlimm wie oben beschrieben wird es nicht kommen. Der von mir ersonnene *Worstcase* wird schon deshalb nicht Realität werden, weil Tiere seit Millionen von Jahren beweisen, dass sie extrem anpassungsfähig sind – weit mehr als wir Menschen. Allen voran die Insekten, mit denen ich mich zeit meines Forscher- und auch sonstigen Lebens befasse. Insekten lernten zum Beispiel als erste Bewohner des blauen Planeten Erde das Fliegen, um vor ihren Fressfeinden schneller flüchten zu können.

Ich könnte es auch mit anderen Worten sagen: Wenn das letzte Insekt stirbt, werden wir Menschen selbst längst nicht mehr existieren.

Dass ich es trotzdem wage, hier anfangs über die wissenschaftlichen Stränge zu schlagen, hat einen guten Grund. Mein Buch soll ein Weckruf sein, die Artenvielfalt, insbesondere die der Insekten, zu erhalten. Ich habe oben einige potenzielle Folgen von Klimawandel, Artensterben und Zoonosen – Infektionskrankheiten, die Mensch und Tier gleichermaßen treffen – bewusst überspitzt dargestellt, damit Sie einen ungefähren Einblick in das Drama erhalten, dem die Menschheit sich gefährlich nähern könnte, wenn wir diese drei fatalen Entwicklungen, die ich die Triple-Krise nenne, nicht stoppen. Noch scheint das möglich. Allerdings ist es nicht fünf, sondern eher drei oder zwei vor zwölf. Das klingt dramatisch, und genau so meine ich es auch. Nur wir Menschen sind in der Lage, den großen Zeiger der Uhr zurückzudrehen oder anzuhalten, damit er nicht auf die Zwölf springt.

Die Natur verschwindet in ungeahntem Tempo. Wir zerstören die Basis unseres Wohlstands, unserer Volkswirtschaften, unsere Lebensgrundlage. Der Mensch beutet Ressourcen wider besseres Wissen immer ungehemmter aus, ohne das Morgen, geschweige denn das Übermorgen zu bedenken. Drei Viertel der Naturräume auf den fünf Kontinenten sind bereits gestört oder vernichtet. 85 Prozent der Feuchtgebiete sind von negativen Eingriffen betroffen – Tendenz steigend. Knapp ein Viertel der Landfläche der Erde ist ökologisch am Ende und kann nicht mehr genutzt werden. Zwischen 1980 und 2015 wurden weit mehr als 132 Millionen Hektar tropischer Regenwald abgeholzt – Tendenz steigend. Zwei Drittel der Ozeane sind wegen massiver Eingriffe des Menschen nicht mehr intakt – Tendenz steigend. Landwirtschaft und wilde Natur rücken immer enger zusammen. Dadurch – und weil die Vielfalt der Arten abnimmt – schwinden die Pufferzonen, die bisher als natürliche Barrieren Viren davon abhielten, vom Tier zum Menschen überzuspringen. Je mehr wir den Lebensraum wilder Tiere und Pflanzen zerstören, unsere Städte und ihre Einzugsgebiete wie Krebsgeschwüre ungezügelt in die Landschaft wuchern lassen und den Luftverkehr immer weiter ausbauen, desto einfacher wird es für ein Virus, uns global in lähmende Angst zu versetzen.

Besonders fatal ist die Schnelligkeit dieser Entwicklungen, dies ist in der Millionen Jahre zählenden Historie unseres Planeten einmalig. Die Erde erlebt gerade den Beginn des sechsten großen Artensterbens ihrer Geschichte. Von den schätzungsweise acht Millionen Tier- und Pflanzenarten, die heute noch die Erde bevölkern, sind rund eine Million in der nächsten und näheren Zukunft vom Aussterben bedroht. Im Mai 2019 legte der Weltbiodiversitätsrat (IPBES), ein zwischenstaatliches Gremium, das die Politik zur biologischen Vielfalt und zu Ökosystemleistungen berät, seinen globalen Bericht vor. Dessen Erstellung durfte ich gemeinsam mit Sandra Díaz aus Argentinien und Eduardo Brondízio aus den USA leiten. Darin heißt es: »Die globale Rate des Artensterbens ist mindestens um den Faktor zehn bis hundert Mal höher als im Durchschnitt der vergangenen zehn Millionen Jahre, und sie wächst.«

Die Weltnaturschutzunion IUCN (International Union for Conservation of Nature), die für die globalen Roten Listen verantwortlich zeichnet, hat 2020 mehr als 112.000 Tierarten als gefährdet eingestuft, von denen etwa 32.000 unmittelbar vor dem Ende stehen. Nur ein Jahr zuvor lauteten die Zahlen 100.000 und 28.000. Trotz aller Bemühungen in vielen Ländern der Welt, durch Umwelt- und Naturschutz die Wende zu schaffen, hat sich das Tempo leider weiter verschärft.

Der Schwund der Insekten, den viele Menschen im eigenen Alltag wahrnehmen, ist eine Tragödie für die Menschheit. Die Windschutzscheibe ist zum berühmt-berüchtigten Sinnbild dafür geworden. Wer noch vor zwanzig Jahren mit dem Auto von Schwerin nach Augsburg gefahren ist, dessen Frontscheibe war danach von toten Insekten übersät. Und heute? Ein paar Flecken. Ab und an sorgen Mücken- oder Schwammspinner-Plagen für Schlagzeilen. Es handelt sich jedoch um temporäre und regionale Erscheinungen, mitnichten sind sie Indizien einer Trendumkehr.

Weltweit angelegte, langfristige Untersuchungen existieren zwar nicht, ebenso wenig Rote Listen für die große Mehrzahl von Insektengruppen, aus denen Angaben zum Anteil global vom Aussterben bedrohter Arten zu entnehmen wären. Allerdings haben Wissenschaftler in aller Welt handfeste Indizien und auch glasklare Beweise vorgelegt, die den epochalen Schwund von Hummeln, Faltern, Käfern, Bienen und Co. auf allen Kontinenten belegen.

Ihr Abgang bedroht das gesamte ökologische Gefüge unseres Planeten. Insekten bilden einen zentralen Baustein im Naturkreislauf, und da sie mir mit Abstand am besten vertraut sind, konzentriere ich mich in meinem Buch auf sie. Insekten bilden den Mittelpunkt vieler natürlicher Vorgänge an Land. Ohne sie geht in der Tierwelt nichts – und in der Welt der Menschen (viel) weniger. Von ihnen ernähren sich rund um den Erdball Vögel, Reptilien, Amphibien und kleine Säuger, die wiederum von anderen Tieren gefressen werden. Das Verschwinden der Bestäuber wie Hummeln und Bienen wäre eine Katastrophe in der Katastrophe. Faktisch kommt kein Ökosystem ohne Insekten aus.

Weltweit bestäuben Insekten fast 90 Prozent aller Blüten- und 75 Prozent aller wichtigen Nutzpflanzen. Diese drei Viertel stehen für rund ein Drittel der Produktion von Nahrungsmitteln. Es gibt Szenarien, die für sehr abhängige Pflanzen, wie zum Beispiel Mandeln, von Ernteverlusten um 90 Prozent ausgehen, sollten für sie keine Bestäuber mehr existieren. Aus dem Bericht des Weltbiodiversitätsrats geht hervor: Der globale Wert der Bestäubung für die Ernteerträge schlägt – die Zahl variiert je nach Berechnungsmethode – mit 235 bis 577 Milliarden US-Dollar zu Buche. Pro Jahr, wohlgemerkt, schenken Insekten den Menschen Milliardenbeträge. Und was machen wir? Lauter Dinge, mit denen sie nicht klarkommen: Pestizide, Gülle, künstliches Licht und Erderwärmung. Nicht nur die Lebensmittelproduktion hängt übrigens von Insekten ab, sondern auch die Herstellung von Fasern, Medikamenten, Biokraftstoffen und Baumaterialien.

Allein mit Geld ist der riesige Nutzen von Insekten, allen voran Bestäubern, ohnehin nicht zu bemessen. Erhalt von Natur rein monetär auszudrücken, wird der Sache nicht gerecht.

Rechnen müssen wir trotzdem: Wie viele Einschnitte in die Artenvielfalt können wir uns noch leisten, bevor es uns selbst als Spezies an den Kragen geht? Für uns sind nicht die Arten per se wichtig, sondern dass die (Öko-)Systeme funktionieren. Was ihr Ausfall bedeutet, lässt sich heute schon im chinesischen Sichuan besichtigen, wo menschliche Bestäuber tatsächlich manuell Pollen verteilen, weil der massive Einsatz von Pestiziden die dafür eigentlich zuständigen Insekten extrem dezimiert hat.

Im Frühling 2018 machte ein Supermarkt in Hannover Ernst und nahm alle Produkte aus dem Angebot, die es ohne Bestäubung nicht gäbe: Äpfel, Kaffee, Schokolade, Orangen- und Multivitaminsaft, Fruchtjoghurt, Marmelade, Fertiggerichte, Tiefkühlpizza, Eissorten, Kosmetika, getrocknete Früchte und Kleidung auf Baumwollbasis – ca. 60 Prozent des Sortiments. »Biene weg, Regal leer« hieß die Aktion. Selbst Gummibärchen standen nicht mehr zum Verkauf, denn sie sind mit Bienenwachs überzogen, damit sie nicht zusammenpappen.

Sie sehen also, mein anfänglich entworfenes Horrorszenario hat einen sehr realen Kern. Berechnungen, die nicht nur zwanzig Jahre, sondern ein komplettes Jahrhundert vorhersagen, halte ich für schwierig bis unmöglich. Wir wissen nicht, wie sich das Klima entwickelt, wann, wie schnell und in welchem Umfang der Mensch die Erderwärmung stoppen kann – vom »Ob« gar nicht zu reden. Dies hängt maßgeblich von den politischen Entscheidungsträgern ab, leider zunehmend auch davon, wie viel Gehör die Wissenschaft in Zukunft (noch) findet oder ob sie weiter unter die Räder unschöner gesellschaftlicher Entwicklungen gerät, wie es in der Corona-Krise geschehen ist, als plötzlich Befunde von Wissenschaftlern, die lediglich Momentaufnahmen waren und auch nur sein können, zu »Meinungen« und »Gegenmeinungen« umgedeutet worden sind. Werden wissenschaftliche Befunde von der Politik ignoriert, weil sie nicht zur eigenen Agenda passen, kann dies brandgefährlich sein. Der Umstand, dass mittlerweile selbst Präsidenten mächtiger Industriestaaten unberechenbar geworden sind, setzt hinter langfristige Prognosen ein umso größeres Fragezeichen. Die Kündigung des Pariser Klimaabkommens durch die USA unter der Führung von Donald Trump war im November 2019 ein Rückschlag, mit dem selbst Pessimisten nicht gerechnet haben. Die Vereinbarung der 195 Staaten hat das Ziel, die globale Erderwärmung bis 2100 auf weniger als 2 Grad Celsius gegenüber dem vorindustriellen Niveau zu begrenzen. Das wird sehr schwierig zu schaffen sein, wenn das von Trump ausgerufene »America first« Leitmotiv der US-Regierung bleibt. Denn die Vereinigten Staaten sind – nach China – der zweitgrößte Verursacher von Treibhausgasen.

Fakt ist: Der Klimawandel betrifft die ganze Welt und kann nur global gestoppt werden. Wir wissen, dass er sowohl beim Artensterben insgesamt als auch beim Insektenrückgang im Besonderen eine wesentliche Rolle spielt. Wie stark und ob er »nur« mit- oder gar hauptverantwortlich ist, wissen wir bislang nicht – und das dürfte auch von Art zu Art sehr verschieden sein. Sicher ist aber: Durch die Erderwärmung geht vielen Tieren der angestammte Lebensraum verloren. Insekten sind besonders heftig davon betroffen. Das Tyndall Centre for

Climate Change Research, ein zur Jahrtausendwende gegründeter Forschungsverbund von Natur-, Wirtschafts- und Sozialwissenschaftlern vor allem britischer Universitäten zur Klimaforschung, legte Berechnungen dazu vor. Diese ergaben, dass 49 Prozent – sprich: die Hälfte – aller Käfer, Hummeln, Schmetterlinge, Bienen, Läuse und Käfer ihre bisherigen Habitate verlieren, wenn die globale Erwärmung um 3,2 Grad Celsius höher als im Vergleich zum vorindustriellen Zeitalter liegt, was den Experten beim Scheitern des Pariser Abkommens als möglich erschien. Läge der Wert bei 2 Grad Celsius, wären es 18 Prozent. Im Falle von 1,5 Grad Celsius würden »nur« 6 Prozent der Insekten ihren gewohnten Lebensraum einbüßen. Das muss nicht heißen, dass die betroffenen Arten aussterben. Es könnte sein, dass sie sich wieder woanders ansiedeln. Aber klar ist auch, dass ihre Überlebenschancen dann erheblich sinken.

Mir liegt es fern, ein Überlebensrecht für Insekten nur deshalb einzufordern, weil sie uns Menschen nützen. Aber das tun sie ganz zweifelsfrei, ich hoffe schon deshalb auf Vernunft. Denn ohne all die krabbelnden, summenden und fliegenden Sechsfüßler ist nicht vorstellbar, die Balance dieses Planeten zu wahren. Wenn die letzte Fliege am Leimfilm zappelt, die letzte Feuerwanze zertreten ist, werden zwar alle Träume von Entomophobikern wahr. Die Menschheit wird allerdings schnell merken: Ohne Insekten gibt es auch uns selbst bald nicht mehr. Insektenschutz ist Selbstschutz. Und Umweltschutz ist Gesundheitsschutz.

Kapitel 2

EIN PLANET WIRD AUSGENOMMEN

2.1. DAS PROBLEM IST DER MENSCH

Der Lockdown in der Corona-Zeit brachte – neben all der Angst, dem Leid und dem Tod – auch ein Gefühl davon, wie die Welt sein könnte, wenn es mehr Stillstand gäbe und die Menschheit weniger verbrauchen, produzieren und reisen würde. Heruntergefahrene Fabriken, minimaler Flugbetrieb und leere Autobahnen sorgten für eine erhebliche Reduzierung von Abgasen und Lärm. Der Smog über China verschwand, Strände und andere touristische Hotspots waren menschenleer, das Wasser in den Kanälen Venedigs zeigte sich glasklar, im Bosporus tummelten sich wieder Delfine, und in die menschenleeren Straßen von Paris wagten sich Rehe.

Der Mensch trat den Rückzug an, die Natur kam zum Vorschein: Die Welt könnte so schön sein. Dann geschah der Wandel auch noch wunderbar friedlich, er lenkte von den schrecklichen Bildern aus den Krankenhäusern in Italien, Spanien, Südamerika und den USA ab. Die Momentaufnahmen stillten die offenbar weit verbreitete Sehnsucht nach intakter Natur, Ruhe, Achtsamkeit, Rückbesinnung, Einfachheit und Bescheidenheit. Sie standen stellvertretend für eine Welt, von der viele auch jenseits von Corona träumen. Die Natur schlug hier nicht wie in den Kinodystopien knallhart zu, sie zahlte der Menschheit ihren rücksichtslosen Umgang mit Tieren und Pflanzen nicht heim, sondern eroberte sich sanft und freundlich verlorenes Terrain zurück.

Die fantastischen Bilder von smogfreien Himmeln, blauen Lagunen, Delfinen und Rehen vermittelten die Illusion, als ließe sich die Umweltzerstörung der vergangenen Jahrzehnte ganz schnell revidieren, als genügten wenige Wochen, um die Triple-Krise und ihre Gefahren zu bannen.

Wer so simpel denkt, irrt gewaltig. Für mich ist die Corona-Pandemie ein unüberhörbares Signal an die Menschheit. Wer es noch immer nicht begriffen hat: Es ist langfristiges globales Handeln nötig, um die Uhr anzuhalten oder entscheidend zurückzudrehen. So wie der Klimawandel und die fortschreitende Ausrottung vieler Tier- und Pflanzenarten ist die Corona-Krise direkte Folge unseres Handelns. Solange die globalen Finanz-, Wirtschafts- und Handelssysteme dem Paradigma des maximalen Gewinns »um fast jeden Preis« folgen und die Zerstörung der Umwelt dabei als akzeptablen Kollateralschaden in Kauf nehmen, wird sich die Triple-Krise weiter verschärfen. Deshalb finde ich es richtig und wichtig, dass viele junge Leute – wie die von Fridays for Future – sagen: Wir wollen etwas grundlegend ändern.

Dabei bin ich kein Anhänger apokalyptischer Weltuntergangsprognosen und niemand, der Wirtschaftswachstum generell verteufelt und radikale ökologische Maximalforderungen stellt. Ökonomie an sich ist aus meiner Sicht nichts Schlimmes – wir leben alle von ihr: sowohl der Staat als auch die Unternehmen, deren Eigentümer und Mitarbeiter und mithin deren Kinder, schließlich die Rentner. Produktion, Dienstleistungen und Handel bescheren uns Wohlstand. Ohne Landwirtschaft und ihre Akteure haben wir nichts zu essen. Es muss um das »Wie« gehen. Notwendig ist ein fairer Interessens- und Lastenausgleich zwischen Ökologie und Ökonomie, für den ich – auch in diesem Buch – eindringlich werbe. Auch gegen Konsum habe ich prinzipiell nichts. Ich bin überhaupt kein Freund der Selbstkasteiung, werde weiterhin täglich duschen, mit Freunden Würstchen grillen und zu Konferenzen in Übersee fliegen, statt zu segeln. Wir alle müssen Nahrung zu uns nehmen, möchten uns einen guten Wein gönnen oder ein schickes neues Rennrad, privat oder beruflich in ferne Länder reisen, ins Restaurant oder Kino gehen und das nicht nackt, sondern in Kleidung, die erst einmal hergestellt werden muss. Entscheidend sind Maß und Übermaß des Verbrauchs. Hier ist Umdenken notwendig.

Denn es scheint: Wir konsumieren uns zu Tode. Doch der Schein trügt. Die Natur wird die Menschheit von ganz allein am »Tod durch Konsum« hindern, weil sie uns, wenn wir weitermachen wie bisher, keine Ressourcen mehr in dem Umfang bieten kann, wie wir es heute gewohnt sind. Kriegen wir nicht von allein die berühmte Kurve, werden wir Menschen eines Tages zur Reduzierung des Konsums gezwungen. Auf Dauer wird die Erde den Ansturm auf ihre Schätze an Land und in den Ozeanen nicht verkraften. Daran besteht schon heute kein Zweifel mehr. Die Erderwärmung, das Artensterben – für mich insbesondere der Verlust an Insekten – sowie die Zoonosen, zu denen die Krankheit COVID-19 zählt, sind keine singulären Ereignisse. Sie bedingen und beschleunigen sich wechselwirkend. Um die Triple-Krise in den Griff zu kriegen, bleibt uns ein Zeitfenster von wenigen Jahrzehnten. Die Weichen müssen aber jetzt gestellt werden.

Angestellte von Volkswagen, Peugeot, Fiat oder General Motors kämen nicht auf die Idee, die Produktionsanlagen ihres Unternehmens zu zertrümmern und damit ihre Lebensgrundlage zu zerstören – aber die Ökosysteme macht der Mensch bedenkenlos platt. Jedes Jahr schenkt uns die Natur rund 60 Milliarden Tonnen erneuerbare und nicht erneuerbare Ressourcen. Die Gaben spielen die entscheidende Rolle bei der Versorgung mit Nahrungs- und Futtermitteln, Energie und Medikamenten, von Trinkwasser ganz zu schweigen. Mehr als zwei Milliarden Menschen heizen und kochen fast ausschließlich mit Brennholz. Schätzungsweise vier Milliarden sind im Krankheitsfall hauptsächlich auf natürliche Arzneimittel angewiesen. Wer nun vorrangig an indigene Völker oder sehr arme Nationen denkt, ist auf dem Holzweg: Rund 70 Prozent der Medikamente gegen Krebs kommen direkt aus der Natur oder sind von ihr inspiriert.

Das hindert uns Menschen nicht daran, die Erde schlecht zu behandeln. Wir sehen sie als unerschöpfliches Ersatzteillager unserer Bedürfnisse und riesige Müllhalde unseres Konsums. Ungebremste Abholzung, Unmengen klimaschädlicher Treibhausgase, Vernichtung von (Regen-)Wald und anderen Ökosystemen, Monokulturen, viel zu hoher Einsatz von Pestiziden, synthetischem Dünger und anderen Chemiekeulen in der Agrar- und Forstwirtschaft, Überfischung der Meere,

Ausbreitung von Stadtgebieten, zu viel künstliches Licht – auf all diese Entwicklungen gehe ich noch detailliert in diesem Buch ein – zerstören unseren Planeten und machen ganz nebenbei den Weg dafür frei, dass immer mehr Krankheitserreger von der Tier- auf die Menschenwelt übergreifen. Es ist wissenschaftlich erwiesen, dass schon jetzt mehr als 70 Prozent aller neu auftretenden Krankheiten, von denen Menschen betroffen sind, ihren Ursprung in wilden oder domestizierten Tieren haben.

»Noch immer ist nicht nur die Corona-Pandemie das größte Problem, sondern der Klimawandel, der Verlust an Artenvielfalt, all die Schäden, die wir Menschen und vor allem wir Europäer durch Übermaß der Natur antun«, fasste Bundestagspräsident Wolfgang Schäuble die Triple-Krise Ende April 2020 in einem Interview mit dem Berliner *Tagesspiegel* exakt zusammen. Es ist höchste Zeit zur Umkehr. Denn klar ist: So wie bisher können wir die Natur nicht weiter ausbeuten. Über Jahrhunderte hinweg gelang es, Mensch, Fauna und Flora in einem ökologischen Gleichgewicht zu halten. Durch Eingriffe und Fehlentwicklungen – mal akut, dann wieder chronisch – ist dieses Gleichgewicht nun global in Gefahr und vielerorts schon irreparabel zerstört. Die Zeit des rücksichtslosen Raubbaus nach dem Motto »Nach uns die Sintflut« muss ein Ende haben. Zumal die – um in der Symbolik zu bleiben – Wassermassen längst ins Rollen gekommen sind.

Es tut mir leid, aber ich kann Ihnen einige der schlimmsten Zahlen bei der Lektüre meines Buches nicht ersparen, um Ihnen das Ausmaß der Triple-Krise verständlich zu machen. Mehr als 80 Prozent des globalen Abwassers werden Jahr für Jahr unbehandelt in Gullys, Böden, Flüsse oder gleich ins Meer geschüttet. 300 bis 400 Millionen Tonnen Schwermetalle, Lösungsmittel, andere giftige Substanzen und Abfälle aus Industrieanlagen und der Landwirtschaft gelangen in Gewässer. Düngemittel und Pestizide zerstören zunehmend Uferregionen: Auf der Erde gibt es rund 400 Küstengebiete, die aufgrund von Sauerstoffmangel zu Todeszonen geworden sind. Sie erstrecken sich über 245.000 Quadratkilometer – beinahe die Größe des US-Bundesstaates Oregon.

GEFAHR FÜR DIE OZEANE UND DEN PERMAFROST

Nach uns die Müllflut: Jährlich gelangen rund 10 Millionen Tonnen Plastikabfall in die Weltmeere, der sich als Folge von UV-Strahlung und Abrieb in winzige Teile, sogenanntes Mikroplastik, zersetzt. Ändert sich nichts daran, wird nach seriösen Berechnungen 2050 mehr Plastik in den Ozeanen schwimmen als Fische. Jedes Jahr fallen Hunderttausende Seevögel und Zehntausende Meeressäuger dem Plastikwahnsinn zum Opfer. Sie sterben einen qualvollen Tod: Entweder die Tiere verheddern sich in Rückständen des Abfalls, oder Plastik landet in ihren Mägen.

Von 1970 bis 2000 verloren die Seegraswiesen pro Jahrzehnt mehr als 10 Prozent ihrer Fläche. Korallenriffe gehören zu den schönsten und artenreichsten Ökosystemen unseres Planeten. Ihr Zustand ist erbärmlich. In den vergangenen 150 Jahren haben sich ihre Flächen halbiert. Die traurige Wahrheit lautet: Für die Korallen kommt jede Rettung zu spät, sie können nicht neu belebt werden. Wenn sich die Erde in den kommenden Jahrzehnten um nur 2 Grad Celsius erwärmt, überlebt lediglich ein Prozent der derzeitigen Bestände.

Meeresbiologen von der Dalhousie University im kanadischen Halifax mussten nach einem weltweiten Feldversuch traurige Bilanz ziehen. An 371 Korallenriffen in den Hoheitsgewässern von 58 Ländern stellten sie mit Ködern versehene Kameras auf. An knapp einem Fünftel der küstennahen Untersuchungsgebiete (19 Prozent) beziehungsweise 63 Prozent aller Videostationen war kein einziger Hai mehr zu beobachten. In 34 Ländern unterschritt die Zahl der gesichteten Tiere den erwarteten Wert um mehr als die Hälfte.

Forschungsleiter Aaron MacNeil sprach von einer »Verwüstung« der Populationen und von einem »funktionalen Aussterben« der Riffhaie, weil sie in den Gebieten, wo sie nicht mehr vorkommen, keine Rolle mehr für das Ökosystem spielen. Haie werden nicht umsonst die »Regulatoren der Ozeane« genannt oder – etwas poetischer – »Wölfe der Meere«. In Millionen Jahren haben sie sehr effiziente Überlebensstrategien entwickelt und fressen je nach Art kranke Tiere oder kleinere Raubfische. Wir wissen von einem Phänomen, das zunächst paradox wirkt: je weniger Riffhaie, desto geringer die Zahl der pflanzenfressenden Fische. Aber die Erklärung ist einfach: Wenn weniger Haie auf Jagd gehen, können sich kleinere Raubfische ausbreiten, deren Beute farbenfrohe Papageifische und andere Pflanzenfresser sind, die für das ökologische Gleichgewicht des Riffs sorgen, indem sie es sauber halten.

Generell machten die Wissenschaftler um MacNeil Überfischung für die Entwicklung verantwortlich. Dort, wo es besonders schlimm war, konnte das Verschwinden der Tiere auch auf unmittelbare menschliche Einflüsse zurückgeführt werden. Genannt werden in der Studie »Größe und Nähe des nächstgelegenen Marktes, eine schlechte Regierungsführung und die Bevölkerungsdichte«. Die Untersuchung zeigte gleichzeitig, dass sich die Hai-Population in solchen Riffen stabiler hielt, in denen Schutzmaßnahmen ergriffen wurden wie Ausweisung von Hai-Arealen, Fangbeschränkungen und das Verbot oder der Verzicht auf Kiemennetze und Langleinen. Das heißt, der Mensch zeichnet für die Zerstörung der Naturräume verantwortlich. Er ist aber – und nicht zuletzt hat uns das die erzwungene Corona-Auszeit gelehrt – auch in der Lage, negative Entwicklungen zu stoppen oder gar zurückzudrehen.

Die Zerstörung von Küsten und Korallenriffen hat »das Risiko für das Leben und das Eigentum durch Überflutung und Wirbelstürme für 100 bis 300 Millionen Menschen erhöht, die innerhalb der Zonen von Jahrhundertfluten leben«, so steht es im globalen Zustandsbericht, den der Weltbiodiversitätsrat im Frühjahr 2019 vorgelegt hat. Offiziell heißt die Einrichtung Intergovernmental Science-Policy Platform on Biodiversity and Ecosystem Services (IPBES), auf Deutsch etwa: Zwischenstaatliche Plattform für Biodiversität und Leistungen des Ökosystems. Wobei die »Leistungen« ebenjene Geschenke der Natur sind, um die sich dieses Buch dreht. In dem Bericht ging es darum, herauszuarbeiten, welche Optionen Entscheidungsträger haben, um das Artensterben zu verringern bzw. den Trend umzukehren und dafür zu sorgen, dass die Systeme (weiterhin) funktionieren. Hier schreibt also Wissenschaft nicht vor, was gemacht werden muss, sondern zeigt auf, welche Handlungen von politischen und anderen Entscheidungsträgern zu welchem Ergebnis führen.

Neben der argentinischen Ökologin Sandra Díaz und dem brasilianischen Anthropologen Eduardo S. Brondízio gehöre ich zu den drei Vorsitzenden des IPBES-Berichtes und sage Ihnen, die Erstellung der 1700 Seiten umfassenden Bestandsaufnahme war echte Kärrnerarbeit. Beinahe 500 Forschende aus 50 Ländern waren als Autorinnen und Autoren involviert. Über drei Jahre hinweg befassten wir uns mit gefühlt Hunderttausend wissenschaftlichen und politischen Publikationen, aus denen unter dem Strich rund 15.000 als relevant ausgewählt, bewertet, verdichtet und in Zusammenhang gebracht wurden. In einem abschließenden Prozess diskutierten wir ungefähr 20.000 mehr oder weniger konstruktiv-kritische Kommentare aus Wissenschaft, Gesellschaft und Politik zu diversen Versionen unserer Texte, bevor sämtliche Formulierungen standen, mit denen alle leben konnten – für die Boulevardpresse hätte der Vorgang ein Freudenfest sein können. 36 Monate lang hätte sie Woche für Woche diesen »Wissenschaftsstreit« ausschlachten können. Aber leider sind der Artenschutz und der Klimawandel nur eine Randerscheinung in ihrer Berichterstattung.

Zurück zum Ernst der Lage: Seit 1980 haben sich die Treibhausgasemissionen verdoppelt. Die Durchschnittstemperatur ist weltweit um mindestens 0,7 Grad Celsius gestiegen. Rund ein Viertel der klimaschädlichen Abgase resultieren aus Abholzung, der Produktion von Nutzpflanzen und Düngung. Selbst für das »Ewige Eis« an Nord- und Südpol scheint die

Ewigkeitsgarantie abgelaufen zu sein. Es schmilzt. In der Antarktis schrumpft es momentan sechsmal so schnell wie in den 1980er-Jahren. Auch in der Arktis steigen die Durchschnittstemperaturen. Weil kaltes Meerwasser stärker denn je versauert, geraten an Nord- und Südpol mit die empfindlichsten Ökosysteme der Erde in akute Gefahr.

Rund ein Viertel der Landfläche der Nordhalbkugel ist von Permafrost bedeckt, von dem man in der Wissenschaft spricht, wenn der Boden mindestens zwei Jahre nonstop gefroren ist. Die meisten Böden sind allerdings schon ein wenig länger tiefgefroren: Sie entstanden bei der letzten Eiszeit, die vor ungefähr 115.000 Jahren einsetzte und vor nahezu 12.000 Jahren zu Ende ging. Permafrost kann einige Meter bis zu eineinhalb Kilometer tief ins Erdreich gehen. Im Sommer taut die obere Schicht des Bodens – und nur die – auf, bevor sie im Winter wieder zu Eis wird. Durch die Erderwärmung werden die sommerlichen Phasen immer länger, weshalb der Permafrost in tieferen Ebenen ebenfalls auftaut.

In jüngerer Vergangenheit ist die mittlere Lufttemperatur der Arktis fast doppelt so stark angestiegen wie die Temperatur im globalen Mittel. Nach Berechnungen des Alfred-Wegener-Instituts, das zur Helmholtz-Gemeinschaft gehört, hat sich der Permafrost zwischen 2007 und 2016 um 0,29 Grad Celsius erwärmt. Der Dauerfrostboden enthält weltweit zwischen 1300 und 1600 Gigatonnen Kohlenstoff, der in fossilen Pflanzen- und Tierresten gebunden ist. Zum Vergleich: In der gesamten Atmosphäre sind es rund 800 Gigatonnen Kohlenstoff. Eine Gigatonne entspricht einer Milliarde Tonnen. Ist der Boden an der Oberfläche zu lange eisfrei, wird er durchlässig, weshalb Wärme in tiefere Schichten gelangt und die Klimakiller Kohlendioxid, Methan und Lachgas freisetzt, was zur weiteren Erhöhung der globalen Temperatur führt. Dieser Entwicklung fällt weiterer Permafrost zum Opfer.

Das ist nur einer der Teufelskreise, von denen – ich kann es Ihnen leider nicht ersparen – in diesem Buch immer wieder die Rede sein wird.

Viele Zusammenhänge und Wechselwirkungen in der Natur geben der Wissenschaft Rätsel auf. Wir haben noch immer keine Ahnung, was sich alles in Wäldern oder im Meer bewegt und wächst, welche Prozesse dort vor sich gehen und wie sie sich gegenseitig und wechselwirkend bedingen. In den Ozeanen finden Forscher – aufs Jahr umgerechnet – jeden Tag vier neue Arten. Trotzdem sind noch Hunderttausende Fische, Krebse, Quallen und anderes schwimmendes Getier vor allem in der Tiefsee unentdeckt. Der Klimawandel wartet aber nicht auf Forschungsergebnisse, sondern schlägt schon heute erbarmungslos zu. Nach aktuellen Berechnungen wird er – je nach Anstieg der Temperaturen – bis Ende des Jahrhunderts die Fischmengen in den Ozeanen um 3 bis 25 Prozent schwinden lassen. Außerdem flüchten Fischpopulationen aus den Tropen in Richtung Pole. Niemand weiß, ob die Tiere in anderen Gewässern überleben, ob dadurch die Artenvielfalt in den Polarmeeren zunimmt und wie das empfindliche Ökosystem auf die »Neulinge« reagiert.

Vor Zehntausenden Jahren waren weite Teile der Landfläche der Erde mit Wald bewachsen. Heute beträgt die baumbestandene Fläche gerade noch etwas mehr als zwei Drittel des geschätzten Niveaus der vorindustriellen Zeit. Während in Mitteleuropa die Wälder schon vor Hunderten von Jahren auf großen Flächen gerodet wurden, setzte die Zerstörung der Wälder in den meisten Gebieten unseres Globus aber erst richtig ab Beginn der 1980er-Jahre ein. Etliche Millionen Hektar Wald wurden gerodet, um auf den Arealen landwirtschaftliche Nutzflächen zu schaffen. Zwischen 1990 und 2015 wurden 290 Millionen Hektar Naturwälder vernichtet, denen lediglich 110 Millionen Hektar wiederaufgeforsteter Wald entgegenstanden – unter dem Strich ein Verlust von 180 Millionen Hektar. Zum Vergleich: Die Mongolei ist etwas mehr als 156 Millionen Hektar groß.

Falls sich die Weltbevölkerung wie prognostiziert bis 2050 um rund 1,2 auf dann neun Milliarden Menschen gleichsam mit der Lebenserwartung erhöht, wird die Nachfrage nach Lebensmitteln drastisch zunehmen. Schon jetzt sind mehr als ein Drittel der weltweiten Landfläche und nahezu drei Viertel der Süßwasserressourcen für den Anbau von Pflanzen oder die Viehzucht reserviert. Die Produktion von Nutzpflanzen hat sich innerhalb der vergangenen fünfzig Jahre verdreifacht. In der Zeit ist der Einsatz von Stickstoffdünger auf das Zehnfache angestiegen. Landwirte schwangen jahrzehntelang Chemiekeulen gegen Schädlinge und »Unkraut«, was wesentlich zum Rückgang von Insekten beigetragen hat.

Zugleich verringert der Anstieg des Kohlendioxids in der Luft den Nährwert der Nutzpflanzen. Nach im Sommer 2018 veröffentlichten Forschungsergebnissen von Matthew Smith und Samuel Myers von der Harvard University ist es wahrscheinlich, dass der Anteil von Eisen, Eiweiß und Zink in Weizen, Reis und Mais bis 2050 um bis zu 17 Prozent geringer sein wird als heute. Betroffen wären Hunderte Millionen Menschen.

Diese Erkenntnis macht es nicht leichter, das Hauptproblem der Zukunft zu lösen: Wie bekommen wir fast zehn Milliarden Menschen satt, wenn wir schon heute den weltweiten Hunger nicht bekämpfen können? Allein der Bedarf an Getreide wird wissenschaftlichen Erhebungen zufolge bis 2050 um das Doppelte gegenüber dem heutigen Verbrauch steigen. Was theoretisch bedeutet, dass die Anbauflächen ebenfalls um 100 Prozent vergrößert werden müssen oder die Landwirtschaft weiter intensiviert. Beide Varianten würden zwangsläufig zulasten der Ökosysteme gehen. Die Erweiterung der Äcker würde noch mehr Natur vernichten. Die Agrarwirtschaft weiter auf Effizienz zu trimmen, hieße, noch mehr Pestizide und Dünger zu verwenden oder stärker auf Gentechnik zu setzen. Wir stehen also vor einem Dilemma, das zu lösen eine der wichtigsten Herausforderungen sein wird.

Schon heute konzentriert sich die Getreideproduktion mehr und mehr auf riesige, meist isolierte, monokulturelle Anbauflächen, die für extreme Wetterlagen und Schädlinge immer anfälliger werden und biologische Vielfalt verhindern oder gar vernichten. Gegen Unwetter ist kein Kraut gewachsen und kann keine Chemiekeule etwas ausrichten. Aber auf Schädlinge wird kräftig eingedroschen. Ich erwähne es hier deshalb, um einen dieser Teufelskreise darzustellen, die die Triple-Krise befeuern: Äcker werden mit Pestiziden gegen Insektenschädlinge bearbeitet. Das tötet auch die natürlichen Fressfeinde der tierischen Ernteräuber. Meistens erholen sich die Schädlinge sehr schnell – auf alle Fälle schneller als die Nützlinge, weshalb sie das Feld nach recht kurzer Zeit zunächst stärker dominieren als zuvor. Dagegen – glaubt man – helfen wiederum nur noch mehr oder neue Pflanzenschutzmittel. Für diesen tödlichen Kreislauf gibt es eine Bezeichnung: ökologischer Wahnsinn.

Im Februar 2019 legte der Agrargeologe Andy Nelson von der niederländischen Universität Twente eine Studie vor, in der die durch Erreger und Schädlinge verursachten Ernteverluste in den größten Anbauregionen der Welt auf 30 Prozent beziffert werden. Sie zählte 137 Krankheiten und Schädlinge für Weizen, Reis, Mais, Kartoffeln und Sojabohnen auf. Dagegen ziehen die Landwirte vor allem in den USA, in Südamerika und Asien mit Pflanzenschutzmitteln zu Felde.

Die brasilianische Agrarökonomin Larissa Mies Bombardi von der Universität von São Paulo dokumentierte in einem Atlas die Anwendung von Pestiziden in ihrem Heimatland. Landwirte des südamerikanischen Staates versprühen demnach jährlich etwa eine Million Tonnen Pestizide, in den sehr großen Anbaugebieten zwischen 12 und 16 Kilogramm Pestizide pro Hektar. Zum Vergleich: In Europa sind es ein bis zwei Kilo. 150 der 500 in Brasilien gängigen Giftmittel gegen Insekten, Unkraut oder Pilzbefall sind in der EU verboten.

Tatsächlich vermehren sich Schädlinge in den Tropen noch schneller als in europäischen Breiten. Das hat wiederum zum einen mit den klimatischen Bedingungen zu tun. Und zum anderen mit Monokulturen auf gigantischen Flächen, auf denen zunehmend auch gentechnisch veränderte Pflanzen gezogen werden, deren Saatgut beispielsweise gegen Unkrautvernichtungsmittel resistent ist. Sie ahnen schon die Folge davon: Das Ausmaß des Pestizideinsatzes nimmt zu. Da sich das Gift nicht einfach auflöst, vernichtet es im Boden Mikroorganismen, was die Fruchtbarkeit der Äcker reduziert. Da verwundert es auch nicht, dass selbst in unberührten Landstrichen die Vielfalt der Insekten rapide sinkt. So konnten Rückstände von Insektiziden in Proben von Bienenhonig aus sehr entlegenen Gebieten unseres Globus nachgewiesen werden.

EIN PARADIES VOR DEM KOLLAPS

Richten wir zur Abwechslung einmal den Blick auf ein Musterland im Natur- und Umweltschutz: Neuseeland. Es gehört zu den Staaten der Welt, die einen enormen Anteil ihres Wirtschaftswachstums über Landwirtschaft erzielen. Das Land, das aus zwei Hauptinseln besteht, lebt permanent in Angst vor Schädlingen. Im Februar 2019 – auf der Südhalbkugel ist zu der Zeit Sommer – wurde wegen einer einzigen aus Australien eingeschleppten Queensland-Fruchtfliege Alarm ausgelöst. Sie war in eine Falle gegangen, von denen es auf den zwei Hauptinseln des Landes – vor allem in Flughäfen, Häfen und dicht besiedelten Gebieten – Hunderte oder gar Tausende gibt. Fruchtfliegen legen ihre Eier in Obst und Gemüse ab, das verdirbt, sobald die Larven schlüpfen.

Neuseeland genießt – bislang meiner Meinung nach zu Recht – weltweit das Image eines ökologischen Vorbildes. Es hat das Vorhaben des Pariser Klimaabkommens gesetzlich verankert, bis 2050 Kohlendioxid-neutral zu sein. Große Teile des Landes sind streng geschützte Nationalparks, in denen viel Geld und Energie aufgewandt wird, Pflanzen- und Tierarten – viele davon sind endemisch – vor dem Aussterben zu bewahren, was etwa beim Kiwi, dem Wahrzeichen Neuseelands, durchaus von Erfolg gekrönt ist. Staatliche und private Naturschützer gingen energisch gegen Ratten, Wiesel und andere Tiere vor, die die Kiwis jagen oder deren Eier auffressen.

Traumhaft schöne Strände, üppige Wälder, grüne Gebirgszüge, majestätische Vulkane, spektakuläre Gletscher und Geysire, gepflegte Wanderwege, erstklassige Infrastruktur und dazu überaus freundliche Menschen machten Neuseeland zu einem Magneten für Touristen. Die drei Folgen der Verfilmung von Tolkiens *Herr der Ringe* entfachten einen regelrechten Run auf die Insel, nachdem bekannt wurde, dass die Fantasy-Saga in neuseeländischer Natur gedreht wurde. Doch der im April 2019 veröffentlichte *Environment Aotearoa 2019 Report* erschütterte nicht nur Neuseeländer, sondern auch die Wissenschaft in aller Welt. Der Befund war eindeutig: Das Naturparadies steht vor dem Kollaps. Der Schock war umso größer, eben weil das Land seit Jahrzehnten jede Menge in den Naturschutz investiert.

Dabei hatten den Schreckensbericht nicht etwa übereifrige und manchmal zur Übertreibung neigende Umweltaktivisten vorgelegt, sondern das Umweltministerium in Wellington in Zusammenarbeit mit dem Statistikamt. Beinahe 4000 heimische Tierarten sind vom Aussterben bedroht, darunter 90 Prozent der See- und 80 Prozent der Küstenvögel. Zwar haben sich die Überlebenschancen für 26 Tierarten verbessert. Andererseits hat sich die Gefahr für 86 Arten erhöht, für immer von der Erde zu verschwinden. Auch hier ist das hohe Tempo der Verluste und Zerstörungen erheblich. Das gesamte Territorium Neuseelands war einst zu 80 Prozent von Urwäldern überzogen. 2012 waren es noch etwa 25 Prozent – und das trotz einer Vielzahl geschützter Gebiete.

Neuseeland erlebte das, was – schon wieder ein Teufelskreis – viele Staaten der Welt durchmachen, die massenweise von Touristen besucht und mitunter heimgesucht werden. Die Reisebranche ist allerdings nicht hauptverantwortlich für die Zerstörung des Paradieses. Die Intensivierung der Landwirtschaft fordert auch in Neuseeland einen weitaus höheren Preis. Innerhalb von sechs Jahren gingen 70.000 Hektar Land an sie verloren, darunter zahlreiche Feuchtgebiete. Überdüngung und Pestizideinsatz führten dazu, dass Böden sehr belastet – vulgo vergiftet – wurden, mehr als die Hälfte der Seen sich in einem jämmerlichen Zustand befinden und 95 Prozent aller Fließgewässer in der Ebene verschmutzt sind. In jedem zweiten Fluss, Flüsschen oder Bach sind fünfmal so viele Bakterien, wie es das Gesundheitsministerium als Höchstgrenze festgelegt hat.

Viele Farmer stellten die Schafzucht ein und setzen dafür auf Kühe, die mehr Geld einbringen. Neuseeland ist der größte Milchexporteur der Welt. Zwischen 90 und 95 Prozent der Produktion gehen ins Ausland, vor allem nach China, was eine gigantische Transportmaschinerie in Gang hält. Mehr als zehn Millionen Kühe – sieben liefern Milch, die übrigen Rinder werden zu Fleisch und Wurst verhackstückt – stehen das ganze Jahr lang auf der Weide. Das erweckt den Eindruck naturnaher und biologischer Landwirtschaft, hat damit aber nur vereinzelt zu tun. Seit knapp einem Jahrzehnt leben mehr Kühe in Neuseeland als Menschen, die Weiden werden intensiv genutzt. Hingegen halbierte sich die Zahl der Schafe von 50 auf 27 Millionen. Die Haltung von Schafen ist jedoch weitaus naturfreundlicher: Rinder produzieren Unmengen an Gülle, Dung und Methan. Damit das Gras auf den Weiden nachwächst oder überhaupt erst einmal gedeiht, verteilen Bauern synthetischen Dünger in bisher nicht gekanntem Ausmaß. Die Mengen haben sich seit Beginn des neuseeländischen Milchbooms vor ungefähr zwanzig Jahren versechsfacht.

Ich sehe sehr wohl auch hier das Dilemma. Kühe zu halten, ist weitaus lukrativer als die Schafzucht. Man kann den Wechsel den neuseeländischen Farmern nicht verdenken und ihnen erst recht nicht (womöglich aus Europa) zurufen: Stopp, verhindert gefälligst die Apokalypse! Das ändert allerdings nichts daran, dass ein globales Umdenken und Umsteuern gerade in der Landwirtschaft dringend erforderlich ist, um das Artensterben und den Klimawandel anzuhalten oder wenigstens zu verlangsamen. Nachweislich trägt die ökonomische Logik der agrarischen Systeme eine Hauptverantwortung am Insektensterben, das nur die Spitze des schmelzenden Eisbergs ist. So gut wie alle Erkenntnisse der Wissenschaft belegen, dass der Rückgang in den vergangenen dreißig bis fünfzig Jahren stattgefunden hat, in denen die Landwirtschaft eine bis dahin nicht gekannte Intensivierung erfahren hat, wobei viele der Strategien absurderweise bis heute als »grüne Revolution« gefeiert werden.

BIOLOGIE VS. BIOLOGIE

Der Verlust der Insekten ist dramatisch für die meisten Ökosysteme. Mit ihrem Verschwinden beraubt sich die Menschheit – abgesehen von der Bestäubungsleistung – eines bisher nur minimal erforschten Potenzials. Insekten leben oft in oder auf Kot von Tieren oder Kadavern, aber auch ansonsten gerne in allem anderen als in hygienischen Umgebungen. Im Laufe der Evolution haben verschiedene Insektenarten ihre Resistenz gegenüber zahlreichen Erregern perfektioniert, wovon einige beim Menschen schwere, mitunter tödliche Krankheiten auslösen (können). Der Ekelfaktor von Kakerlaken ist hoch – genauso hoch ist ihr Abwehrvermögen gegen Viren. Schaben, zu denen die Kakerlaken zählen, fühlen sich wohl im Dreck und überleben die Erreger in Kot und Unrat tierisch leicht. Unter der harten Schale befinden sich verschiedene Moleküle mit antibiotischer Wirkung, die Staphylokokken unschädlich machen. *Staphylococcus aureus* ist ein Bakterium, das für den Menschen meist harmlos ist, aber auch zu Entzündungen oder einer Sepsis führen kann. Generell gefährlich sind Methicillin-resistenten Staphylococcus aureus (MRSA), die der Volksmund »Krankenhauskeime« nennt. Gegen sie können uns bekannte Antibiotika wenig oder nichts ausrichten. Jedes Jahr sterben weltweit Zehntausende Menschen nach einer Infektion mit den Erregern.

Trotzdem hat die Wissenschaft erst vor wenigen Jahren damit begonnen, das Potenzial von Kakerlaken und anderen Insekten mit Blick auf die Bekämpfung von Krankheiten zu erforschen. Selbstverständlich sind diese weit verbreiteten Schaben nicht vom Aussterben bedroht – und werden es wohl auch nie sein. Dazu sind sie einfach zu anpassungs- und widerstandsfähig. Aber die Gefahr ist groß, dass Unmengen an Insektenarten zum Beispiel in den Dschungeln der Tropen aussterben, bevor wir wissen, welche Potenziale sie in sich trugen. Auch das zeigt, wie leichtsinnig die Menschheit ihre Ressourcen wegwirft.

In ähnlicher Weise, wie der Klimawandel bestritten wird, wenn wie im Winter 2019 Schneemassen dort auf die Erde fallen, wo man es in den Mengen nur noch selten erlebt, werden unter Unwissenden gerne auch plötzlich auftretende, riesige Populationen einer einzigen Art als Hinweis genutzt, dass das Insektensterben wohl nicht so schlimm sei, wie behauptet. Da haben die Vögel doch genug zu futtern!

Das Problem bei solchen Massenvorkommen ist, dass es sich – jedenfalls in unseren Breitengraden – meistens um Schädlinge handelt, die ein lokales oder regionales Gebiet dominieren und damit die biologische Vielfalt in Gefahr bringen. Unsere Wälder sind voll von Borkenkäfern *(Scolytinae)*, Schwammspinnern *(Lymantria dispar)*, Nonnen *(Lymantria moncha)* oder Eichenprozessionsspinnern *(Thaumetopoea processionea)*. Und das hat auch viel mit der Erderwärmung zu tun.

Schauen wir auf den Eichenprozessionsspinner. Die Schmetterlingsart pflanzt sich besonders in warmem, trockenem Klima fort. Da die Sommer auch bei uns immer heißer und die Winter immer milder werden, breitet sie sich zunehmend in Deutschland aus. Faktisch alle Bundesländer sind inzwischen davon schwer betroffen. Der Eichenprozessionsspinner befällt – wie sein Name schon sagt – insbesondere einzeln stehende Eichen, manchmal auch Hainbuchen, legt seine Eier in den

Baumkronen ab, die nach dem Schlüpfen im Mai als Raupen sämtliche Blätter fast komplett vertilgen. Die Bäume werden dadurch extrem geschwächt und anfällig für Krankheiten und Pilzbefall und können daran zugrunde gehen. Oft bleibt Forstarbeitern nichts anderes übrig, als den Schädlingen mit Insektiziden zu Leibe zu rücken.

Die andere Option ist, die Wälder auf biologische Weise vor den Schädlingen zu schützen. Dabei hilft ein Bakterium, das den lateinischen Namen *Bacillus thuringiensis* trägt. Es produziert ein Gift, das Insekten tötet, aber Pflanzen, höhere Tiere und Menschen verschont, vollständig biologisch abbaubar ist und damit also im Gegensatz zu synthetischen Insektiziden die Umwelt nicht belastet. Das klingt wie das Optimum biologischer Schädlingsbekämpfung. Doch das Naturprodukt hinterlässt ebenso massive Spuren wie die synthetischen Insektizide. Der Bazillus vernichtet zwar zuverlässig den Eichenprozessionsspinner, aber eben auch alle anderen Schmetterlinge und je nach Stamm des Bazillus mitunter auch andere Insekten (vor allem Fliegen, Mücken und Käfer), die das Pech haben, zur falschen Zeit am eigentlich richtigen Ort zu sein. Es sterben darunter auch natürliche Feinde der Schädlinge, wie zum Beispiel Raupenfliegen. Obendrein fehlen dann die Tiere als Nahrungsquelle für Vögel, Amphibien und Reptilien.

Leider unterscheidet also das *Bacillus thuringiensis* nicht zwischen für uns Menschen guten Parasiten und schlechten Fraßkonkurrenten (vulgo Schädlingen). Es dauert zwei bis drei Insektengenerationen, bis sich das Ökosystem von den Einsätzen der Gifte (synthetischer wie natürlicher) wieder halbwegs erholt hat – und das sind ausgerechnet zunächst die Schädlinge, gegen die der Mensch mit dem Gift bzw. dem Bakterium zu Felde gezogen war. Das hat natürlich damit zu tun, dass die Prozessions- und Schwammspinner sowie Nonnen als Schmetterlinge ihr Habitat leicht verlassen und andere Bereiche wieder besiedeln können und es ihre bevorzugten Bäume – bei der Nonne sind es Fichten, Kiefern und Tannen – weiterhin in großer Zahl gibt.

Schlupfwespen und andere Gegenspieler können ihnen zwar oft folgen, aber nur mit einer zeitlichen Verzögerung, die den Schädlingen einen entscheidenden Vorteil verschafft, sodass sie wiederum das Duell auf natürliche Weise verlieren, bis der Mensch abermals biologisch oder chemisch eingreift. So beginnt der Zyklus von vorne. Längerfristig bleiben Arten auf der Strecke, die recht spezialisierte Ansprüche aufweisen, die in der Biologie als Nischen bezeichnet werden. Das Resultat ist, dass es selbst in Naturschutzgebieten wie dem Steigerwald in Franken oder dem Spessart zum lokalen Aussterben von gefährdeten Schmetterlingsarten wie dem farbenprächtigen Maivogel *(Euphydryas maturna)* und dem ebenso schönen Gelbringfalter *(Lopinga achine)* gekommen ist.

Der *Bacillus thuringiensis* gelangt darüber hinaus auf andere, noch umstrittenere Art und Weise in unsere Umwelt, nämlich durch gentechnisch veränderte Pflanzen wie den seit Jahren heiß diskutierten Mais MON810, dessen Saatgut die US-amerikanische – und mittlerweile deutsche – Firma Monsanto herstellt. Er war viele Jahre die einzige zugelassene gentechnisch manipulierte Pflanze, die in der EU als Futter- und

Lebensmittel angebaut werden durfte, 2016 auf immerhin rund 130.000 Hektar. Die gesamte MON810-Pflanze ist für die Hauptschädlinge giftig – allen voran die Schmetterlingsart Maiszünsler *(Ostrinia nubilalis)*. Ungeklärt ist, wie sich die Ausbreitung von Pollen, der auch den Bazillus enthält, in den Ökosystemen auswirkt. Setzt sich der MON810-Pollen auf Blättern nieder, die von Raupen gefressen werden, kann es diese dahinraffen. Umso gravierender ist es, wenn der Mais in der Nähe von Populationen besonders bedrohter Arten angebaut wird. Momentan scheint diese Gefahr in Europa gebannt zu sein, da der Mais nicht mehr gepflanzt werden darf. Aber Wachsamkeit ist hier erste Umweltschützer-, wenn nicht gar Bürgerpflicht.

Alles ist nur eine Frage der Zeit. Der Artenverlust passiert nicht von heute auf morgen, sondern über mehrere Jahrzehnte. Vieles rückt erst jetzt in den Mittelpunkt der Diskussion oder wird überhaupt als Problem anerkannt. Die Urbanisierung, die mächtigen Betonlandschaften spielen eine signifikante Rolle beim Artensterben im Kleinen. Städte und Dörfer sind stolz, wenn sie sauber und gepflegt aussehen, aber den Insekten ist mit ständig geschorenem Rasen nicht geholfen. Meine Kollegin Brigitte Braschler von der Universität Basel – sie ist genauso vernarrt in Insekten wie ich – zeigte in einer Studie, dass »wilde« Gärten mit Komposthaufen, Totholz, »zotteligem« Gras und einheimischen statt »exotischen« Blumen Insekten helfen und die schlechten Auswirkungen der Verstädterung ausgleichen können. Gärten, die weitgehend aus Schotter bestehen, mögen pflegeleicht sein, lassen aber der biologischen Vielfalt schon deshalb kaum Raum, weil der grüne Anteil nur marginal ist. An heißen Tagen speichert der Schotter die Wärme, gibt sie wieder ab und heizt die Stadt auf. Baden-Württemberg ging mit gutem Beispiel nach dem Motto »Bienen statt Steine« voran und verbot im Sommer 2020 das Anlegen neuer Schotterflächen in privaten Gärten. Zugleich sind Bürgerinnen und Bürger dort nun verpflichtet, Schotter- wieder in Naturgärten zurückzuverwandeln. Das finde ich prinzipiell gut und richtig, auch wenn ich grundsätzlich mehr für Freiwilligkeit bin und lieber auf Einsicht statt Verbote setze. Der Protest gegen diese sinnvolle Maßnahme ist für mich trotzdem nicht nachvollziehbar. Er zeigt die Philosophie vieler Menschen, dass zwar Maßnahmen zum Schutz unserer Natur begrüßenswert sind, aber nur, solange sie nicht den eigenen (Schotter-)Garten betreffen.

Warum erzähle ich nun von Städten und Gärten? Warum rede ich über die Verschmutzung der Meere, die Vernichtung von Tropenwäldern und komme dann mit dem Eichenprozessionsspinner um die Ecke, der Schäden verursacht, die im globalen Vergleich eine Lappalie sind? Ganz einfach. Weil alles mit allem zusammenhängt – im Leben und in der Natur. Es geht nicht allein um Nahrungsmittel, nicht nur um sauberes und ausreichend Trinkwasser, um Rohstoffe, Energieträger und Medizin. Gesunde Natur reinigt Luft und Wasser, reguliert das Klima, verhindert Bodenerosionen und mindert Überschwemmungen, Hurrikane, Orkane und andere schwere Wetterausschläge, wie wir sie zunehmend auch in Deutschland und im Rest Europas erleben. Das Fazit Zehntausender lokaler, regionaler, nationaler und internationaler Untersuchungen aus Klimaforschung,

Natur-, Forst-, Agrar-, Sozial- und Wirtschaftswissenschaften, Umweltschutz, Land- und Meeresbiologie, Virologie und Epidemiologie lautet: Der Mensch ist der Verursacher der Triple-Krise. In seiner Verantwortung liegt es, sie zu verhindern. Ich will gerne meinen Beitrag dazu leisten, etwa mit diesem Buch.

2.2. WÄRE DOCH DIE RIESENBIENE KEINE AUSNAHME!

Ob im Allgäu oder auf den Philippinen: Ich habe viele persönliche Momente erlebt, die mein Forscherherz höherschlagen ließen. Manchmal reichte dazu schon eine Nachricht wie die aus dem Februar 2019, als die Umweltschutzorganisation Global Wildlife Conservation von der Sichtung einer Wallace-Riesenbiene *(Megachile pluto)* berichtete. Es war das erste Mal seit 38 Jahren, dass ein Exemplar des nach seinem britischen Entdecker Alfred Russel Wallace benannten Sechsfüßlers – etwa daumengroß, viermal so groß wie eine Honigbiene – an einem menschlichen Zweibeiner vorbeischwirrte. Dem auf Insekten spezialisierten Naturfotografen Clay Bolt war es gelungen, es auf einer entlegenen indonesischen Insel aufzuspüren und abzulichten.

Dass die Wallace-Riesenbiene entgegen aller Befürchtungen doch noch nicht zu den ausgestorbenen Tierarten gezählt werden muss, ist natürlich ein Grund zur Freude, nicht nur für Insektenforscher. Allerdings gibt es einen Wermutstropfen: Die letzten Vertreter der größten Bienenart der Welt existieren schlicht nur noch deshalb, weil das Eiland, auf dem sie überlebt haben, weitab vom Schuss liegt. Man muss kein Pessimist sein, um zu sagen: Wären dort Goldvorräte oder sonstige Naturschätze, die der Mensch zu Geld machen könnte, wäre das Vorkommen der Art auch dort längst Geschichte. Andere mehr oder weniger akut bedrohte Tierarten haben nicht so viel Glück, etwa weil ihre Lebensräume in Gegenden liegen, die der Mensch für sich erschlossen hat oder in die er mehr und mehr eingreift, um Wald zu roden oder Bodenschätze auszubeuten.

Clay Bolt hat einen Traum. Er möchte die Riesenbiene zu einem Symbol des Umweltschutzes machen. Ein schöner Traum, den ich gerne mitträume. Denn die Entwicklung lässt nichts Gutes für die Zukunft erahnen. Ich habe deshalb dieses Beispiel ausgewählt, weil der Niedergang der biologischen Vielfalt Indonesiens exemplarisch ist für Länder, die nachholen, was die Industrienationen schon hinter sich haben.

Die Regierung in Jakarta hat dem Land einen ökonomischen Wachstumskurs verordnet, der zur sicheren Vernichtung des Regenwaldes führt, sei es durch Abholzen oder Brandrodung, um auf den Flächen Palmöl und Lebensmittel zu produzieren. Satellitenaufnahmen von Rauchsäulen über Sumatra belegen Feuer in den einstigen Tropenwäldern, durch die Jahr für Jahr Milliarden Tonnen Kohlendioxid in die Luft befördert werden. Der Citarum, einer der längsten Flüsse Indonesiens, gehört zu den dreckigsten Fließgewässern der Welt. Das Wasser, das er führt, ist eine braune, stinkende Brühe voller Plastik, Schwermetalle und Chemikalien aus Hunderten Textilfabriken entlang seiner Ufer, die ihre Abwässer ungefiltert einleiten.

Trotzdem hat Indonesien noch immer eine atemberaubende biologische Vielfalt. Es weist nach wie vor mehr als 10 Prozent des weltweiten Regenwaldes auf. In keinem Land der Erde leben derartig viele verschiedene Tierarten. Berühmt sind die Orang-Utans auf Borneo und Sumatra. In dem Land existieren mit 1622 rund 17 Prozent aller bekannten Vogelarten, dazu 530 Säugetier-, 520 Reptilien-, 270 Amphibien- und 1900 Tagfalter- sowie mehr als 37.000 Pflanzenarten. Nicht allein Orang-Utan, Sumatra-Nashorn und Sumatra-Tiger – Bali- und Java-Tiger sind schon ausgestorben – sind in Gefahr, ausgerottet zu werden. Tausende Pflanzen- und Tierarten sind in Indonesien und der südostasiatischen Region insgesamt bedroht.

Im Sommer 2014 widmete die weltweit renommierte Fachzeitschrift *Science* eine spezielle Ausgabe dem Artenrückgang. Damals zeichnete der Redakteur Erik Stokstad, seit 1997 bei dem Wissenschaftsmagazin, ein düsteres Bild des Lambir-Hills-Nationalparks im Westen Borneos, der drittgrößten Insel der Welt, die sich territorial die Staaten Indonesien, Malaysia und Brunei teilen. Seit Mitte der 1980er-Jahre wurden Straßen asphaltiert, die durch das zu Malaysia gehörende Naturschutzgebiet gehen. Von da an verschwanden größere Tiere wie Flughunde *(Pteropodidae)*, der Malaienbär *(Helarctos malayanus)*, Gibbons *(Hylobatidae)* oder der Rhinozeroshornvogel *(Buceros rhinoceros)*, die nach Recherchen Stokstads Freizeitjägern zum Opfer fielen. Die Vegetation veränderte sich ebenfalls. Es setzten sich Bäume durch, deren Fortpflanzung von Samen abhing, die der Wind verweht – und nicht durch Tiere verschleppt werden. Und 2017, nur drei Jahre später? Dazu führe ich einmal ausdrücklich keinen wissenschaftlichen Beleg an, sondern die Beobachtung eines Touristen, der seine Eindrücke im März

2017 auf einer Reise-Website unter dem bezeichnenden Namen »No Wildlife« beschrieb: »Hier gibt's ein paar Wasserfälle zu sehen, Dschungel, aber ohne Tiere.«

Die Fauna ist verarmt, von allein kommen die Tiere nicht zurück. Sie alle sind Opfer des sich ankündigenden sechsten großen Artensterbens der Weltgeschichte. Fünf gab es in den vergangenen 540 Millionen Jahren bereits, wie aus Fossilienfunden geschlossen werden konnte.

Auf die Idee, dass ganze Arten für immer von der Erde verschwinden, kam der französische Naturforscher Georges Cuvier, der von 1769 bis 1832 lebte und zu den Pionieren der Paläontologie und der Zoologie als vergleichende anatomische Forschung gehört. Er untersuchte fossile Sedimentbecken und verglich gewissenhaft Knochen, Zähne und Abdrücke von vor Millionen Jahren verendeter Tiere. Dabei entwickelte er eine Idee der Klassifizierung von Arten: Er unterschied und differenzierte zum Beispiel nicht nur zwischen den Afrikanischen und dem Asiatischen Elefanten, sondern brachte sie auch in Zusammenhang mit dem Mammut. Was heute Allgemeinwissen ist, war zu Beginn des 19. Jahrhunderts eine verblüffende Erkenntnis, zumal Cuvier Naturkatastrophen wie Vulkanausbrüche als Erklärung für das Artensterben mitlieferte. Er begann damit das, was Charles Darwin und Alfred Russel Wallace – genau, der Namensgeber der Riesenbiene – einige Jahrzehnte später zu revolutionären Evolutionstheorien weiterentwickelten.

Das Artensterben ist an und für sich ein natürlicher Prozess, der permanent stattfindet, aber bei Massensterben extreme Ausmaße annimmt. Das aktuelle Artensterben ist allerdings das erste, das zum allergrößten Teil vom Menschen verursacht wird. Ein berühmtes Beispiel aus der Zeit, in der es noch keine Rote Liste gab, ist das Aussterben des Stephenschlüpfers *(Traversia lyalli)* auf der Stephensinsel, die zu Neuseeland gehört. Ursprünglich war die Vogelart auch auf den neuseeländischen Hauptinseln beheimatet, bevor sie durch eingeschleppte Ratten und Marder ausgerottet wurde. Auf deren Angriffe hatte die Evolution den am Boden lebenden, zwar sehr schnellen, aber flugunfähigen Vogel nicht vorbereitet. Nur auf dem unbewohnten kleinen Eiland, das zwischen der Nord- und der Südinsel liegt, überlebte die Art. Doch dann kamen der ornithologisch interessierte Leuchtturmwärter David Lyall und seine – wohl trächtige – Hauskatze Tibbles 1894 auf die Insel und entwickelten ein sehr unterschiedliches Interesse am Stephenschlüpfer. Lyall entdeckte die Vogelart, die Katze killte sie. Tibbles rottete den Stephenschlüpfer – offenbar gemeinsam mit ihrem Nachwuchs – bis zum Frühjahr 1895 aus. Für den Leuchtturm wurde im Übrigen jede Menge Wald auf der nur 184 Hektar großen Insel abgeholzt, was es der Katze leichter gemacht haben dürfte, den Vögeln nachzustellen. Heute ist Stephens Island ein unbewohntes, säugetierfreies und geschütztes Refugium für seltene Tiere wie den vom Aussterben bedrohten Hamilton-Frosch *(Leiopelma hamiltoni)*.

So kann es gehen, wenn der Mensch in die Evolution eingreift, egal, ob jagend, erobernd oder siedelnd. Wann immer er neue Gebiete für sich erschloss, kam es zu Artenverlusten. Land wurde in Acker verwandelt und bebaut, Ökosysteme und die darin enthaltene Fauna und Flora verschwanden, manchmal auf Nimmerwiedersehen.

Diese Entwicklung hält, wie beschrieben, bis heute an. Doch sprengt das aktuelle Artensterben bisher gekannte Dimensionen. Es setzte um 1500 ein, als die Renaissance, in der sich der Mensch erstmals und zunehmend als schöpferisches, wissensdurstiges, vernunftbegabtes Geschöpf begriff, ihrem Höhepunkt zustrebte. Seitdem wurden mindestens 680 Wirbeltierarten ausgerottet. Das Tempo war bis dato relativ gering. Um es noch einmal zu betonen: Die globale Aussterberate unserer Epoche ist mindestens zehn- bis hundertmal höher als im Durchschnitt der letzten zehn Millionen Jahre. Für eine Million Tier- und Pflanzenarten kann das Aus schon in den nächsten zwei bis fünf Jahrzehnten kommen. Nach Schätzungen, die wir im Bericht des Weltbiodiversitätsrats aufzeigen, setzt sich diese Million etwa zur Hälfte aus Artengruppen zusammen, die wir relativ gut kennen, also höhere Pflanzen und gut erforschte Tiere, und bei denen von einer mittelfristigen Gefährdung von einem Viertel der gut zwei Millionen Arten ausgegangen werden kann; zur anderen Hälfte sind das die zurückhaltend geschätzten 10 Prozent gefährdeter von etwa fünf bis sechs Millionen Insektenarten, wo unser Kenntnisstand noch sehr schlecht ist.

Auch die Rote Liste der Weltnaturschutzunion belegt die Misere: Standen auf ihr 2007 etwas mehr als 16.000 Arten, sind es nun etwa 32.000. Im globalen Schnitt sind rund ein Viertel aller Land-, Süßwasser- und Meereswirbeltiere – also Säugetiere, Knochen- und Knorpelfische, Amphibien, Reptilien und Vögel – sowie darüber hinaus zahlreiche wirbellose Tierarten und Pflanzengruppen vom Aus bedroht. Die Amphibien sind am heftigsten betroffen: Bei ihnen gilt das Risiko, von unserem

Planeten ein für alle Mal zu verschwinden, für 41 Prozent der Arten. Bei Haien und Rochen sind es 30, bei Krebstieren 27 und Vögeln 14 Prozent. Aber auch 34 Prozent aller Nadelbaumarten stehen vor der Ausrottung.

Weltweit sterben einheimische Sorten und Rassen von Nutzpflanzen und -tieren aus, was als Gefahr für die Ernährungssicherheit und zukünftige Entwicklungsoptionen gesehen werden muss. Bis 2016 waren 559 der 6190 domestizierten Säugetierrassen, die der Mensch in der Agrarwirtschaft zu unterschiedlichen Zwecken hält, ausgestorben, für mindestens 1000 weitere steht das Alarmsignal auf Rot. Fatal ist nicht allein der Verlust als solcher. Oftmals geht mit dem physischen Verschwinden auch die genetische Vielfalt verloren, worunter die natürliche Widerstandsfähigkeit leidet, bei Nutzpflanzen gegen Schädlinge, Erreger und Temperaturanstiege. Was wiederum den (Teufels-)Kreislauf aus noch mehr Pestiziden und Dünger in Gang setzt.

Spätestens seit den 1960er-Jahren gehen Pflanzen- und Tierarten in Mitteleuropa spürbar zurück. Wie überall auf der Welt sorgten in unseren Breitengraden die »moderne« Landwirtschaft, der Bau von Fabriken, der Abbau natürlicher Ressourcen wie Braun- und Steinkohle sowie die Verstädterung für unwiederbringliche Eingriffe in die Umwelt. Seit dem 16. Jahrhundert sind in Deutschland 47 Pflanzen-, 12 Säugetier-, 14 Vogel- und 10 Fischarten ausgestorben. Die Zahlen wirken beinahe lächerlich, setzt man sie ins Verhältnis zur aktuellen Roten Liste. Allerdings sagen sie wenig über die wahre Gefährdungslage aus.

DIE ANKUNFT DER EUROPÄER UND IHRE FOLGEN

Die wohl größte Gefahr für die Artenvielfalt geht mittlerweile (und zukünftig noch mehr) von der Erderwärmung aus, weil diese negative Einflüsse und laufende Prozesse weiter befeuert. Hunderttausende Tierarten an Land und im Meer sind kaum oder nicht in der Lage, sich dem Tempo des Klimawandels anzupassen und etwa in kurzer Zeit ihre Nahrungsgewohnheiten, ihr Fortpflanzungs- oder Wanderungsverhalten so zu verändern, dass es ihr Überleben sichert. Viele Arten suchen sich neue Lebensräume, in denen sie Temperaturen vorfinden, mit denen sie klarkommen. Sie treffen dort unter Umständen auf angestammte Tiere und Pflanzen, die mit den »Eindringlingen« nicht harmonisieren. Nicht alle, aber sehr viele dieser oft invasiven Arten sind eine Bedrohung für die Biodiversität, weil sie fein austarierte Ökosysteme durcheinanderbringen.

Schon immer war es der Mensch, der die Invasionen in Gang setzte. Mal absichtlich, mal unabsichtlich, half und hilft er Tieren und Pflanzen, natürliche Barrieren wie Ozeane und Gebirge zu überwinden. Werfen wir noch einmal einen Blick nach Neuseeland, das nicht nur auf Stephens Island, sondern überall zig Millionen Jahre keine Säugetiere kannte. Als der Engländer James Cook 1769 als erster Europäer das Land der Maori betrat, sollen zeitgenössischen Berichten zufolge Vögel so laut gesungen und gekrächzt haben, dass Mitglieder seiner Crew Mühe hatten, Kommandos zu hören. Das mag Seemannsgarn sein. Wahr ist, dass spätere Siedler nicht nur Katzen, sondern auch Hausziegen, Igel, Kaninchen und sogar Rothirsche mitbrachten, um sich heimisch zu fühlen. Bereits im

19. Jahrhundert hatten sich die Kaninchen so stark vermehrt, dass man Hermeline und Wiesel aussetzte, die sich dank eines Überangebots an Nahrung und ohne selbst Feinde zu haben, ebenfalls prächtig vermehrten und Eier der oft endemischen Vögel fraßen, sodass diese binnen weniger Jahre ausstarben oder wie der Kiwi drastisch reduziert wurden. Mitte des 19. Jahrhunderts wurde damit begonnen, die aus Australien eingeführten Possums zu züchten, von denen es, da sie ebenfalls keine Fressfeinde hatten – und bis heute keine haben –, inzwischen 30 bis 70 Millionen Exemplare in Neuseeland gibt. Die Beuteltierart, die eigentlich Fuchskusu *(Trichosurus vulpecula)* heißt, gefährdet Fauna und Flora in hohem Maße. Alle Bemühungen, sie wieder loszuwerden, scheiterten.

Aus solchen Fehlern haben die Menschen durchaus gelernt. Allerdings ist eine ungewollte Invasion von Arten im Zeitalter der Globalisierung mit seinen gigantischen Handelsströmen und dem Massentourismus nicht zu kontrollieren. Insekten und andere Tiere gelangen auf dem See- und Luftweg in Transport- oder Schüttgütern und in Verpackungen zu anderen Kontinenten. Im Ballastwasser, das gering oder nicht beladene Frachtschiffe stabilisiert, befinden sich Lebewesen, die über die Ozeane zu neuen Ufern aufbrechen.

Normalerweise hätten die allermeisten Neuankömmlinge in völlig anderen Klimazonen nur sehr begrenzte Überlebenschancen. Doch beispielsweise die Erderwärmung macht das möglich. Plötzlich fühlen sich Arten aus den Tropen in Europa wohl und etablieren sich. Aber das ist nicht das Einzige. Die Zunahme an Wetterextremen geht weitgehend oder allein auf die Erderwärmung zurück. Sie begünstigen Invasionen fremder Arten. Stürme und Hochwasser transportieren Tiere und Pflanzen Hunderte und Tausende Kilometer weit. Haben sie sich erst einmal angesiedelt, müssen Mensch und Natur damit zurechtkommen. Die Asiatische Hornisse *(Vespa velutina)*, die 2004 nach Europa gelangte, erweitert ihr Vorkommen nach Erkenntnissen französischer Untersuchungen jährlich um 78 Kilometer. Das klingt zunächst nicht viel, ergibt aber in zwanzig Jahren ungefähr die Strecke von Berlin nach Bordeaux.

Kurzum: Der Klimawandel ist nicht die Hauptursache der globalen Wanderschaft von Arten, trägt aber maßgeblich dazu bei. Nicht immer endet das Auftreten invasiver Geschöpfe so wie in Neuseeland. Das Einwandern ist ein gewöhnlicher evolutionärer Prozess, der heute anders abläuft als zu Zeiten, in denen Cook in Neuseeland anlandete. Einige eingewanderte Tiere stabilisieren fragile oder schon geschädigte Ökosysteme. Seit den 1980er-Jahren haben sich acht Vogelarten am Bodensee neu angesiedelt, darunter Möwen- und Schwalbenarten aus dem Mittelmeerraum, was wahrscheinlich auf die Erderwärmung zurückzuführen ist oder zumindest durch diese begünstigt wurde. Die Tiere und Pflanzen, die am Bodensee bereits lebten, kamen damit zurecht.

Für das Einwandern von Arten gilt damals wie heute als Faustregel: Ansässige Arten haben es schwer, wenn die Evolution sie nicht auf die Konkurrenz vorbereitet hat. Dominieren diese das Geschehen, ist die heimische Flora und Fauna den Neuankömmlingen mehr oder weniger ausgeliefert. Arten sterben dann schlimmstenfalls aus.

DU SOLLST KEINEN GÖTTERBAUM NEBEN MIR HABEN

Auffällig ist, dass sich der Invasionsprozess in jüngerer Vergangenheit stark wie noch nie in Städte verlagert hat. Man denke nur an den Halsbandsittich *(Psittacula krameri)*, der seit vielen Jahren im Wiesbadener Schlosspark oder auch in Köln lebt, oder den asiatischen Götterbaum *(Ailanthus altissima)*, der sich überall in Deutschland ausbreitet und dem im Gegensatz zu Kastanie, Buche oder Linde trockene Sommer überhaupt nichts ausmachen. In Berlin gibt es ihn schon mehr als hundert Jahre. Bisher dezimierte Winterfrost die Bestände. Doch nun wird der Baum in Berlin und anderswo zur Plage, insofern er angestammte Bäume verdrängt. Die Stadt ist generell wärmer als das Land und somit ein Indikator künftiger klimatischer Entwicklungen für Fauna und Flora in der Landschaft geworden.

Invasive Arten schleppen Krankheiten ein, die dem Menschen gefährlich werden können. Seit gut einem Jahrzehnt werden stechende Insekten wie die Asiatische Tigermücke *(Stegomyia albopicta)* in Deutschland und anderen Ländern Europas heimisch, die im Gegensatz zu den Plagegeistern, die uns bisher im Sommer ärgerten, gefährliche Tropenkrankheiten wie das Dengue-Fieber übertragen können. Auch vor zwanzig, dreißig oder vierzig Jahren sind Asiatische Tigermücken nach Europa eingeschleppt worden. Sie hätten aber keine Chance gehabt, den Winter zu überstehen und in unseren Breitengraden heimisch zu werden. Das hat sich inzwischen geändert.

Ich erkläre das hier so ausführlich, um zu zeigen: Weder das Ausschlachten natürlicher Ressourcen noch die Landwirtschaft in jedweder Form oder der Klimawandel allein sind der

Auslöser der Triple-Krise. Es ist ihr unheilvolles Aufeinander-
treffen, das die Misere forciert. Die Rolle der Erderwärmung
beim Artensterben ist im Detail schwierig einzuschätzen, zumal Aussterbeprozesse nicht unmittelbar nach einer konkreten Veränderung der Lebensbedingungen beginnen, sondern
oft verzögert einsetzen. Sicher ist aber, dass der Klimawandel
ein verschärfender Treiber ist, der dafür verantwortlich zeichnet, dass sich Lebensräume ganzer Populationen verschieben –
falls sie überhaupt in der Lage sind, einer solchen Verschiebung
zu folgen, und nicht aussterben. Pflanzen und Tiere, die keine
größere Toleranz gegenüber Temperaturschwankungen haben,
werden den Planeten verlassen. Wir Menschen müssen uns darauf einstellen und sowohl bei Renaturierungen auf dem Land
als auch in Stadtparks Pflanzen ausbringen, die mit erwarteten
Temperaturanstiegen besser umgehen können.

Sicher ist auch: Der Klimawandel torpediert das in Millionen Jahren entstandene Zusammenspiel von Pflanze und Bestäuber – darauf gehe ich später noch detailliert ein. Hier sei
nur so viel gesagt: Entkoppelt sich die Entwicklung der Pflanzen bis zur Blütezeit von der Herausbildung und Aktivität von
Insekten, verringern sich Bestäubung und Befruchtung mit der
Folge, dass Früchte und Samen weniger werden. Hummeln,
(Wild-)Bienen und andere Insekten sind davon mitbetroffen.
Denn nicht nur wer zu spät, sondern auch wer zu früh kommt,
den bestraft die Natur. Der gestörte Kreislauf wirkt sich weiter
aus: In sehr milden Wintern kommen Vögel, die, statt in südliche Gefilde abzuzwitschern, in unseren Breitengraden bleiben, ohne nennenswerte Populationsverluste durch die kalte

Jahreszeit. Im Frühjahr konkurrieren sie mit zurückkehrenden Zugvögeln um Insekten als Nahrung. Vögel geraten auch an anderer Stelle unter Druck, weil das Verhältnis von Jäger und Beute neu austariert wird. Zum Beispiel beenden Siebenschläfer *(Glis glis)* früher ihren Winterschlaf und bringen dadurch die Fortpflanzung von Singvögeln in Gefahr.

Wären wir Hellseher, wäre ein Gegensteuern deutlich einfacher. Die Wissenschaft nähert sich der Prognoseproblematik, indem sie Szenarien für das Verbreitungsgebiet einer ganz bestimmten Art entwickelt. Berücksichtigt wird, welche Bedingungen sie braucht, um ihr Überleben zu sichern. Wir Forscher sprechen von sogenannten Nischenmodellen. Das Bundesumweltministerium ließ eine Studie zu den wahrscheinlichen Auswirkungen der Erderwärmung auf die deutsche Tierwelt erstellen, die 2012 anlässlich des 20. Jahrestags des Klimaabkommens von Rio de Janeiro vorgelegt wurde. Wir müssen leider davon ausgehen, dass sich an den Zahlen – geschweige denn an der Tendenz – nichts geändert hat, jedenfalls nicht zum Besseren. Womöglich beschreibt sie die Lage positiver, als sie heute ist. Inhalt der Untersuchung war eine Risikoanalyse zum Klimawandel für 500 in Deutschland lebende Tierarten. Für 11 Prozent (55 Arten) wurde die Gefahr, im Zuge der Erderwärmung ausgerottet zu werden, als gering eingestuft. Demgegenüber wurde sie für 12 Prozent (63 Arten) als sehr hoch eingeschätzt, bei den übrigen 77 Prozent (382 Arten) taxierte die Wissenschaft das Risiko in der Mitte. Das heißt selbstverständlich nicht, dass im schlimmsten Fall 89 Prozent der heimischen Arten aussterben werden. Die letztendliche Zahl wird vom Tempo der klimatischen Veränderungen abhängen. Aber allein die Tatsache, dass 89 Prozent der deutschen Tierwelt mit hoher und mittlerer Wahrscheinlichkeit durch den Klimawandel in Schwierigkeiten geraten, muss uns zu denken geben. Und das gilt unabhängig davon, ob in der Zeit andere Arten einwandern, die mit der hiesigen Tierwelt – oder ihren Restbeständen – hoffentlich harmonieren.

Eine exakte Prognose ist schwierig, weil wir nicht wissen, wie sich die Welt in den nächsten dreißig oder fünfzig Jahren verändert. Politische Maßnahmen und der Verlauf der Wirtschaftsdynamik können kaum abgeschätzt werden. Doch die Aussagekraft der Vorhersagen ist in der Tendenz eindeutig. Steigt die Temperatur im Jahresdurchschnitt um 4 Grad Celsius, wird bis 2080 etwa ein Fünftel der 550 in der Studie berücksichtigten Pflanzenarten Deutschlands mehr als drei Viertel der heutigen Gebiete, in denen sie jetzt vorkommen, nicht mehr besiedeln. Es liegt auf der Hand, dass das Eintreten des Szenarios unter anderem davon abhängt, ob und wie sehr wir den Insektenschwund in den Griff kriegen. Denn eine Pflanze, die mit der Erderwärmung klarkommt, muss immer noch bestäubt werden. Die Erhebungen berücksichtigen zudem keine möglichen genetischen, also evolutionären Anpassungen. Es kann jedoch davon ausgegangen werden, dass die Modellrechnungen aufgrund rasanter Fortschritte bei der Erforschung aller Zusammenhänge zunehmend präziser werden. Als Richtschnur können sie schon heute gelten. Sie geben uns die Möglichkeit, anhand erwarteter Dynamiken die Gefährdung von Lebensräumen zu analysieren und Rückschlüsse zu ziehen.

Das heißt für mich: Der praktische Natur- und Umwelt-schutz muss trotz Unsicherheiten handeln. Und zwar jetzt! Wie schon gesagt, an die Apokalypse glaube ich nicht. Es geht nicht um die Rettung der Welt, aber sehr wohl um die Bewahrung der Ökosysteme: Hochgebirge, Feuchtgebiete, Moore, Meere, Seen, Teiche, Bäche, Flüsse und Wälder, aber auch Kulturland-schaften. In Deutschland und im Rest der Erde.

2.3. INSEKTENSCHWUND IST EINE TATSACHE

Eine ähnlich spektakuläre Wiederentdeckung wie die der Wallace-Riesenbiene in Indonesien, nur mehr oder weniger direkt vor unserer Haustür, gelang im Juli 2019 der Biologin Sophia Hochrein, Doktorandin an der Julius-Maximilians-Universität in Würzburg. Unter den Insekten, die sie in Eichenwäldern rund um Kitzingen in Unterfranken eingefangen hatte, fand sich ein Exemplar der Hellen Pfeifengras-Grasbüscheleule *(Pabulatrix pabulatricula)*. Diese Nachtfalterart galt in Mitteleuropa seit Jahrzehnten als ausgestorben, doch inzwischen konnten weitere Exemplare nachgewiesen werden. Die Wissenschaftlerin will nun untersuchen, warum und unter welchen Bedingungen eine Art in einem so eng umgrenzten Habitat, einem kleinen Waldstück nahe Wiesentheid, überleben kann, während sie überall sonst komplett verschwunden scheint.

Immer wieder kommt es vor, dass vermeintlich ausgestorbene Arten, darunter auch Säugetiere, unerwartet wieder auftauchen, nachdem sie mitunter jahrzehntelang nicht mehr gesichtet worden waren. Wir dürfen uns trotzdem nicht täuschen lassen: So beglückend Neu- oder Wiederentdeckungen sind, sie stehen in keinem Verhältnis zum fortschreitenden Artenrückgang und dem unwiederbringlichen Verlust an Fauna und Flora.

Die »Rückkehr« von *Pabulatrix pabulatricula* verweist auf eine Schwierigkeit, mit der die Wissenschaft zunehmend konfrontiert ist: Alarm zu schlagen, ohne alarmistisch zu sein. Ich bemühe mich stets, auch in diesem Buch, zu differenzieren und sachlich fundiert zu informieren. Panikmache mündet schnell in Überreaktionen, die wir nicht gebrauchen können. Sosehr ich den Einsatz von Greta Thunberg und Fridays for Future schätze: Die Untergangsszenarien, die so manche Klimaschützer zeichnen, halte ich für kontraproduktiv.

Die ökologische Apokalypse steht sicherlich nicht unmittelbar bevor. Aber definitiv verschwinden Insekten in einem ungeahnten Ausmaß, das vor dreißig, vierzig Jahren nicht ansatzweise vorstellbar war. Die Artenvielfalt, auch der flatternden, kriechenden und krabbelnden Tierlein, ist rund um den Globus massiv bedroht. Das muss uns Sorgen bereiten. Wie sich der Schwund allerdings in absoluten Zahlen darstellt und wie viele Arten *de facto* betroffen sind – niemand weiß es. Und die Chancen, es irgendwann zu wissen, exakt und wissenschaftlich unumstößlich, tendieren gen null.

Ich spreche eigentlich lieber von »Insektenschwund« als von »Insektensterben«, vor allem in Vorträgen vor Fachpublikum. Es klingt weniger theatralisch nach Endzeitstimmung. In der öffentlichen Diskussion hat sich »Insektensterben« allerdings etabliert, und das hat durchaus seine Berechtigung. Denn in gesamtgesellschaftlichen Debatten kann es mitunter notwendig sein, plakativ zu werden und eine Krise auf einen knackigen Begriff zu reduzieren, um Bürgerinnen und Bürger wie auch die Politik in Bund, Städten und Gemeinden zu sensibilisieren, aufzurütteln und Diskussionen in Gang zu setzen.

Ein sehr wichtiger Indikator für Trends in der Natur ist Biomasse – also die Gesamtheit aller in einem bestimmten Gebiet oder Ökosystem vorkommenden Lebewesen je Quadrat- oder Kubikmeter in Gewichtseinheiten, egal ob Fliegen, Hummeln, Schmetterlinge, Bienen oder Motten. Alleiniger Maßstab kann die Biomasse jedoch nicht sein. Sie muss differenziert betrachtet werden. Steigt das Vorkommen von Schwamm- und Prozessionsspinnern in einem Wald massiv an, erhöht sich die Biomasse der Insekten, aber kein Biologe und keine Försterin wird darüber ins Jubeln geraten. Wildbienen, Schlupf- und Erzwespen (die natürlichen Gegenspieler zahlreicher anderer pflanzenfressender Insekten wie zum Beispiel der Blattläuse) wiederum oder Wildbienen als wichtigen Bestäubern auch in naturbelassenen Arealen kommt in Biomasseberechnungen eine nur marginale Rolle zu, was aber ihrer existenziellen Bedeutung in Ökokreisläufen nicht entspricht.

Drei Faktoren in ihrem Zusammenspiel sind wichtig, um ein Gesamtbild der Lage zu erhalten: Neben der Biomasse sind dies die Anzahl der Arten sowie die Zahl der Individuen einer Spezies.

Überall auf der Erde leben Käfer, Ameisen, Asseln oder Fliegen, die noch niemand wissenschaftlich klassifiziert hat.

Erst ein kleiner Teil der weltweit lebenden Insektenarten ist bekannt. Das macht es schwierig, den Rückgang »der« Insekten zu quantifizieren. In tropischen Ländern, aber selbst in relativ gut erforschten Regionen der Erde wie in den USA oder Europa könnten Arten aussterben oder bereits ausgestorben sein, ohne dass wir von ihrer Existenz jemals etwas gewusst haben oder wissen werden. Es gibt nur wenige gut erforschte Arten bzw. Artengruppen (dazu gehören beispielsweise viele der von mir so geschätzten Schmetterlinge), deren Bestände sehr genau beziffert werden können. Gemessen an der Gesamtzahl der Insektenarten haben diese Zahlen nur beschränkte Aussagekraft.

An dieser Stelle muss ich einen Lobgesang auf die Leistung des Entomologischen Vereins Krefeld anstimmen, dessen 2017 vorgelegte Studie zu Recht weltweit Beachtung fand und das Insektensterben erstmals nachhaltig ins öffentliche Bewusstsein rückte. Mitglieder und Freunde des Vereins stellten an bestimmten Orten immer wieder Fallen auf, in erster Linie in Nordrhein-Westfalen, aber auch in Rheinland-Pfalz und in Brandenburg. Die Arbeit ist deshalb so wertvoll, weil sie sich – im Gegensatz zu vielen wissenschaftlichen Forschungen, die bis dahin vorlagen – nicht auf eine einzige Spezies bezog. Sie war die erste Langzeitarbeit über das gesamte Vorkommen fliegender Insekten. Die Krefelder Studie belegte einen Rückgang der Biomasse fliegender Insekten in den Untersuchungsgebieten um 75 Prozent innerhalb von 27 Jahren. Plötzlich sprach ganz Deutschland darüber. Die Studie ist so bahnbrechend, dass im Mai 2017 das international renommierte

Wissenschaftsmagazin *Science* unter der Überschrift »Wo sind all die Insekten hin?« (»Where have all the insects gone?«) darüber berichtete.

Die Krefelder stuften ihren Befund als alarmierend ein, erst recht, da es sich gerade um Schutzgebiete handelte, dafür geschaffen, die ökologische Vielfalt zu bewahren. Der grundsätzlichen Einschätzung der Krefelder Entomologen schließe ich mich an: Ja, wir müssen handeln. Ich muss aber auch auf die Tatsache verweisen, dass das Hauptuntersuchungsgebiet Nordrhein-Westfalen ein Bundesland mit enormer Industriedichte, vielen rauchenden Schornsteinen, industrialisierter Landwirtschaft, hoher Mobilität und – nicht zu vergessen – 20 Millionen Einwohnern ist. Ein Gesamtbild des Insektensterbens lässt sich aus der Studie nicht erzeugen. Ihr Ergebnis kann nicht auf Äcker und Wälder übertragen werden. Zudem ist die Datenbasis der Untersuchung relativ schwach. An den Messstandorten wurden im gesamten Zeitraum von fast drei Jahrzehnten lediglich ein- bis dreimal Fallen aufgestellt.

Diese Einordnung soll die Leistung des Vereins keineswegs schmälern. Ich will damit lediglich andeuten, wie schwierig es ist, zu Erkenntnissen zu gelangen, die als unumstößliche Fakten gelten können. Auch Forschenden, die an Universitäten arbeiten, geht es nicht viel besser. Wir stehen vor dem ähnlichen Problem, bisweilen mit einer durchaus fragilen und mitunter ziemlich dünnen Datenlage auskommen zu müssen. Umso wichtiger ist es, das systematische Monitoring von Insekten zu fördern. Gerade Zählungen von Tagfaltern haben erschreckende, für die Forschung ungemein wichtige

Ergebnisse erbracht. Sie deuten auf einen dramatischen Rückgang mancher Populationen hin. Genannt sei hier der europäische Grünlandindikator der Tagfalter, der seit 1990 einen Schwund um 30 Prozent belegt hat.

In diese Berechnungen flossen Daten des 2005 gestarteten Tagfalter-Monitoring Deutschland ein, das ich mit initiierte und das von meiner Kollegin Elisabeth Kühn und mir koordiniert wird. Jahr für Jahr erfassen ehrenamtliche Schmetterlingssuchende – oder besser: -findende – bei wöchentlichen Begehungen entlang festgelegter Strecken tagesaktive Exemplare unterschiedlicher Spezies. Die so zusammengetragenen Informationen dokumentieren die Entwicklung der Falter auf lokaler, regionaler und nationaler Ebene. Sie dienen auch dem Vergleich mit Ergebnissen anderer europäischer Länder. In Großbritannien notieren Schmetterlingsfreunde in weiten Teilen des Landes bereits seit 1976 systematisch Sichtungen von Tagfaltern.

Die systematische Erfassung von Falterarten durch Freiwillige ist eine gute Sache, die Spaß, Bewegung und wichtige Befunde für die Wissenschaft bringt. Immer wieder erhalten wir begeisterte Rückmeldungen von Schulklassen oder älteren Menschen, die sagen: »Ich mache etwas Sinnvolles, das mich obendrein fit hält.« Durch die kontinuierliche Mitarbeit der Freiwilligen können wir Forscher die Situation zahlreicher Arten fundierter beurteilen.

Da Insektenpopulationen – die Natur will es so – starken Schwankungen unterliegen, können statistisch abgesicherte Aussagen zur Bestandsentwicklung oft erst nach mehreren Jahren oder gar Jahrzehnten getroffen werden. Entsprechende

Langzeitstudien gibt es weltweit nur wenige, da sie mit hohem Personalaufwand verbunden und anspruchsvoll in der Organisation sowie Finanzierung sind. Umso erfreulicher ist das Engagement der vielen Tausend Schmetterlingszähler in Deutschland und Europa.

BIOMASSE IST NICHT GLEICH BIOMASSE

Das Insektensterben ist ein Drama, aber (noch) keine Tragödie. Und Biodiversität heißt nicht allein die Rettung der Pandas, Eisbären und Nashörner, sondern bedeutet auch den Erhalt kleiner, kleinerer und kleinster Arten in ihrer genetischen Vielfalt sowie des Systems natürlicher wie auch menschengemachter Lebensgemeinschaften inklusive Nahrungsketten, Symbiosen und Konkurrenzen. Für das gesamte Ökosystem des Blauen Planeten sind Insekten von enormer Bedeutung.

Die Vereinten Nationen haben die Gefahr erkannt, das Arten- und Insektensterben auf eine Stufe mit dem Klimawandel gestellt und nicht zuletzt deshalb den Weltbiodiversitätsrat initiiert. Im Frühjahr 2016 legte das Gremium seinen ersten Lagebericht vor. Er fokussierte sich auf die Bestäuber und beruhte auf Forschungsergebnissen, die in rund 3000 unterschiedlichen internationalen Fachveröffentlichungen nach Durchsicht Zehntausender Studien festgehalten wurden. Alle Erkenntnisse der Wissenschaft, die mittlerweile vorliegen und zu denen der Bestäuber-Bericht wesentlich beitrug, erlauben derzeit eine Schätzung, nach der 10 Prozent der bekannten Insektenarten mittelfristig vom Aussterben bedroht sind, so wir nicht gegensteuern. Dies ist eine konservative Schätzung –

als Gegenpol zum Alarmismus – und bedarf weiterer Forschungsarbeit, um diese zu verbessern und damit Prognosen zu erhärten.

Wie schlimm die Lage ist, legt eine erste umfassende globale Studie der Universität Sydney von Anfang 2019 nahe, die auf 73 regionalen Einzelstudien fast aller Kontinente fußt. Auch meine Forschungsergebnisse sind dort eingeflossen.

Obwohl die Datenlage teilweise dünn ist und ich bei der Aussage, die Aussterberate der Insekten liege achtmal höher als bei Säugetieren, Vögeln und Reptilien, einigermaßen skeptisch bin, zeigt die Studie ein weit verbreitetes Phänomen auf, wobei auch zu beachten ist, dass die Vorgehensweise so gewählt wurde, dass positive Beispiele nicht erfasst werden konnten. Dennoch, Parallelen zur Krefelder Studie sind nicht von der Hand zu weisen. Der Rückgang der Biomasse ist immens. Vor allem ist das Tempo des Verlusts besorgniserregend. Auf der Erde gehen der australischen Hochrechnung zufolge Jahr für Jahr 2,5 Prozent der Insektenbiomasse verloren. 40 Prozent aller Insektenarten sind demnach vom Schwund betroffen, ein Drittel vom Aussterben bedroht. Besonders gefährdet sind hoch spezialisierte Tiere, die auf ganz bestimmte Lebensbedingungen angewiesen sind und sich nicht anpassen können. Aber selbst »Generalisten« sind mittlerweile betroffen, also Arten, die wenig wählerisch bei der Nahrungsaufnahme sind, zum Beispiel Schmetterlinge, die für ihre Raupen die Futterpflanzen nehmen, die sie gerade kriegen können, und nicht wie »Spezialisten« von einer einzigen oder sehr wenigen, ganz bestimmten Pflanzen abhängig sind.

Das Fazit der Studie aus Sydney lautet: Geschieht nichts, wird es 2028 ein Viertel weniger Insekten geben, sind 2068 die Hälfte der Tiere draufgegangen, bevor es in hundert Jahren überhaupt keine mehr gibt. Bei aller berechtigten Kritik an der Vorgehensweise und somit Datenbasis (weshalb ich diese Studie in vielerlei Hinsicht mit Vorsicht betrachte): Die Zahlen im Detail sind ein Dokument des Schreckens. In den zehn Jahren vor Erscheinen der Arbeit verschwanden in einigen bestimmten Fällen lokal oder regional 68 Prozent der Köcherfliegenarten, 53 Prozent der Schmetterlingsarten, 49 Prozent der Käferarten, 46 Prozent der Hautflüglerarten, zu denen Wildbienen und Wespen gehören, sowie jeweils 37 Prozent der Eintagsfliegen- und Libellenarten (ein Teich oder See ohne diese zarten, pfeilschnellen Geschöpfe – für mich eine traurige Vorstellung). Die Untersuchung kommt zu dem Schluss: »Unter den Wasserinsekten ersetzen Lebensraum- und Ernährungsgeneralisten sowie schadstofftolerante Arten die großen Verluste an biologischer Vielfalt in Gewässern in landwirtschaftlichen und städtischen Umgebungen.« Das heißt, die Biomasse nimmt nicht zwangsläufig überall ab, sehr wohl aber die Biodiversität.

Ein Team um den Ökologen Roel van Klink vom Deutschen Zentrum für integrative Biodiversitätsforschung iDiv in Leipzig präsentierte im Frühjahr 2020 die bisher umfassendste Untersuchung zum Thema Insektensterben. Die Leipziger Kollegen betrachteten 166 Langzeitstudien aus 41 Ländern rund um den Globus, die Insektenvorkommen von 1925 bis 2018 zum Inhalt hatten. Auch ihr Ergebnis ist mehr als ernüchternd: Die Populationen an Land lebender Insekten verringern sich pro Jahr um 0,92 Prozent. Jedes Jahrzehnt sinkt die Zahl also um etwa 9 Prozent. Stoppen wir nicht das Tempo des Verlustes, fliegen und krabbeln in 75 Jahren nur noch halb so viele Insekten auf dem Blauen Planeten wie heute. In Europa ist der Rückgang seit 2005 zu verzeichnen – ich kann mir vorstellen, dass sich das mit Ihren eigenen Beobachtungen und Erinnerungen deckt.

Wer nun denkt, dass die vielen verschiedenen Arbeiten, die Roel van Klink verwendete, nicht für eine Übersichtsstudie taugen, irrt. Um sie alle vergleichbar zu machen, nutzten mein Kollege und seine Mitstreiter statistische Verfahren und Modelle, die so komplex sind, dass es eines einzelnen Kapitels bedürfte, sie genau zu erklären. Das Ergebnis beruht vor allem auf Daten aus Europa und Nordamerika, aber auch aus Russland sowie Mittel- und Südamerika. Es fehlten Angaben aus tropischen Ländern – und somit aus den Regionen, in denen die meisten Spezies an Insekten vorkommen. Trotzdem bin ich sicher, dass die Berechnungen der Wahrheit recht nahekommen.

In den Ländern, in denen es fundierte Untersuchungen über sehr lange Zeiträume gab und gibt, zum Beispiel auch in Deutschland, zeigt sich ein differenziertes Bild. Mancherorts ging die Biomasse oder Zahl der Insekten erheblich zurück, an anderen Orten blieb sie wiederum weitgehend gleich oder – wenn auch selten – stieg sogar an. Die Unterschiede in den Populationen hängen stark von der Art und Weise der Landnutzung ab. Die Metastudie ergab, dass die Bestände an

Insekten, die sich am Boden und vorwiegend in der Luft aufhalten, schwinden, während die, die sich in Bäumen wohlfühlen, nahezu stabil geblieben sind.

Die Arbeit förderte auch ein erfreuliches Ergebnis zu-
tage, das aus zweierlei Gründen Anlass zur Hoffnung gibt.
Der Bestand derjenigen Insekten, deren Lebensraum das Süß-
wasser ist, nahm zu. Ihre Zahl stieg pro Jahr um 1,08 Prozent, umgerechnet auf ein Jahrzehnt sind über 10 Prozent.
Wir haben Grund zur Annahme, dass dies auch mit den Bemühungen verbunden ist, die Gewässerverschmutzung ein-
zudämmen.

Allerdings: Da die meisten Forschungsarbeiten, die in die
Überblicksstudie einflossen, an Fließgewässern gemacht wurden, ist unklar, ob die Aussage auf stehende Gewässer übertragbar ist und sich die Lage dort ebenfalls verbessert hat.

Auch der Klimawandel und die Produktionsweise der
modernen Agrarindustrie wirken sich auf den Anstieg bestimmter Populationen aus. Höhere Temperaturen und von
uns (z. B. Autofahrern wie Landwirten) – leider im Übermaß –
in die Umwelt eingebrachter Stickstoff führen zu einem Überangebot an Nährstoffen, von denen generalistische Arten
profitieren. Ein Beispiel für Vermehrung infolge erhöhten
Stickstoffgehalts sind die Brennnesseln, auf die die Raupen
des Tagpfauenauges *(Aglais io)* abfahren. Ganz vereinfacht (was
natürlich nie genau stimmt): je mehr Stickstoff, desto mehr
Brennnesseln, desto mehr Tagpfauenaugen.

Ein Team um den Agrarbiologen Michael Crossley von der
University of Georgia veröffentlichte im Sommer 2020 eine

Studie, die freilich zu einem ganz anderen Schluss kommt als europäische Arbeiten und der Bericht des Weltbiodiversitätsrats. In den USA ist diesem Befund nach weder bei der Zahl noch bei der Artenvielfalt der Insekten und anderer Gliederfüßer ein Niedergang zu beobachten. »Die offensichtliche Robustheit der US-Arthropoden-Populationen ist beruhigend«, ist das Resümee. Dass zu seinem Team zwei Vertreter des Landwirtschaftsministeriums in Washington gehörten, lässt allerdings aufhorchen, zumal bekannt ist, dass Donald Trump in seinen Jahren als Präsident mit Umwelt- und Naturschutz so viel anfangen konnte wie ein Imker mit der Varroamilbe. Befördert werden die Zweifel an der Allgemeingültigkeit des Befundes unter anderem durch den Umstand, dass lediglich eine Studie zur Entwicklung insektenvertilgender Singvögel in den USA Berücksichtigung fand, drei weitere außen vor gelassen wurden: Berücksichtigt wurde die Studie, die eine Abnahme der Singvogelpopulationen negierte, während die anderen – nicht berücksichtigten – Studien eine Verringerung der Bestände ermittelt hatten. Die Gefahr ist nicht von der Hand zu weisen, dass das Ergebnis aus Georgia von Leuten missbraucht wird, die das Artensterben und den Klimawandel »normal« finden oder leugnen.

Dennoch hüte ich mich davor, den Forschern eine Gefälligkeitsstudie für das Weiße Haus zu unterstellen. Die Untersuchung ist wissenschaftlich seriös erarbeitet. Sie beruht auf mehr als 5300 Datenreihen, die teilweise in die 1980er-Jahre zurückgehen und in denen das Vorkommen von Insekten in 68 Gegenden der USA zwischen vier und 36 Jahren untersucht wurden. Die verwendeten Monitoring-Programme gehören zu den besten der Welt. Die Erhebungen stammen aus Städten, Agrar- und Naturschutzgebieten, Tundra, Wäldern, Gewässern und Wüsten. An manchen dieser Orte beobachtete man einen Schwund sowohl bei der Zahl der Individuen als auch bei der Artenvielfalt. Andernorts verzeichneten sie dagegen Zuwächse oder keine Veränderungen.

Die Arbeit der amerikanischen Kollegen ist zumindest ein Hinweis auf regionale beziehungsweise kontinentale Unterschiede. Rückschlüsse auf unsere Breitengrade sind schwierig bis unmöglich. Die Situationen in Nordamerika und Europa sind nur bedingt vergleichbar. Ab der Mitte des 19. Jahrhunderts wurden die Prärien in den USA urbar gemacht. Riesige Areale waren betroffen. In Europa hingegen veränderten sich die Kulturlandschaften, deren Entstehen im Wesentlichen auf eine jahrhundertealte, sich allmählich entwickelnde Landwirtschaft zurückzuführen ist, sehr langsam und nie so großflächig wie in den Vereinigten Staaten. Die Insekten Nordamerikas hatten deutlich weniger Zeit, sich anzupassen. Ich vermute daher, dass die Bestände in den Siedlungsgebieten der USA in relativ kurzer Zeit stark sanken, weshalb die Ergebnisse dort anders ausfallen als in unseren Breitengraden. Ähnliche Auswirkungen dürfte auch der Umstand gezeitigt haben, dass die intensive Landwirtschaft in Amerika bereits in der ersten Hälfte des 20. Jahrhunderts vollzogen worden ist, während in Europa der Wandel deutlich nach dem Zweiten Weltkrieg begann.

Allerdings hat die Untersuchung sehr wohl problematische Bestandteile, da Tiere wie Krebse, Zecken und andere Gliederfüßer als »Insekten« einbezogen wurden, obwohl sie allesamt keine sind. Deutlich mehr als die Hälfte der Informationen beziehen sich auf Schadinsekten wie Blattläuse *(Aphidoidea)*, deren Erforschung für die amerikanische Landwirtschaft von großer Bedeutung ist. Bauern in den USA setzen im Kampf gegen Schadinsekten stark auf Pestizide. Die Zahl der Blattläuse im Mittleren Westen ging in den vergangenen zwanzig Jahren trotzdem nicht zurück. Wahrscheinlich wurden heimische durch eingeschleppte Arten »ersetzt«, sodass der Bestand gleichblieb.

Bestäuber wie Hummeln und Wildbienen, die in die meisten europäischen Studien einbezogen wurden, fehlen in der amerikanischen Arbeit weitgehend, wie auch die Autoren einräumen. Gerade sie aber sind für den Erhalt der Ökosysteme und ihrer Leistungen von entscheidender Bedeutung. Das macht es schwierig, ein Urteil zu fällen. Dennoch halte ich das Material der Kollegen in Georgia für ein starkes Indiz, dass wir nicht vor einem unmittelbaren »ökologischen Armageddon« stehen. Allerdings kann das Insektensterben keinesfalls als ausschließlich europäische Angelegenheit betrachtet werden. Dazu sind die globalen Ökosysteme zu sehr miteinander verwoben. Es wurde lediglich ein weiteres Mal offenkundig, dass an verschiedenen Flecken der Erde unterschiedliche Trends zu beobachten sind. Das Ausmaß des Insektenschwunds hängt von den jeweiligen Bedingungen an Ort und Stelle ab – ein Hinweis dafür, dass wir von unterschiedlichen Ursachen ausgehen müssen, die es jeweils penibel zu klären gilt. Das wiederum heißt, dass es kein Patentrezept für die ganze Welt geben wird, Hummeln, Wildbienen, Käfer, Ameisen und Schmetterlinge nachhaltig zu schützen.

Denn wie genau oder ungenau die Arbeit des Forschungsteams in Georgia sein mag: Bei uns in Europa gibt es ein Insektensterben. Und wir müssen es möglichst schnell stoppen.

WENN DER BETONFLADEN DEN TOD BRINGT

Kuhfladen und Pferdeäpfel sind Tummelplätze für Insekten. Dutzende Arten an Dung- und Mistkäfern, Fliegen und Mücken leben in und von den Ausscheidungen der Weidetiere. Doch diese stehen heutzutage eher in Ställen als draußen. Die Energiewende, die mit dem Atomstrom in Deutschland Schluss machte, brachte der fatalen Entwicklung einen weiteren Schub. Weideflächen verschwanden zugunsten von Mais und Raps, die für die hoch subventionierte Biogasproduktion angepflanzt werden und Bauern mehr Geld einbringen.

Finden Insekten doch noch Nutztierexkremente als Unterschlupf, riskieren sie, in eine Giftfalle zu tappen. Kühen und Pferden werden oft über Kraftfutter Medikamente verabreicht, die vor Erkrankungen und Insektenbefall schützen. Aus Sicht der Landwirte und Züchter ist das nachvollziehbar. Der Natur aber wird damit ein Bärendienst erwiesen. Da die giftigen Mittel auch noch im Kot ihre Wirkung entfalten, werden Kuhfladen und Pferdeäpfel für kleine Krabbeltiere nicht mehr verzehrbar. Dung- und Mistkäfer können die tierische Hinterlassenschaft nicht mehr zersetzen, sie bleibt, wie sie ist, und wird hart wie Stein. Umweltschützer und Wissenschaftler nennen das Phänomen, das auch aus dem biologischen Landbau bekannt ist, »Betonfladen«. Die Bauernlobby macht Sonne und Wind für die Verhärtungen verantwortlich. So oder so: Die Folgen für die Natur sind immens. 40 Prozent der Dung- und Mistkäfer hierzulande sind ausgestorben oder zählen zu den am stärksten bedrohten Insektenarten.

Der Betonfladen ist ein Beispiel von vielen, wie und warum in unseren Breitengraden Insekten unter Druck geraten sind. Ähnlich wie im internationalen Vergleich ist die Entwicklung der Zahl der Spezies und Individuen in Europa und innerhalb Deutschlands regional unterschiedlich. Die Tendenz zeigt jedoch eindeutig seit Jahren in eine Richtung: nach unten. Am stärksten betroffen sind die offenen Areale wie Wiesen, Weiden und Ackerflure. Aber auch die Situation in Wald- und Naturschutzgebieten ist negativ. Die systematische Zerstörung oder Trockenlegung von Tümpeln, Teichen und Söllen trifft Insekten mit voller Wucht. Solche Kleingewässer werden – oder wurden zumindest bislang – gerne als störend beseitigt. Dass zahlreiche Libellenarten hierzulande stark gefährdet sind, hat auch mit dieser Entwicklung zu tun. Betroffen sind darüber hinaus Amphibien wie die stark gefährdete Rotbauchunke *(Bombina bombina)*.

Nur um ein Fünftel unserer heimischen Insektenarten, deren Zustand stabil ist, müssen wir uns im Moment keine Sorgen machen. Es handelt sich dabei um mobile Generalisten, die wenig spezielle Ansprüche an ihren Lebensraum stellen. Zu ihnen zählt die Schmetterlingsart Spanische Fahne *(Euplagia quadripunctaria)*. Der Nachtfalter, der vor allem tagsüber aktiv ist, ist ständig auf Wanderschaft und legt kilometerweite Strecken zurück. Das flatterhafte Geschöpf lässt sich dort nieder, wo es genug Nahrung für sich und seine Raupen findet. Der weitgehende Rest unserer heimischen Insekten muss als mehr oder weniger stark dezimiert angesehen werden oder ist schon vom Aussterben bedroht. Schwer erwischt hat es hoch spezialisierte Tiere wie die Wiesenknopf-Ameisenbläulinge.

Abzulesen ist die Dramatik auch in der Statistik der nationalen Roten Liste, die das Bundesamt für Naturschutz veröffentlicht. Aufgeführt werden dort beinahe 8000 der rund 33.000 in Deutschland nachgewiesenen Insektenarten. Dass nur ein Viertel berücksichtigt wird, hat im Wesentlichen damit zu tun, dass nicht alle Populationen regelmäßig wissenschaftlich exakt beobachtet und registriert werden können. Bei 45 Prozent der erfassten 8000 Spezies ging der Bestand langfristig zurück. Bei den am Tag aktiven Schmetterlingen betrug der Schwund 64 Prozent, bei den Ameisen 60 Prozent, den Wildbienen und Laufkäfern jeweils 45 Prozent. Besonders traurig ist der Zustand der Köcherfliegen: Bei ihnen betrug das Minus 96 Prozent. Eine langfristige Zunahme konnte nur bei insgesamt 2 Prozent der berücksichtigten Insektenarten festgestellt werden.

Diese Werte decken sich mit dem Ergebnis einer Studie eines internationalen Forschungsteams unter Leitung des Ökologen Sebastian Seibold von der Technischen Universität München, in der das Insektenvorkommen unter anderem in und über Weiden sowie Wiesen mit unterschiedlicher Intensität bei Mahd und Düngung zwischen 2008 und 2017 untersucht worden war. Die Wissenschaftler sammelten auf 300 Flächen in Brandenburg, Thüringen und Baden-Württemberg mehr als eine Million Exemplare von insgesamt 2700 Arten. Sie stellten fest, dass sich die Insektenbiomasse im Grünland im Vergleich zum früheren Niveau um zwei Drittel (67 Prozent) verringert hatte. Besonders dramatisch war die Lage auf Arealen, die unmittelbar von Landwirtschaft umgeben sind. Ebenso alarmierend war der Befund zu den in die Studie einbezogenen Wäldern, unter ihnen forstwirtschaftlich ungenutzte in Schutzgebieten: Das Vorkommen an Käfern, Bienen und Konsorten sank seit 2008 um ungefähr 40 Prozent.

Was diese Studie besonders wertvoll macht, ist, dass sie sich nicht allein auf die Biomasse konzentriert, sondern die einzelnen Arten in den Blick nimmt. Auch in dieser Hinsicht gibt das Ergebnis zu denken. In einzelnen Regionen kreuchen und fleuchen heute etwa ein Drittel weniger Insektenarten als noch vor wenigen Jahren. Im Grünland erwischte es insbesondere solche Tiere, die keine großen Distanzen zurücklegen können und deshalb auf ihren angestammten Lebensraum angewiesen sind. Aus dem Wald verschwanden vorwiegend Insektengruppen, für die Entfernungen über weitere Strecken kein Problem sind. Auch hier können die Ursachen in naher Landwirtschaft liegen. Es kann aber auch sein, dass Veränderungen der Lebensbedingungen im Wald für den Schwund sorgten. Aus meiner Sicht ein Grund mehr, Zusammenhänge genauer zu untersuchen. Denn der Artenrückgang ist sowohl im Wald als auch auf den Wiesen gleich groß, es konnte – anders als bei der Biomasse – kein Unterschied zwischen Grün- und Forstland festgestellt werden.

Ich will Sie, liebe Leserinnen und Leser, nicht quälen mit all diesen trockenen, ziemlich frustrierenden Zahlen. Auf eine Studie möchte ich abschließend aber noch eingehen, weil sie zum besseren Verständnis der Situation beiträgt. Sie belegt das Aussterben empfindlicher Habitat-Spezialisten über einen ungewöhnlich langen Zeitraum von beinahe zweihundert Jahren. Die Arbeit ist ein Gemeinschaftswerk der Technischen Universität und der Zoologischen Staatssammlung in München, des Deutschen Entomologischen Instituts im brandenburgischen Müncheberg sowie der Nikolaus-Kopernikus-Universität im polnischen Thorn.

Die Untersuchung unter Leitung meines Kollegen Jan Habel basiert auf einer der längsten Beobachtungsreihen, die weltweit jemals zusammengestellt wurde. Biologen werteten Artenlisten und Schmetterlingssammlungen aus, die bis ins Jahr 1840 zurückgehen. Die Informationen stammen von Schmetterlingsbeobachtungen an Südhängen entlang der Donauschleifen rund um Regensburg. Es handelt sich im Wesentlichen um nährstoffarme Magerrasengebiete, von denen 45 Hektar seit 1992 unter Naturschutz stehen. Wurden dort zwischen 1840 und 1849 noch 117 Tagfalterarten und Widderchen verzeichnet, waren es von 2010 bis 2013 noch 71. Die Studie offenbarte, dass die Region inzwischen von Generalisten dominiert wird. Verschwunden oder ausgestorben sind die spezialisierten Schmetterlinge.

Als Ursache identifizierten die Forscher hohe Emissionen reaktiven Stickstoffs. Er entsteht beim Verbrauch fossiler Brennstoffe wie Holz und Torf, der industriellen Verbrennung, aber auch durch den Anbau von Hülsenfrüchten zur Energiegewinnung und intensive Landwirtschaftsnutzung. Wie schon erwähnt, fördert die Stickstoffzufuhr das Wachstum von Pflanzen wie Brennnesseln,

Löwenzahn, Disteln und Sauerampfer. Sie verdrängen die ursprüngliche Flora mit der Folge, dass Schmetterlinge, die für ihre Raupen ganz bestimmte Pflanzen benötigen, ihren Lebensraum verlieren. Es zeigte sich zudem, dass in kleinen, isolierten Schutzgebieten gegen diese Form natürlicher Eroberungen kein Kraut gewachsen ist. Die Studie wies auf einen weiteren wichtigen Aspekt hin: Erhöhter Stickstoffgehalt lässt die Vegetation schneller wachsen. Die Bodenoberfläche erwärmt sich weniger, weil mehr Pflanzen mehr Schatten bedeuten. Die Folge: Unzählige Schmetterlinge, die die Wärme lieben und brauchen, machen sich vom Acker – wenn nicht sogar von der Erde. Wir haben hier also das bizarre Missverhältnis, dass selbst in Zeiten klimatischer Veränderungen und höherer Lufttemperaturen durch ein üppiges Pflanzenwachstum mikroklimatisch eine zu starke Abkühlung erfolgt. Dies wurde auch bereits in anderen Studien herausgefunden.

2.4. PANDEMIEN

Im Dezember 2019, als das Corona-Virus sich in China auszubreiten begann, der Rest der Welt aber noch ahnungslos war, veröffentlichte das Deutsche Zentrum für Infektionsforschung das Ergebnis einer aufwendigen Untersuchung. In Proben aus insgesamt 1243 Insektenarten entdeckten die Wissenschaftler über zwanzig neue Virusgattungen. Die Arbeitsgruppe »Virusnachweis und Pandemieprävention« speiste die neuartigen Krankheitserreger in ihre Suchdatenbanken ein. Mit ihrer Hilfe sind nun Diagnosen in Fällen extrem seltener und ungewöhnlicher Erkrankungen beim Menschen leichter möglich.

Das Besondere an der Arbeit ist, dass sich die Forscher nicht nur wie sonst üblich auf Moskitos und andere blutsaugende Insekten konzentrierten, sondern alle Ordnungen von Insekten einschlossen, denn: »Jedes neue Virus, das wir finden, könnte eine bisher unerkannte Ursache von Erkrankungen sein, sowohl beim Menschen als auch bei Nutztieren«, erklärte einer der mitwirkenden Forscher – Prof. Dr. Christian Drosten. Der Direktor des Instituts für Virologie am Berliner Universitätsklinikum Charité galt schon lange bevor er in Deutschland durch seine Ausführungen zur Corona-Pandemie zu einer Art Superstar der Wissenschaft avancierte, in der internationalen Virenforschung als Koryphäe. Zu Recht, immerhin gehört er zu den Virologen, die 2003 den SARS-Erreger entdeckt hatten. Drei, vier Monate später wäre die Veröffentlichung der oben genannten Untersuchung auf dem Höhepunkt der Corona-Krise ein bundesweit vernehmbarer Paukenschlag gewesen, Christian Drosten hätte unzählige Interviews dazu gegeben, die Medien hätten sich überschlagen: »Team um Drosten entdeckt zwanzig neue Virusgattungen!«

Doch im Dezember 2019 nahm die breite Öffentlichkeit keine Notiz davon, obwohl es sich um die bis dahin wohl größte Einzelstudie zur Entdeckung bislang unbekannter, von Insekten übertragener Viren handelt. Es bedurfte erst der Corona-Pandemie mit ihren vielen Hunderttausend Toten und einer taumelnden Weltwirtschaft, um den Blick der Öffentlichkeit auf die zunehmende Gefahr von Zoonosen zu lenken, also Infektionskrankheiten, die von Tier zu Mensch (oder von Mensch zu Tier) übertragbar sind.

Für den Weltbiodiversitätsrat haben wir als Team von vier Kollegen versucht, die Misere in einer Erklärung zur Corona-Krise wie folgt auf den Punkt zu bringen: »So wie die Klima- und Biodiversitätskrise sind die jüngsten Pandemien eine direkte Folge menschlicher Aktivitäten.« Jedes Jahr werden Dutzende oder gar Hunderte Zoonosen registriert. Wissenschaftlich belegt ist, dass mindestens 70 Prozent der Erreger, die auch dem Menschen schaden können, von Insekten und Wirbeltieren stammen. Zu den oft tödlichen Krankheiten zählen Malaria, Aids, Ebola, Middle East Respiratory Syndrome Coronavirus (MERS-CoV), Schweres Akutes Respiratorisches Syndrom (SARS) und Influenza wie die Schweinegrippe H1N1 und die Vogelgrippe H5N1.

Von Insekten, aber auch von Zecken und Spinnen geht weltweit eine zunehmende Infektionsgefahr aus, auch in unseren Breitengraden. Die von ihnen übertragenen Erreger, die in der Fachsprache Arboviren heißen, sind unter anderem verantwortlich für Ausbrüche des Zika-, Dengue- und Gelbfiebers, die jedes Jahr Millionen Menschen rund um den Erdball heimsuchen. Mehr als 17 Prozent aller Infektionskrankheiten haben ihren Ursprung im Kontakt mit Insekten oder Wildtieren. Jährlich sterben daran über 700.000 Menschen.

Zu folgenschweren Kontakten zwischen Viren und Menschen kann es in der Natur mehr oder weniger zufällig kommen. Der schwere Ebola-Ausbruch in Westafrika 2014 begann aller Wahrscheinlichkeit nach mit einer Begegnung zwischen spielenden Kindern und einer Angola-Bulldoggfledermaus *(Mops condylurus)*, die nur wenige Zentimeter groß wird und dort weit verbreitet ist. Der Ort ist ganz genau lokalisierbar: ein Dorf in Guinea, in der Nähe ein Wasserloch, in dem die Frauen die Wäsche wuschen, daneben ein hohler Baum, in dem eine Kolonie der Fledermausart lebte und in dem die Kinder spielten. Ein kleiner Junge war das erste Ebola-Opfer.

Potenzielle Virenschleudern sind auch Märkte, in denen lebende Wildtiere unter hygienisch fragwürdigen Bedingungen angeboten werden. Dort vegetieren Arten dicht an dicht in engen Käfigen, die sich in freier Wildbahn niemals begegnen würden. In Afrika, Indien, Südamerika und Asien, hier insbesondere in China, sind diese Märkte äußerst beliebt und alles andere als selten. Es ist nicht unwahrscheinlich, dass die Corona-Pandemie auf einem dieser Märkte im chinesischen Wuhan ihren Ursprung hatte. Jedenfalls liegen Hinweise vor, dass das Virus, das 2019 die Corona-Welle auslöste, von einer Fledermaus *(Microchiroptera)* ausging, wobei ein weiteres Säugetier als Zwischenwirt agiert haben muss, das vielleicht auf dem Markt von Wuhan feilgeboten wurde. Fledermäuse und Flughunde *(Megachiroptera)* können sehr aggressive und vermehrungsfreudige Viren in sich tragen, gegen die sie selbst resistent sind, die aber für andere Säugetiere und Menschen sehr gefährlich werden können, falls es zu einer Übertragung kommt.

GEBEN UND NEHMEN HALTEN SICH NICHT MEHR DIE WAAGE

Auch die Industriestaaten der westlichen Welt haben Anteil an der gefährlichen Entwicklung. Die Nachfrage nach Fleisch und die damit verbundene Massentierhaltung steigt oder ist konstant hoch. Da Nutztiere einer beliebigen Art sich global mittlerweile genetisch sehr ähnlich sind, ist die Ländergrenzen und Kontinente übergreifende Anfälligkeit für Infektionen hoch. Hinzu kommen eine zunehmende Urbarmachung von Naturräumen, der Handel mit wilden Tierarten und Wildfleisch und die Jagd (auch) zum privaten Vergnügen.

Seit Jahrhunderten ist es so: Die Natur gibt, die Natur nimmt. Sowohl die meisten Infektionskrankheiten als auch die Basis für Arzneimittel und Antibiotika sind natürlichen Ursprungs. Doch Geben und Nehmen halten sich nicht mehr die Waage. Nicht nur steigen die gesundheitlichen Risiken dadurch, dass die Ökosysteme aus dem Gleichgewicht geraten und wir mit verseuchtem Trinkwasser, belasteten Böden und Abgasen zu kämpfen haben. Auch wächst die Wahrscheinlichkeit der Übertragung von Krankheiten von Wild- und Nutztieren auf Menschen, da der Mensch der Natur immer dichter auf die Pelle rückt und Pufferzonen durch Besiedelung oder Umwandlung in Agrarflächen schwinden. Immer mehr Landschaften werden von immer mehr Straßen durchzogen, natürliche Barrieren, die auch Erreger ausbremsten, verschwinden. Viren mutieren ständig und befallen den Wirt, der gerade zur Verfügung steht. Das hohe Ausmaß an Mobilität zu Land, Wasser und in der Luft sorgt für eine rasante Verbreitung. Gleichzeitig bewirkt der Klimawandel, dass beispielsweise sich Mücken- und Zeckenarten in Regionen ansiedeln, in denen sie bislang den Winter nicht überlebt hätten. Auch auf diese Weise werden Krankheiten eingeschleppt. Siehe die anfangs erwähnte Riesenzecke *Hyalomma*, Überträgerin des Krim-Kongo-Fiebervirus, die 2015 erstmals in Deutschland gesichtet wurde und 2018/19 überwintern konnte.

Es existiert ein enger und unbestreitbarer Zusammenhang zwischen der Zunahme schwerer Epidemien und Pandemien auf der einen und der Zerstörung der Umwelt einschließlich des Artensterbens auf der anderen Seite. Je mehr der Mensch in bis dahin unberührte Natur vordringt und sie ausbeutet, desto mehr kommt er mit Viren in Kontakt, denen er zuvor nie begegnet ist. Umso näher wir an Wildtieren leben und umso dichter besiedelt Wohngebiete sind, desto mehr Übertragungen werden wir erleben. Da Viren extrem anpassungsfähig sind, ist es nur eine Frage der Zeit, bis der eine oder andere Erreger eine Gestalt angenommen hat, um den Menschen zu infizieren. Neu ist der Vorgang nicht. Bis ins 16. Jahrhundert blieb das Gelbfieber-Virus in Afrika auf Stechmücken und Affen begrenzt. Erst nach intensiven Rodungen des Regenwalds durch Europäer kam es zu einem ersten schweren, historisch belegten Gelbfieber-Ausbruch. Durch den Sklavenhandel breitete sich die Krankheit, die nach wie vor tödlich sein kann, bis nach Amerika aus.

Je knapper der Lebensraum wird, je mehr die Biodiversität abnimmt, desto mehr Individuen der verbleibenden Arten drängeln sich auf begrenzten Arealen. Nach einer Waldrodung ersetzen einige wenige Pflanzenarten die bisherige Vielfalt. Davon profitieren die Generalisten unter den Tieren, Spezialisten verschwinden. Mit Zunahme der Populationsdichte einer bestimmten Tierart aber erhöht sich das Übertragungsrisiko der Erreger, die diese Tierart in sich trägt, es kommt zu höheren Infektionsraten untereinander. Menschen, die solche

Territorien besiedeln, werden mit diesen gehäuft auftretenden Viren konfrontiert, die dann mitunter auf sie überspringen – ein Vorgang, der sich »spillover« nennt.

Wenn die Häufigkeit einer Art das Risiko von Krankheitsübertragungen durch Viren erhöht, die sie in sich trägt, stellt sich die Frage, ob und inwieweit die zunehmende Zahl von Spezies, die sich mit den Menschen arrangieren, eine potenzielle Gefahr für die Gesundheit darstellen. Denken wir zum Beispiel an Wildschweine, Waschbären oder Marder: Arten, deren Lebensräume wir zerstört haben, suchen sich neue Nischen und überwinden die Scheu vor Menschen. Tragen sie möglicherweise Erreger in sich, die uns gefährlich werden könnten? Erinnert sei an das Phänomen der Ratten, die als Überträger des Pest-Bakteriums *Yersinia pestis* Weltgeschichte geschrieben haben.

Bereits 2010 haben mein Kollege Joachim H. Spangenberg, Ökonom und Biologe, und ich gemeinsam mit einem Dutzend weiterer Kollegen darauf aufmerksam gemacht, dass Naturzerstörung zu Epidemien oder Pandemien führen kann. Bis 2012 veröffentlichten wir eine Reihe von Aufsätzen, in denen wir skizzierten, wie sich der ungebremste Verlust biologischer Vielfalt auf unsere Gesellschaft auswirken könnte. Das Szenario, das wir damals entwarfen, handelte von einer Pandemie, die außer Kontrolle gerät. Es hatte ein bisschen was von einem Hollywood-Thriller – ich hätte damals aber nie gedacht, dass ein einziges Virus, das bisher harmlos unter einer Fledermausart in Südostasien zirkulierte, menschliches Leid rund um den Globus verursachen und die Weltwirtschaft lahmlegen könnte. Als ich das damalige Worst-Case-Szenario jetzt in Vorbereitung auf dieses Buch noch einmal las, war ich ehrlich gesagt erschrocken, wie nah wir der Realität kamen.

Das Szenario sah so aus: In der ersten Phase der Pandemie steigt die Zahl der Patienten in Krankenhäusern und in Quarantäne enorm an. Aus Großstädten wie Paris und Rom fliehen Menschen aufs Land, dabei nehmen sie das Virus mit. Wir rechneten mit einem Zusammenbruch der Volkswirtschaft, wenn mehr als ein Fünftel der Bevölkerung stirbt, schwer erkrankt oder versucht, eine Infizierung durch den Kontakt zu Mitmenschen strikt zu vermeiden. Dabei muss man berücksichtigen, dass es vor mehr als zehn Jahren noch längst nicht die Möglichkeiten elektronischer Kommunikation gab, wie wir sie heute kennen, wo viele Menschen in Selbstisolation im Homeoffice ihren Job erledigen können. Weiterhin nahmen wir an: Die Automobilfabriken in Europa stehen wochenlang still, Landwirte beklagen, dass sie nicht in der Lage sind, die Ernte einzufahren, weil die Saisonarbeiter aus dem Ausland fehlen. Die Polizei verfolgt nur mehr Straftaten oberster Priorität, die Transportlogistik bricht teilweise zusammen, die Lebensmittelversorgung ist nicht mehr ohne Weiteres gewährleistet ...

Keine Regierung der Welt kann behaupten, sie habe von den Risiken einer von Viren ausgelösten Pandemie nichts gewusst. Der amerikanische Unternehmer Bill Gates machte im März 2015 auf einer Konferenz im kanadischen Vancouver darauf aufmerksam. »Heute sieht die schlimmste Gefahr einer globalen Katastrophe nicht mehr so aus«, sagte der Milliardär, während er einen Atompilz zeigte. Danach klickte er ein Bild weiter, auf dem Bildschirm im Rücken des Redners erschien das 3D-Modell eines Grippevirus. »Wenn etwas in den kommenden Jahrzehnten mehr als zehn Millionen Menschen tötet, dann wird es höchstwahrscheinlich ein hoch ansteckendes Virus sein und kein Krieg. Keine Raketen, sondern Mikroben.« Sein Appell lautete: »Wir müssen uns für eine Epidemie wappnen wie für einen Krieg.«

Gates, der Mitgründer von Microsoft, setzte dies in Relation zu den milliardenschweren Ausgaben zur Abwehr eines nuklearen Angriffs. »In ein System, das eine Epidemie aufhält, haben wir indes nur sehr wenig investiert. Gegen eine Epidemie sind wir nicht gerüstet.« Ein »globales Versagen« nannte er die Art und Weise, wie die Ebola-Epidemie in Afrika im Jahr 2014 gemanagt wurde, weil Informationen nicht schnell genug übermittelt worden seien. »Wegen der fehlenden Vorbereitung könnte die nächste Epidemie noch viel verheerender als Ebola werden.« Gates prophezeite ein Virus, das schon übertragbar sein könnte, »wenn sich die Infizierten noch gesund fühlen«. Zwar müssten wir keine »Spaghetti-Dosen horten oder uns im Keller verschanzen. Aber wir müssen jetzt loslegen. Denn die Zeit arbeitet gegen uns.« Er schloss mit den Worten: »Wenn wir jetzt anfangen, können wir für die nächste Epidemie gerüstet sein.«

Doch leider: Weder die USA noch Australien, Italien, Spanien, Großbritannien oder Deutschland folgten seinen mahnenden Worten. Das hat mich ebenso wenig überrascht wie die Corona-Welle selbst. Dabei kann ich nicht gerade behaupten, dass ich ein Spezialist auf dem Gebiet der Zoonosen bin. Aber was ich weiß, reicht, um zu sagen: Das war noch nicht alles. Die große Mehrheit der Bakterien, Pilze und Viren, die dem Wirt – Menschen, Tiere und Pflanzen – schaden können, harrt noch der Entdeckung. Dabei muss fest davon ausgegangen werden, dass das Corona-Virus von 2019 harmlos gegen das ist, was im Dschungel auf uns wartet. Das bis dato ungekannte Ausmaß an Abholzungen und Brandrodungen am Amazonas steht dem nicht entgegen. Das Risiko von Zoonosen, die zu regional begrenzten Epidemien oder globalen Pandemien ausufern, wird weiter wachsen.

Ein Forschungsteam um die Biologen Kate Jones und David Redding vom University College London veröffentlichte im Sommer 2020 die erste umfassende Analyse zur Umwandlung von Naturgebieten in Wohnraum oder landwirtschaftliche Nutzflächen. Die Übersichtsstudie, die vor dem Beginn der Corona-Pandemie beendet worden war, beruht auf 184 Arbeiten unter Berücksichtigung von rund 7000 Arten in 6800 Arealen auf sechs Kontinenten. Die Wissenschaftler konzentrierten sich auf den Einfluss der menschlichen Eingriffe auf jene 376 Arten, die als Träger von Krankheitserregern bekannt sind und für den *Homo sapiens* gefährlich werden können. Das Ergebnis: Die Gefahr kommt keineswegs allein aus dem Dschungel. Sie entsteht insbesondere durch die Vernichtung von Natur. »Die globale Ausdehnung von Agrar- und Stadtland, die für die kommenden Jahrzehnte vorhergesagt wird – und von der viel auf Länder mit niedrigen und mittleren Einkommen entfällt, die für natürliche Gefahren anfällig sind –, hat das Potenzial, zunehmend gefährliche Schnittstellen für den Kontakt mit zoonotischen Erregern zu schaffen.«

Die Spezies, die als Wirte der Viren dienen, sind die Profiteure der Veränderungen sowohl im Verhältnis zu sonstigen Arten als auch bei der Anzahl der Individuen. Der Anteil der Tierarten, die die Erreger in sich tragen, nahm in neu eingerichteten Agraranbaugebieten im Durchschnitt um ungefähr 20 Prozent zu. Auf städtischen Flächen waren es sogar fast 70 Prozent. Explizit genannt werden Ratten, Mäuse, Sperlinge und Stare, allesamt Generalisten.

DIE GEFAHR, DIE AUS DER WÄRME KOMMT

Das Tragische an der Entwicklung ist, dass sich die Menschheit erneut Probleme schafft, die sie bereits im Griff zu haben schien. In den Industrienationen waren Infektionskrankheiten weitgehend eingedämmt. Die hygienischen Standards sind hoch, Medikamente stehen in ausreichender Menge zur Verfügung, alle haben Zugang zum Gesundheitssystem. Aber seit einigen Jahren kehren vielerorts längst ausgerottet geglaubte Erreger zurück oder tauchen zum ersten Mal auf.

Verantwortlich dafür ist der – menschengemachte – Klimawandel. Infolge der Globalisierung mit ihren weltumspannenden Transport- und Handelswegen kommen Insekten und andere Tiere aus aller Welt zu uns, wo sie ideale Lebensbedingungen vorfinden. Gegeben hat es das schon immer, wenn auch in deutlich geringerem Umfang. Und: Die fremden Organismen überlebten früher die kalte Jahreszeit nicht. Die immer milderen Winter der letzten Jahre ermöglichen es aber immer mehr invasiven Arten, sich anzusiedeln und feste Populationen zu entwickeln. Mit dem Anstieg der Durchschnittstemperaturen steigen auch die Überlebenschancen von Viren, die tropische Krankheiten auslösen. Sie brauchen lange Phasen mit mindestens 25 Grad Celsius Lufttemperatur, um sich beispielsweise in Stechmücken *(Culicidae)* zu vermehren. Von diesen gibt es weltweit über 3000 bekannte Arten. Doch sogenannte Tropenkrankheiten sind längst nicht mehr nur ein Risiko für Fernreisende.

Der Stich der bei uns üblichen Nördlichen Hausmücke *(Culex pipiens)* juckt zwar unangenehm, aber die Tiere übertragen keine tödlichen Krankheiten. Da sind asiatische und afrikanische Moskitos von anderem Kaliber. Davon zeugen bereits die Namen der Krankheiten, die sie bringen können: Dengue- oder »Knochenbrecherfieber«, Gelbfieber heißt auch »Schwarzes Erbrechen«. Die WHO schätzt, dass jährlich 200.000 Menschen an Gelbfieber erkranken und 30.000 daran sterben. 90 Prozent der Infektionen ereignen sich in Afrika. Das liegt daran, dass die Mücken, die das Gelbfieber-Virus weitergeben, vor allem auf dem afrikanischen Kontinent heimisch sind. Bislang.

Seit einem Jahrzehnt werden in Europa zunehmend Mückenarten aus anderen Kontinenten gesichtet. Vor allem die Asiatische Tigermücke *(Aedes albopictus)* ist dabei, sich einen festen Platz zu sichern. Sie kann Dengue-, Chikungunya- und Zika-Fieber übertragen. Hoffnungen, sie wieder loszuwerden, gibt es nicht. 2007 ist die Art erstmals in Deutschland festgestellt worden. 2014 wurde eine kleinere Population in Freiburg entdeckt. Gesichtet wurde sie auch schon in Thüringen, Hessen, Bayern, Schleswig-Holstein, Mecklenburg-Vorpommern und Sachsen. Dass wir so gut über die Ausbreitung Bescheid wissen, ist – wie bei den heimischen Schmetterlingen – engagierten Bürgerinnen und

Bürgern zu verdanken. Mehr als 20.000 »Mückenjäger« schicken ihre Beute an das Leibniz-Zentrum für Agrarlandschaftsforschung und das als Friedrich-Loeffler-Institut bekannte Bundesforschungsinstitut für Tiergesundheit, die zusammen unter Federführung von Doreen Werner und Helge Kampen den deutschen *Mückenatlas* betreuen.

Im Herbst 2019 wurden erstmals Fälle von West-Nil-Virus-Infektionen in Deutschland und Frankreich registriert, die von hiesigen Mücken verursacht worden waren. Da bei nur einem Prozent der Betroffenen der Krankheitsverlauf so ist, dass sie wegen West-Nil-Fiebers ins Krankenhaus müssen, ist die Wahrscheinlichkeit groß, dass das Virus bereits weiter verbreitet ist. In Frankreich und Italien kam es schon zu lokalen (und beherrschbaren) Ausbrüchen von Dengue-, Chikungunya- und Gelbfieber.

Wissenschaftler der Veterinärmedizinischen Universität Wien konnten belegen, dass invasive Stechmückenarten den österreichischen Winter überstehen. Ihre im Sommer 2020 vorgelegte Studie kommt zu dem Ergebnis, dass die Asiatische Tigermücke dabei ist, in Tirol Fuß zu fassen. Die Verbreitung invasiver Arten ist allgemein relativ hoch: An 18 von 67 Standorten der Untersuchung hatten die Forscher Eier eigentlich gebietsfremder Stechmücken gefunden, sehr häufig und bezeichnenderweise an Autobahnen. Die Asiatische Tigermücke war auch schon früher entlang der Inntal-Autobahn aufgetreten. Neu sind Nachweise in Städten wie Innsbruck, Kufstein und Linz. Die Asiatische oder auch Japanische Buschmücke *(Aedes japonicus)* ist mittlerweile in ganz Österreich verwurzelt. Sie kommt mit den klimatischen Verhältnissen in Europa bestens zurecht, selbst kalte Winter machen ihr nichts aus. Im Gegensatz zur Asiatischen Tigermücke mag sie kühles Wetter sogar. Auch die Koreanische Buschmücke *(Aedes koreicus)* konnte die Studie erstmals nachweisen, eingewandert vermutlich aus Italien, wo es feste Populationen gibt. Die Art überträgt die Erreger der Japanischen Enzephalitis (Gehirnentzündung) und des Chikungunya-Fiebers.

Die Invasoren profitieren auch von extremen Wetterereignissen wie Hochwasser und Stürmen, infolge derer sie in neue Lebensräume gelangen, wo sie auf durch den Klimawandel geschwächte heimische Arten treffen. Auch die Verstädterung hilft den Zuwanderern, denn in städtischen Siedlungen sind die Temperaturen höher als im Umland. Invasiven Arten könnten sie als Klimainseln dienen.

Ich vermute, dass die durch Insekten übertragenen Erkrankungen in zehn bis zwanzig Jahren deutlich zunehmen werden. Schon deshalb schließe ich mich den Forderungen von Kolleginnen und Kollegen an, das Monitoring von Mückenpopulationen weiter auszubauen. Zumal uns weitere kleine Zweiflügler zukünftig zu schaffen machen dürften, nämlich Vertreter der Sandmücken *(Phlebotominae)*. Sandmücken jagen nachts und stechen, für das Opfer kaum spürbar, am liebsten in Gesicht und Nacken, wo sie mitunter minutenlang Blut saugen. Ja, richtig gelesen. Ihr vampirhaftes Verhalten dauert Minuten. Im Gegensatz zur Fantasiegestalt hinterlässt die tierische Gräfin Dracula reale winzige, rötliche Bissstellen, die starken Juckreiz auslösen. Weitaus weniger harmlos sind jedoch die Krankheiten, die von Sandmücken übertragen werden können.

Zu ihnen zählt die Leishmaniose. Sie tritt vor allem in Ostafrika und einigen Staaten Südamerikas auf, vereinzelt auch in Asien und im Mittelmeerraum und kann je nach Typ schwere Schädigungen von Organen und der Haut nach sich ziehen. Im schlimmsten Fall endet sie tödlich. Die in Deutschland bekannte *Leishmania*-Art verursacht bei Kleinkindern, Senioren und Erwachsenen mit geschwächtem Immunsystem Schäden, wie wir sie von Alkoholkranken kennen: Leberrückbildung, Milzvergrößerung und tiefe Hautverletzungen.

Zur Familie der Sandmücken gehören rund 1000 Arten, die vornehmlich in der Mittelmeerregion, im Nahen und Mittleren Osten sowie in tropischen Ländern Südamerikas und Asiens zu Hause sind, 25 auch in Europa; fünf davon, darunter *Phlebotomus perniciosus,* die hierzulande schon gefangen wurde, übertragen den Erreger der Leishmaniose. Allerdings wurde das letzte Exemplar 2001 gesichtet. Die andere bei uns lebende Art, *Phlebotomus mascittii,* tritt dagegen immer häufiger in Erscheinung. Sie ist nicht auf Blut angewiesen, ihr reicht ein wenig Zucker, etwa in Obst, um sich fortzupflanzen. Bislang ist nicht gesichert, ob sie Leishmaniose in deutsche Schlafzimmer bringt. Aber ein Grund zur Entwarnung ist dies dennoch nicht. *Phlebotomus mascittii* dient dem Toskana-Virus als Wirt, das eine grippeartige Erkrankung mit hohem Fieber und starken Kopfschmerzen verursachen oder sich in Form einer Hirnhautentzündung zeigen kann.

Erstmals wurden Sandmücken 1999 in Baden-Württemberg beobachtet. In den Folgejahren blieben sie zunächst Exoten.

Seit 2015 erforscht die Biotechnologin Sandra Oerther ihr Vorkommen in Rheinland-Pfalz und in Baden-Württemberg. Dazu geht sie in alten, naturbelassenen Scheunen und Ställen mit Lehmboden auf Jagd, wo sich die Mücken gern aufhalten: »Sie sind da und werden wohl auch bleiben. Und sie sind sicherlich weiter verbreitet als vermutet.«

Auch die Sorge, dass Europa wieder ein Malaria-Problem bekommen könnte, ist berechtigt. Wieso wieder? In der Antike und im Mittelalter forderte die Krankheit hierzulande regelmäßig ihre Opfer. Das todbringende »Wechselfieber« hatte geradezu abschreckende Wirkung: Aggressoren verzichteten auf Angriffe gegen das Territorium des heutigen Italien, wo Malaria grassierte, und die deutschen Könige, die sich in Rom vom Papst zum Kaiser ernennen ließen, hüteten sich davor, im Sommer in die Ewige Stadt zu reisen. Es dauerte, bis der Mensch den Zusammenhang zwischen Mücken, Sümpfen und Malaria erkannte und begann, die Sumpfgebiete als Brutstätten der Mücken (sehr zum Leidwesen anderer Sumpfbewohner) trockenzulegen.

Die Krankheit schlägt nach der WHO-Statistik trotz aller Gegenmaßnahmen bei immer noch 220 Millionen Menschen jährlich zu. Von den weit mehr als 400.000 weltweiten Todesopfern sind 250.000 Kinder. Europa ist schon lange nicht mehr betroffen, doch das könnte sich in nicht allzu ferner Zukunft ändern. 2019 erschien eine Studie der Universität Augsburg um die Geografin Elke Hertig, die sich *Anopheles* widmete, einer Gattung der Stechmücken mit etwa 420 Arten weltweit, von denen rund 40 Arten dem Menschen das berüchtigte Tropenfieber bringen können. Hertig entwickelte ein Modell, mit dem sich die Ausbreitung der Malariamücken berechnen lässt, und kam zu dem Schluss, dass Temperatur- und Niederschlagsveränderungen *Anopheles* in absehbarer Zeit den Weg nach Norden ebnen werden. Wärmere Frühjahre und nasse Sommer sowie im Durchschnitt 2 Grad Celsius höhere Temperaturen reichen *Anopheles* aus, um bei uns zu überleben.

Selbsterklärtes Ziel der WHO ist es, die Malaria bis 2030 auszurotten. Ob es zu erreichen ist, hängt vor allem davon ab, ob neue Impfstoffe entwickelt werden. Ansonsten wird es schwierig. In Ostafrika sorgt ein fataler Mix aus steigenden Temperaturen, lang anhaltenden Regenfällen und Vernichtung von Regenwald für einen rasanten Anstieg der Populationen der fraglichen Mücken. Dies schlägt sich auf die Zahl der Malariafälle und der Todesopfer nieder. In Teilen Ugandas nahmen beide Werte nach Angaben des Gesundheitsministeriums im Jahr 2019 um 40 Prozent zu.

UMWELTSCHUTZ IST GESUNDHEITSSCHUTZ

Ausgerechnet China wird Ort des Weltbiodiversitätsgipfels 2021. Ist die Corona-Pandemie also so etwas wie die Ironie des Schicksals? Man kann es so sehen. Auf alle Fälle sollte das Treffen als Chance für die dringend nötige Wende genutzt werden. Die Staatengemeinschaft – allen voran Länder wie China und Brasilien, aber auch die USA – muss den Raubbau an der Natur beenden. Die Zerstörung der Natur wirkt sich, wie gezeigt, direkt oder über Umwege auf die Gesundheit der Menschen aus. Umweltschutz ist mithin Gesundheitsschutz.

In unserer Stellungnahme für den Weltbiodiversitätsrat schätzen wir die Gefahr künftiger Pandemien durch Zoonosen als sehr hoch ein. »Man kann davon ausgehen, dass bei Säugetieren und Wasservögeln noch immer 1,7 Millionen nicht identifizierte Viren existieren, von denen die Hälfte Menschen potenziell infizieren können. Jedes von ihnen könnte die nächste »Krankheit X« auslösen – möglicherweise sogar noch gefährlicher und tödlicher als COVID-19. Pandemien werden mit hoher Wahrscheinlichkeit künftig häufiger auftreten, sich schneller ausbreiten, größere wirtschaftliche Auswirkungen haben und mehr Menschen töten, wenn wir jetzt nicht die richtigen Entscheidungen treffen.«

Gesetze zum Schutz der Umwelt müssen nicht aufgeweicht, sondern verschärft werden. Die Staaten sollten Anreize für nachhaltiges und naturfreundliches Wirtschaften schaffen. Wir müssen den »One-Health-Ansatz« radikal verfolgen. Das heißt, wir müssen begreifen, dass die Gesundheit der Menschen mit dem Wohlergehen von Tieren und Pflanzen verbunden ist. Dafür muss überall auf der Erde ein Bewusstsein geschaffen werden. Notwendig sind internationale Finanzmittel für den Aufbau von Gesundheitskapazitäten in Gebieten, in denen neu entstehende Krankheitsherde zu erwarten sind. In unserer Erklärung heißt es: »Dies ist kein einfacher Altruismus. Es ist eine lebenswichtige Investition im Interesse aller, um künftige globale Krankheitsausbrüche zu verhindern.«

Die im Weltbiodiversitätsrat vertretene Staatengemeinschaft fordert in Einigkeit mit den am globalen Bericht beteiligten

Wissenschaftlern »eine grundlegende, systemweite Reorganisation über technologische, wirtschaftliche und soziale Faktoren hinweg, einschließlich Paradigmen, Zielen und Werten. Es gilt die soziale und ökologische Verantwortung in allen Sektoren zu fördern. So entmutigend kostspielig dies auch klingen mag – die Kosten verblassen im Vergleich zu dem Preis, den wir bereits zahlen.« Es stimmt mich hoffnungsvoll, dass unser Bericht zur Entwicklung der Artenvielfalt in weiten Teilen der Bevölkerung und nicht zuletzt bei politischen Entscheidungsträgern Wirkung zeigte. Eine Politik, die Menschen vor Pandemien schützen und uns vor den Folgen der Naturzerstörung bewahren will, muss internationale Abhängigkeiten neu bewerten, die im Zuge der Globalisierung entstanden sind.

Aber es kommt auch auf mich selbst an. Muss ich weiter billige Steaks auf teure Grills legen? Muss ich weiter mit Tempo 200 auf der Autobahn fahren? Sind Flüge rund um die Welt für ein Business-Meeting notwendig, genügt nicht auch eine Videokonferenz? Muss ich daheim exotische Tiere halten statt Hund, Katze oder Maus? Das Zauberwort heißt: Nachhaltigkeit. Wir müssen umsteuern. Das ist die beste Prophylaxe gegen COVID-25, COVID-29 und alle anderen Pandemien, mit denen wir es sonst zu tun bekommen.

Kapitel 3

FASZINATION INSEKTEN

3.1. EXPEDITIONEN IM ALLGÄU

Kennen Sie Kohlhunden im Allgäu? Ich meine das Dorf gleich
bei Heiland und kurz vor Kühmoos, nicht weit von Bethlehem.
Nein? Das wundert mich ganz und gar nicht. Kohlhunden ist
so winzig, dass die Bezeichnung Dorf schon an Übertreibung
grenzt. Es handelt sich um einen Weiler, in dem gerade einmal
fünfzig Leute leben, darunter bis heute Mitglieder der Familie
Settele.

Ich bin in Kohlhunden aufgewachsen. Nicht allein deshalb
hat der Flecken für mich Bedeutung ersten Ranges. Dort habe
ich meine Leidenschaft für die Insekten entdeckt als jene tierische Klasse, die sich aufgrund ihres oftmals als eklig empfun-
denen Aussehens und ihrer Angewohnheit, bei Tag und Nacht
garstig zu stechen, äußerst begrenzter Beliebtheit erfreut –
dabei für die Menschheit von herausragender Bedeutung ist.
Ohne Insekten sähe Kohlhunden wie auch der Rest der Welt
deutlich ärmer aus.

Auf mich haben Schmetterlinge, Käfer, Heuschrecken
und anderes krabbelndes, fliegendes oder summendes Getier
von Kindesbeinen an größtmögliche Faszination ausgeübt,

die bis heute anhält. Ihrer Erforschung und inzwischen auch ihrem Erhalt widme ich mein ganzes wissenschaftliches Engagement. Zunächst als Hobbyforscher, später als studierter Insektenkundler. Wie ich dazu kam? Das will ich Ihnen gern kurz erzählen.

Ein warmer Sommertag im Jahr 1970. Endlich war die Schule aus. Ich radelte nach Hause, stellte mein Fahrrad ab und freute mich auf einen Nachmittag in der Natur. Meine Mutter stand im Garten und rief mich zu sich. In der Hand hielt sie einen Kescher, mit dem ich normalerweise durch unseren Garten hastete, wenn ich Schmetterlingen nachsetzte. Die Öffnung hielt sie so, dass der Fang, der ihr ins Netz gegangen war, nicht entfliehen konnte. Es war ein Schmetterling, den sie noch nie in unserem Garten gesehen hatte.

Wenn mich mein Gedächtnis nicht trügt, handelte es sich um einen Kaisermantel, der zu den Tagfaltern gehört, also Schmetterlingen, die das Licht der Nacht vorziehen. Ich eilte in mein kleines Forscherlabor, das ich damals den »Insektenkeller« nannte. Der Raum war prall gefüllt mit Utensilien. Ich schnappte mir, was ich brauchte, um den Kaisermantel zu töten und zu präparieren, und machte mich daran, die Beute meiner Mutter in die ewigen Jagdgründe zu befördern – sprich: meiner Insektensammlung einzuverleiben.

Aus meiner heutigen Sicht des fast sechzigjährigen Wissenschaftlers, der Insekten rund um den Globus beobachtet hat, war meiner Mutter damals kein Sensationsfang geglückt, wenn der Kaisermantel selbstverständlich auch ein wunderschöner Schmetterling ist. Das Ereignis war für mich jedoch von enormer emotionaler Bedeutung. Es war das allererste Mal, dass meine Mutter sich aktiv an meinem Hobby beteiligte und mir quasi ihren Segen dafür erteilte. Wenngleich sie im Gegensatz zu meinem Vater, der in den ersten Jahren meiner Insektenleidenschaft nichts davon wissen wollte, meinem Steckenpferd von Beginn an einigermaßen wohlgesonnen gegenüberstand, teilten meine Eltern die Skepsis, die sich aus dem Gedanken nährte: Was soll nur aus dem Knaben werden, der haufenweise unnützes Getier im Kopf und im Keller hat?

Als meiner Mutter der Kaisermantel ins Netz ging, war ich keine zehn Jahre alt. Ich befand mich schon im vierten Jahr meiner Karriere als Insektenforscher. Bereits als Sechsjähriger hatte ich erste Streifzüge durch und um das winzige Kohlhunden unternommen mit dem Ziel, Hummeln, Falter, Käfer zu bestimmen. Ich fand es unglaublich spannend zu erforschen, was in meiner unmittelbaren Nachbarschaft alles kriecht, fliegt und summt.

Wer etwas auf sich hält, verwendet gern anspruchsvoll klingende und wirkende Fachbegriffe – das war schon damals so und hat sich bis heute nicht geändert. Also bezeichnete ich mich relativ bald als Entomologe, die vor allem in Fachkreisen übliche Bezeichnung für Insektenforscher. Und schon als Bub begann ich, mich zu spezialisieren. Unter allen Insekten hatten es mir die Schmetterlinge besonders angetan. Das hatte den wunderbaren Nebeneffekt, dass es mich zum sehr gelehrt klingenden Lepidopterologen machte. *Lepidoptera* ist die wissenschaftliche Bezeichnung für Schmetterlinge beziehungsweise »Schuppenflügler«.

Die Faszination für Insekten teilte ich die ersten Jahre mit zwei Freunden: Alfons, einem Nachbarsjungen aus dem Dorf, und Joachim, einem Schulfreund aus der nächsten Stadt. Wir verabredeten uns regelmäßig zu Streifzügen durch die nähere Umgebung von Kohlhunden, die wir selbstbewusst »Expeditionen« nannten. Mal waren wir als Duo unterwegs, mal als Trio. Unsere eintägigen Expeditionen bereiteten wir akribisch vor. Die wichtigsten Utensilien waren natürlich das Insektenfangnetz, ein Gefäß mit dem martialischen – und in Fachkreisen nach wie vor gebräuchlichen – Namen »Tötungsglas« sowie eine Schachtel zur Aufbewahrung der erbeuteten Objekte. Selbstverständlich gehörte zu einer Expedition auch ausreichend Proviant. Auch wenn es meist sehr freundschaftlich zwischen uns zuging, kann ich mich doch erinnern, dass es bei der Erstbegegnung mit Exemplaren, die wir bis dahin selten oder gar nicht gefunden hatten, eine gewisse Konkurrenz zwischen uns Expeditionsteilnehmern gab. Doch galt die eiserne Regel: Wer das Tier kaschte, durfte es in seine Sammlung aufnehmen.

Heute, wo dank des Internets beinahe jede Information nur ein paar Klicks entfernt ist und der Online-Handel boomt, kaum vorstellbar: In meiner Kindheit war es – zumal auf dem Land – alles andere als einfach, Basiswissen über irgendein Spezialgebiet zu erlangen. Das galt auch für die Entomologie. Ich war Stammkunde einer gut sortierten Buchhandlung in Marktoberdorf, der Stadt, die am nächsten zu Kohlhunden liegt. Für die 4 Kilometer bis dorthin brauchte man mit dem Rad eine knappe halbe Stunde.

Als Zehnjähriger durfte ich das erste Fachbuch mein Eigen nennen, es hieß *Welcher Schmetterling ist das?* und war ein Geschenk meiner Eltern. Mit zwölf bekam ich *Schmetterlinge* von Othmar Danesch zu Weihnachten. Es erschien ursprünglich in zwei Bänden, aber nun gab es eine Ausgabe, die beide in einem Band zusammenfasste. Ich erinnere mich, wie ich das Werk über die Weihnachtsfeiertage verschlang. Beide Bücher besitze ich noch heute. Sie bildeten den Grundstock einer mittlerweile auf viele Hundert Werke über Schmetterlinge angewachsenen Bibliothek.

Ein Tier zu fangen, ist das eine. Das andere ist es, das Geschöpf zu töten und zu präparieren. Durch die Lektüre der Bücher lernte ich die Technik. Ich funktionierte alte Marmeladen- zu Tötungsgläsern um, die ich mit in Ammoniak getränkter Watte auslegte, den ich in der Apotheke erwarb. Die Apothekerin fragte: »Was willst du denn mit Salmiakgeist?« Meine Antwort: »Ich brauche ihn zum Töten von Insekten.« Die verblüffte Frau erfüllte meinen Wunsch, nachdem ich versprochen hatte, mit dem Giftstoff keinen Unsinn anzustellen.

Gefangene Insekten, die ich für meine Sammlung mit nach Hause nehmen wollte, habe ich vor Ort in den besagten Gläsern getötet, was zum Glück nur wenige Sekunden dauert. Daheim angekommen, stach ich mit einer Nadel durch die leblosen Körper und heftete sie mit ausgebreiteten Flügeln auf ein Brett. Dann musste ich mich ungefähr zwei Wochen gedulden, ehe die Präparate getrocknet waren und ich sicher sein konnte, dass sie in der gewünschten Form der späteren Ausstellung verharrten, sodass ich sie vom Spannbrett entfernen konnte.

Beim Präparieren habe ich so ziemlich alles falsch gemacht, was man nur falsch machen kann. Dass sich haushaltsübliche Stecknadeln mit Glaskopf – andere kannte ich damals gar nicht – überhaupt nicht zur dauerhaften Aufbewahrung der Tiere eigneten, wusste ich nicht. Sie sind korrosionsanfällig, weshalb sie das Sammlungsstück eher zerstören als bewahren. Der kundige Fachmann greift zu den richtigen Materialien. Sie heißen – man ahnt es schon – »Insektennadeln«. Sie sind aus Stahl, der nicht rostet. So überleben die toten Schmetterlinge zumindest als Ausstellungsobjekte.

Krönender Abschluss war es, ein kleines Etikett für jedes Exponat anzufertigen, das die Zeit und den Ort des Fanges dokumentierte. Ich hatte gelesen, dass dies wichtig sei – und muss sagen, dass ich im Nachhinein mächtig stolz darauf bin, zumindest jedes Sammlungsstück von Anfang an in aller Sorgfalt beschriftet zu haben. Für wissenschaftliche Auswertungen sind solche Informationen von hoher Bedeutung, teilen sie doch späteren Forschern auch nach Jahrzehnten oder gar Jahrhunderten noch mit, wo das Tier einst lebte bzw. starb.

Meine ersten selbst gefertigten Bretter zum Aufspannen toter Schmetterlinge sowie Kästen zur Aufbewahrung meiner Sammlung waren Werke kindlicher Improvisationskunst. Die Schatullen, in denen ich meinen Schatz deponierte, baute ich aus Zigarrenkisten, auf deren Boden ich Styropor klebte – und fertig war der Insektenkasten.

Zu meiner großen Freude hatte mein Vater mittlerweile seine Vorbehalte meinem Hobby gegenüber aufgegeben. Nicht nur das. Er wurde sogar Förderer meiner Leidenschaft. Jahre nachdem ich begonnen hatte, Insekten zu jagen, schreinerte mir mein Papa einen schönen großen Wandkasten mit einem Glasdeckel, durch den man die Präparate bewundern konnte. Das war großartig! Abgedichtet war der Rahmen mit einem Klebeband, das inzwischen komplett zerfallen ist. Aber den Kasten habe ich noch immer.

Irgendwann zeigte ich meinem Vater Abbildungen von Spannbrettern und konnte ihn überzeugen, mir bei einem Schreiner einen Satz ebendieser Bretter aus Lindenholz anfertigen zu lassen. Linde ist weich genug, um Stecknadeln hineinpiksen zu können. Auch einige dieser Bretter nenne ich heute immer noch mein Eigen – ergänzt durch etliche, die ich später im Fachhandel erwarb. Ebenso hatte die Zeit der umgebauten Zigarrenkisten ein Ende. Sie wurden durch erstklassige Kästen, meist von der Fachschreinerei Meier aus München, ersetzt. Inzwischen sind es Hunderte, die zu meiner Sammlung gehören.

In Kohlhunden sollte es noch eine Weile dauern, bis ich allgemein als Insektenforscher durchging. Mich verdross das nicht, denn inzwischen wusste ich, dass es auch andere begeisterte Entomologen in Deutschland gab. Die *Allgäuer Zeitung* berichtete ab und an über einen Faltersammler und -züchter aus Hörmanshofen auf halber Strecke zwischen Kohlhunden und Kaufbeuren. Ich, inzwischen ein Jugendlicher, nahm Kontakt zu ihm auf, und wir vereinbarten einen Tag, an dem ich ihn besuchen sollte. Mein Vater chauffierte mich die 12 Kilometer hoch nach Hörmanshofen, wo ich aus dem Staunen nicht mehr herauskam. Hier tat sich eine Welt auf, wie ich sie nicht zu träumen wagte. Seine Sammlung übertraf alles, was ich mir je vorgestellt hatte.

Das Haus war voll mit farbenfrohen tropischen Schmetterlingen – vor allem mit größeren Exemplaren. Kleine Falter, die mich später viel mehr faszinieren sollten, waren nicht das Ding dieses Sammlers. Er konnte stundenlang darüber erzählen, wie die Tiere heißen, wo sie in der Natur vorkommen und wie er sie erworben hatte. Auch berichtete er von Insektenbörsen, die ich mir als irdisches Paradies vorstellte.

Ich besuchte den Sammler öfters. Er erwies sich als freundlicher und großzügiger Gleichgesinnter, der mir etwa die ersten »echten« Insektennadeln schenkte. Irgendwann Ende der 1970er-Jahre bot er mir an, mich auf eine Insektenbörse mitzunehmen. Ich war begeistert. Es ging nach Ingolstadt. Früh hin, abends zurück. Es wurde ein doppelt schönes Erlebnis. Wir fuhren in seinem alten Borgward, und die Börse verschlug mir den Atem: eine ganze Sporthalle voll mit Insekten! Man konnte alles kaufen, was der Fachmann – damals gab es noch weitaus weniger Fachfrauen als heute – an Ausrüstung benötigte. Es mag pathetisch klingen: Der Besuch der Börse war ein Meilenstein in meiner jungen Karriere als Entomologe.

Erwin Frey, der Sammler aus Hörmanshofen, war nicht der einzige Schmetterlingsexperte in der Umgebung. Von einem zweiten erfuhr ich ebenfalls aus der Zeitung – Bruno Elischer. Er wohnte in Talhofen und spielte eine wesentliche Rolle für mein späteres Engagement für den Insektenschutz. Denn der enthusiastische Freizeitentomologe führte mich in die Ökologie ein, also die Wissenschaft von den Wechselbeziehungen zwischen den Lebewesen und ihrer Umwelt.

Er wusste unglaublich viel über das Leben von Schmetterlingen in Moorgebieten. Die Tiere haben ausgeklügelte Überlebensstrategien entwickelt. Das gilt vor allem für die Hochmoorgelblinge *(Colias palaeno)*, die sich als Raupen ausschließlich von der Rauschbeere ernähren. Die Pflanze wiederum wächst vor allem auf Hochmooren, was die Verbreitung der Gelblingsart von Natur aus beschränkt. Damit sich die Rauschbeere fortpflanzen kann, müssen genügend Bestäuber vorbeifliegen oder -krabbeln. Nektarquellen sind in Mooren meist rar gesät und kommen vor allem in den Randbereichen vor. Von solchen natürlichen Abhängigkeiten hatte ich bis dahin keinerlei Vorstellung. Aber mir war sofort klar, wie bedeutsam diese Wechselwirkungen sind – und so begann ich, mich für die Ökologie der Schmetterlinge zu interessieren. Von hier aus war es nicht weit zur Thematik des nachhaltigen Insektenschutzes.

Die Entscheidung für ein Studium fiel schließlich zwischen katholischer Theologie und Agrarbiologie. Votiert habe ich dann für die Agrarbiologie, bei der mich die Aufgabe reizte, das offensichtliche Konfliktfeld zwischen Landnutzung und Natur zu »versöhnen«. Es mag idealistisch klingen, aber ich bin auch heute noch der Meinung, dass es nur um ein vernünftiges Miteinander, etwa zwischen Forstwirten oder Landwirten und Umweltschützern, und nicht um gegenseitige Schuldzuweisungen gehen kann. Eine gute Wahl, wie sich erst heute so richtig zeigt, weil ich lernte, verschiedene Sichtweisen zu verstehen und abzuwägen.

Am wichtigsten aber war bei meiner Entscheidung, Agrarbiologie zu studieren, dass ich mich auf einen Weg begab, aus dem Hobby einen Beruf zu machen. Durch die kontinuierliche Beschäftigung mit der vielfältigen und faszinierenden Welt der Insekten ist es mir gelungen, mir einen großen Wissensschatz anzueignen. Nach und nach konnte ich in Fachkreisen eine gute Reputation erlangen – auch in Kohlhunden ist inzwischen einigermaßen anerkannt, was ich tue. Ein wenig stolz macht mich, andere Menschen mit meiner Begeisterung angesteckt zu haben. Mittlerweile kann ich an einigen zentralen Stellschrauben mitdrehen und mich auf politischer, wissenschaftlicher und persönlicher Ebene im Bereich »Insekten – Landnutzung – Naturschutz« einbringen. Ich bin überaus glücklich, den Schutz der Insekten wie der Artenvielfalt insgesamt mit der Reputation oder auch Autorität eines Professors am Helmholtz-Zentrum für Umweltforschung (UFZ) in Halle und Leipzig vorantreiben zu können: wie das funktionieren könnte, unzählige Arten von Bienen, Hummeln, Schmetterlingen, Käfern und Ameisen vor dem Untergang zu retten und damit die Menschheit vor einer Ökokatastrophe zu bewahren.

EIN HAUSMEISTER HINTERFRAGT
DAS INSEKTENSTERBEN

Nach dem Studium habe ich Zivildienst geleistet. Ich bewarb mich bei wenigstens hundert naturkundlichen Einrichtungen und bekam schließlich die Stelle des Hausmeisters im Pfalzmuseum für Naturkunde in Bad Dürkheim. Im Sommer 1989 durfte ich hinaus, um zu sehen, was es vor der Haustür gibt.

Das war damals – nicht ahnend, auf was ich stoßen würde – der Beginn einer Studie, die ich heute noch Jahr für Jahr fortschreibe. Ich hatte mir etwa 300 Flächen mit Wiesen und Weideland nach einem Zufallsprinzip ausgeguckt, um das Vorkommen von drei besonders seltenen und somit schon vor Jahrzehnten gefährdeten Schmetterlingsarten zu erforschen: dem Dunklen Wiesenknopf-Ameisenbläuling *(Phengaris nausithous)*, dem Hellen Wiesenknopf-Ameisenbläuling *(Phengaris teleius)* und dem Großen Feuerfalter *(Lycaena dispar)*. Es ist kein Zufall, dass auf dem Titel dieses Buches der Große Feuerfalter abgebildet ist. Er ist der Schmetterling, der mir besonders ans Herz gewachsen ist. Es würde mir selbiges brechen, sollte die Art verschwinden.

Ich notierte meine Beobachtungen und verglich jeweils neue mit früheren Aufzeichnungen – und während ich nichts Gutes ahnte, war ich umso mehr überrascht, festzustellen, dass die Situation nicht so eindeutig schlecht war. Meine Untersuchungen mündeten in einem wissenschaftlichen Artikel mit dem – von Kollegen als geradezu provokativ betrachteten – Titel: »Zur Hypothese des Bestandsrückgangs bei Insekten in der Bundesrepublik Deutschland«. Ich hatte gewagt, infrage zu stellen, dass wir überall einen Rückgang der Arten haben – selbst bei denen, die insgesamt zurecht als gefährdet gelten. Schon damals war mir klar, dass die Situation differenziert betrachtet werden muss.

Was ich gleich zu Beginn meiner Studie entdeckt hatte, war das häufige bis dahin unbekannte Vorkommen der Ameisenbläulinge und des Großen Feuerfalters. Ich hatte in nur einem einzigen Jahr bei zwei Arten deutlich mehr Orte ihres Aufenthalts gefunden, als durch Beobachtungen der vorhergehenden hundert Jahre zusammengenommen bekannt geworden waren. Diese Feststellung bildete die Referenzsituation für die nachfolgenden Jahre meiner Untersuchung. Zeitigte der Einstieg in das Thema überraschend positive Befunde, bereitet mir das Ergebnis meiner Langzeitforschung mittlerweile Sorgen. Die Bläulinge sind inzwischen zum Symbol des Insektensterbens geworden, weshalb ich ihnen ein ganzes Kapitel in diesem Buch widme.

Immerhin: Der Große Feuerfalter hat sich im Gebiet meiner nun schon drei Jahrzehnte währenden Erfassung gut entwickelt. In den letzten zehn Jahren war er in der Summe auf mehr Flächen nachweisbar als in der ersten Dekade und hat dabei auch immer wieder neue Lebensräume erobert. Die Entwicklung seiner Populationen ist kein Alles-doch-nicht-so-schlimm-Indiz. Die Schmetterlingsart liebt die Wärme und profitiert vom Klimawandel. Allgemeine Entwarnung kann ich also leider nicht geben. Meine Studie zeigt nur einmal mehr, wie wichtig Forschung in der Natur ist, um zu einem genaueren Bild zu gelangen.

3.2. VON INSEKTEN LERNEN

Vielleicht verstehen Sie nun, warum mein Beruf tatsächlich viel mit Berufung zu tun hat. Ich verstehe allerdings auch, wenn andere Menschen meine Leidenschaft nicht teilen. Denn zugegeben: Der Streichelfaktor einer Wespe ist gering. Wanzen,

Maden und Kakerlaken sehen wir lieber gehen als kommen. Motten bekämpfen wir mit allerlei Mitteln in unseren Kleiderschränken und Vorratskammern. Mücken stellen wir fluchend und müde mitten in der Nacht nach.

Die Beliebtheit von Insekten, man muss es sagen, ist beim Normalbürger überschaubar. Groß ist hingegen die Zahl der irrationalen Ängste, die wir vor ihnen entwickeln können, teils sogar spezialisiert wie die Wissenschaft selbst: Akarophobie (vor allen stechenden Insekten; wenngleich wörtlich genommen darunter nur die Angst vor Milben fallen würde), Apiphobie (nur vor Bienen), Entomophobie (vor Insekten allgemein). Schon bei Kindern kommt Angst vor den kriechenden, krabbelnden, sirrenden und schwirrenden Tierlein vor. Was ich in jungen Jahren faszinierend fand, schreckt viele: die große Fremdartigkeit dieser Wesen. Ja, sie haben keine flauschigen Ohren. Wir können uns nicht tief in ihre Kulleraugen versenken, möchten sie nicht an uns drücken, was in den meisten Fällen auch gar nicht geht. Mit sechs Beinen, ihren Fühlern und Antennen und dem eingekerbten Körper kommen sie wie von einem anderen Stern daher.

Dabei ist das Gegenteil der Fall. Insekten waren und sind seit Jahrmillionen – so muss man es formulieren – die erfolgreichsten Geschöpfe auf unserem Planeten. Mehr als zwei Millionen Arten von ihnen sind wissenschaftlich beschrieben, wahrscheinlich übertrifft die Zahl der bisher unbekannten Spezies dies bei Weitem. Schätzungsweise existieren mindestens sieben Millionen Tierarten auf der Welt, davon dürften fünf bis sechs Millionen Insekten sein; sie stellen die größte Tierklasse und haben fast alle Lebensräume unserer Erde erobert, sogar die Arktis. Nur das offene Meer blieb ihnen verschlossen.

Insekten sind die große Wundertüte der Evolution. In ihr befinden sich: Läuse. Käfer (in unfassbar großer Zahl). Ohrwürmer. Wanzen. Zweiflügler. Hautflügler. Termiten. Schmetterlinge. Libellen. Langfühlerschrecken. Feldheuschrecken. Flöhe. Köcherfliegen. Eintagsfliegen. Steinfliegen. Netzflügler. Schaben. Allein in Deutschland gehören etwa drei Viertel aller Tierarten zu den Sechsfüßlern *(Hexapoden)*, die auch Kerbtiere genannt werden, wegen ihres deutlich eingekerbten Leibs aus drei klar unterscheidbaren Teilen, die durch Einschnitte getrennt sind – und das Wort Insekt besagt nichts anderes als eingeschnitten *(in-sectum)*.

Die vielfältige, manchmal bizarr erscheinende Welt der Insekten repräsentiert einen Schöpfungsentwurf, der uns fremd anmutet, aber große Bewunderung auslösen sollte. Es ist ein Reich voll exotischer Schönheit, erstaunlicher Leistungen und überbordendem Erfindungsreichtum.

Das Nervensystem von Insekten ist vergleichsweise simpel, ihre Hirne winzig. Dennoch sind jede Menge Arten zu komplexen Leistungen fähig, können ansatzweise – wie die Bienen – sogar rechnen. Auch die anderen Organe der Kerbtiere entsprechen nicht dem, was wir gewohnt sind. Insekten leben lungenlos. Stattdessen versorgt ein Belüftungssystem von Körperöffnungen sie mit Sauerstoff. Die inneren Organe sind von einer Art Blut umspült. Kein Skelett, sondern ein Chitinpanzer gibt diesen Tieren Halt. Nicht nur nehmen sie die Welt mit ihren Facettenaugen ganz anders wahr als wir, sie leben auch in einer Realität, die dem Mikrokosmos viel näher ist. Ein einzelnes Insekt kann 250 Bilder in der Sekunde wahrnehmen, der Mensch bringt es auf gerade einmal 20.

Staatenbildende Insekten wie Ameisen verblüffen mit hocheffektiver Organisation. Ameisen, Termiten oder Heuschrecken bilden riesige Gemeinschaften, die im Laufe der Zeit verblüffende Verteidigungs-, Navigations- und Kommunikationssysteme entwickelten. Möglich sind betonharte Termitennester mit bis zu drei Millionen Bewohnern. Bis auf die Königin zählt der einzelne Organismus hier nichts, alles ist auf das Überleben der Gemeinschaft ausgerichtet. Bei einer Ameisenart auf Borneo *(Colobopsis explodens)* geht die Selbstaufopferung so weit, dass die Verteidiger des Nestes förmlich explodieren, um ein giftiges Sekret aus ihrem Körperinneren auf Feinde zu versprühen. Andere Arbeiterinnen können mit ihrem stöpselförmigen Kopf Nesteingänge gegen Eindringlinge verschließen.

Ameisen kommunizieren unter anderem mit chemischen Botenstoffen. Exemplaren in der Sahara ist es möglich, Kundschafter vor dem Nest testen zu lassen, ob die Luft rein ist. Die Scouts sind in der Lage, die Temperatur einzuschätzen. Liegt sie für Feinde wie Echsen zu hoch – etwa 46 Grad Celsius –, benachrichtigen sie die Artgenossen darüber, dass die Gefahr reduziert und Ausflüge möglich sind.

Die nordafrikanische Wüstenameise *(Cataglyphis fortis)* verlässt ihr Nest zu ausgedehnten Exkursionen in einer unwirtlichen Gegend ohne viele Orientierungspunkte. Dennoch findet sie schnurstracks zurück in den Bau. Ihr Geheimnis ist ein eingebauter Kompass: Fotorezeptoren in ihren Facettenaugen zeigen ihr den Sonnenstand an. Außerdem hat sie einen internen »Schrittzähler«, der sie über die zurückgelegte Entfernung informiert. Für diese erstaunliche Kalkulationsleistung interessieren sich Wissenschaftsteams, die an intelligenten Navigationssystemen arbeiten – autonomes Fahren nach Ameisenart.

ERSTAUNLICHE ALLESKÖNNER

Von Ameisen ist bekannt, dass sie ein Vielfaches ihres Körpergewichts tragen können, bis zu 40-mal schwerere Lasten. (Um den Titel des Schlepp-Weltmeisters streiten sich Nashornkäfer und Stierkopf-Dungkäfer mit dem 800- bis 1000-Fachen des eigenen Gewichts. Ein Mensch müsste, um mit ihnen zu konkurrieren, mehrere Doppeldeckerbusse bewegen können.)

Einzigartig ist die Kooperationsmethode, mit der mehrere Ameisen es schaffen, gemeinsam bis zu 50 Gramm zu wuchten – bei einem individuellen Körpergewicht von nur knapp 10 Milligramm. Einige Tiere geben den Weg zum Nest vor und ziehen die Last vorne in die richtige Richtung. Die anderen nehmen wahr, wie sich dadurch Lage und Gewicht des Transportguts verändern, und richten sich danach aus. Dies kann als Vorbild für selbstständig und kooperativ handelnde Robotersysteme dienen.

»Insektentechnologie« ist ein eigener Forschungszweig. Kein Wunder: Die erstaunlichen Leistungen der Sechsfüßler machen wir uns schon seit Jahrtausenden zunutze, man denke nur an das lange von den Chinesen gehütete Geheimnis der Seidengewinnung. Heute spürt die Forschung dem unverwüstlichen Immunsystem der Rattenschwanzlarven nach, die sich in Jauche und Gülle wohlfühlen. Oder sie entschlüsselt die Enzyme von Termiten und Schaben, die sich so schwer verdauliche Stoffe wie Holz mit Genuss einverleiben. Es liegt auf der Hand, dass der Mensch großen Nutzen davon hätte, alle diese Rätsel aufzudecken und daraus Schlussfolgerungen für sein eigenes Dasein abzuleiten.

Größeres Interesse hat auch die Wiesenschaumzikade *(Philaenus spumarius)* auf sich gezogen, Weltmeister im Hochsprung. Das 6 Millimeter große Tier schnellt 70 Zentimeter empor – im Vergleich zur Körpergröße und auf menschliche Maße umgerechnet katapultiert sie sich damit auf 210 Höhenmeter. Sie benutzt dafür einen Muskel, der 11 Prozent ihres Körpergewichts ausmacht. Dieser beschleunigt das Insekt auf das 400-Fache der Erdanziehungskraft. Diese Belastung liegt weit über dem, was die *Apollo*-Astronauten auf ihren Mondmissionen beim Start der immer noch stärksten Rakete der Welt, der Saturn V, aushalten mussten.

Lange geknabbert hat die Wissenschaft am aerodynamischen Paradoxon der Hummel. Die plump erscheinende Wildbiene mit ihren kurzen Flügeln ist nach allen Gesetzen der Physik eigentlich zu schwer und zu dick, um überhaupt abzuheben. Erst vor zwei Jahrzehnten wurde ihr Trick entdeckt: Die Hummel erzeugt mit ihrem Flügelschlag unter ihrem Körper einen tornadoartigen Luftwirbel, der ihr Auftrieb gibt und sie auf der Höhe hält. Auf erstaunlicher Höhe, denn in Experimenten zeigte sich, dass sie theoretisch eine Flughöhe von 7 Kilometern und mehr erreichen könnte. Nicht schlecht für so ein Dickerchen – auch wenn die niedrige Temperatur in diesen

Höhen ihm übel zusetzen dürfte. Es gibt jedoch Fliegen- und Schmetterlingsarten, die in bis zu 6000 Meter Höhe schweben. Alles hochinteressant für Flugingenieure.

Erstaunlich ist auch die Körperkontrolle der Libelle, eines wahren Abfangjägers. Um ein Beutetier im Flug zu erlegen, muss sie Kursberechnungen bei hoher Geschwindigkeit ausführen können. Dabei hält sie das Ziel immer im Fadenkreuz ihres schärfsten Sehens. Das ist militärisch interessant. Eher nicht nachahmenswert erscheint dagegen die Verteidigungsmethode einiger Weichwanzen. Bei Gefahr können sie Beine abwerfen und so den Gegner ablenken. Pech nur, dass ihnen dann später auch ganz wesentliche Gliedmaßen zum Wegrennen fehlen.

Nicht weniger gefährlich, aber im Normalfall erfolgreich ist die Überlebensstrategie des Bombardierkäfers *(Brachininae)*, der seinen Namen völlig zu Recht trägt. Auf Feinde feuert er Gassalven aus seinem Hinterleib ab. Ihre Bestandteile hält er im Körper separat, erst im Verteidigungsfall vermischen sie sich in einer widerstandsfähigen Reaktionskammer zu einem aggressiven Gemisch. Ein ausgeklügelter Ventilmechanismus verhindert, dass das Knallgas, mit dem der Käfer es aus dem Hinterleib treibt, ihn selbst verletzt. Immerhin treten dabei Temperaturen von bis zu 100 Grad Celsius auf.

Mit Kälteschutz arbeiten hingegen Marienkäfer und Zitronenfalter, um ihr Überleben zu sichern. Sie haben ein natürliches Frostschutzmittel, Glycerin, in ihrem Blut und überstehen so den Winter. Es gibt Wasserkäfer, die bis zu neun Monate eingefroren im Eis überleben können.

Zu unfreiwilligen Mitrauchern macht der Tabakschwärmer *(Manduca sexta)* in der Wüstenlandschaft Great Basin Desert im US-Bundesstaat Utah seine Fressfeinde. Dort wächst der Kojotentabak *(Nicotiana attenuata)*. Der ist als Muskelgift für so ziemlich alle Tiere schädlich, nur für die Raupen dieses Falters nicht. Das Nikotin können sie aus Körperöffnungen ausströmen lassen und sich damit Nichtraucher vom Leibe halten.

Insekten sind wahre Meister im Gebrauch chemischer Waffen. Eines der stärksten Insektengifte setzt die Tarantelwespe *(Pepsis formosa)* gegen Vogelspinnen ein, um ihrer Nachkommenschaft eine lebendige Brutmaschine zu verschaffen. Sie legt ein Ei auf den Bauch der gelähmten Spinne. Wenn die Larve schlüpft, dringt sie in ihr immer noch paralysiertes Opfer ein und frisst es von innen bei lebendigem Leib auf.

Den stärksten Schmerz soll das Gift der Tropischen Riesenameise *(Paraponera clavata)* auslösen. Der US-Entomologe Justin Schmidt, der aus leidvoller Erfahrung im Umgang mit stechenden Insekten eine Skala für die Intensität ihrer Stiche entwarf, beschrieb diesen Schmerz so: »Als wenn man mit einem 5 Zentimeter langen Nagel in der Ferse über glühende Holzkohle läuft.«

ÜBERLEBENSKÜNSTLER UNTER DRUCK

Insekten haben über Hunderte Millionen von Jahren an ihren Überlebensstrategien gefeilt. Die Tiere haben spektakuläre und ausgeklügelte Techniken zur Nahrungsaufnahme und zum Schutz vor Fressfeinden entwickelt. Sie tarnen sich, tricksen ihre Gegner wie nur wenige andere Geschöpfe in der Tierwelt aus. Viele Arten lassen sich von Ast- und Blattwerk kaum unterscheiden oder ahmen wehrhafte Krieger nach, obwohl sie nur harmloses Futter sind. Besonders geschickt geht der Totenkopfschwärmer *(Acherontia atropos)* vor, einer der größten Schmetterlinge Europas. Die totenkopfähnliche Zeichnung auf seinem Rücken hat uns nur zur Namensgebung inspiriert und ist ansonsten ohne größere Bedeutung. Entscheidend ist, dass der honigschleckende Nachtfalter bei seinem Eindringen in Bienenstöcke einen Duftstoff absondert, der Bienen vormacht: Ich bin einer von euch – irgendwie eine spannende Parallele zu den Ameisenbläulingen, auf die ich später noch genauer eingehe.

Solche und andere Erfolgsrezepte des Überlebens sind inzwischen durch die Gattung Mensch bedroht – im Vergleich mit den Insekten nur ein Zaungast aller Erdzeitalter, der es gerade einmal auf drei Millionen Jahre Entwicklungsgeschichte bringt. Einige Insekten nehmen aber auch mit uns den Kampf auf. Der Pest-Floh treibt weiter sein Unwesen. Der Malaria-Erreger rückt wieder vor, verbreitet von Mücken. Die Zeiten biblischer Heuschreckenplagen mit bis zu einer Milliarde Tiere im Schwarm sind nicht vorbei.

Dem Maiswurzelbohrer *(Diabrotica virgifera)* ist es gelungen, sich sämtlichen Feldzügen des Menschen zu widersetzen. Gegen Pflanzenschutzmittel wurde der Blattkäfer immun, auch an gentechnisch veränderte Pflanzen hat der Schädling sich angepasst. Das Einzige, was gegen ihn hilft und paradoxerweise auch gegen das Insektensterben: ein Ende der Monokulturen. Sät man nicht jedes Jahr nur Mais aus, sondern auch andere

Pflanzen, kommt der gefräßige Maiswurzelbohrer in Schwierig-keiten, seine Larven verhungern. Ihnen schadet, was vielen an-deren Insekten nutzt. Um es mit meinem geschätzten Kollegen, dem Tierökologen Johannes Steidle von der Universität Ho-henheim, zu sagen: »Ein Acker mit nur einer Pflanzenart ist für die meisten Insekten so wertvoll wie ein geteerter Parkplatz.«

3.3. MENSCH UND INSEKT – EINE BEZIEHUNGSGESCHICHTE

Insekten lockern Böden und beseitigen Laub sowie ande-re »Abfälle« pflanzlicher wie tierischer Art. Als natürliche Müllabfuhr sorgen Dungkäfer etwa dafür, dass tote Mate-rie schneller abgebaut wird. Andere Insekten machen ab-gestorbene Pflanzen für Mikroben besser verwertbar. Wald, Park, Garten: Sie alle sind Ökosysteme mit hoher Abhängig-keit von Insekten.

Insekten sind auch die beste Waffe gegen Insekten. Sie vertilgen Schädlinge. Der biologisch orientierte Pflanzen-schutz macht sich das zunutze und setzt an die hundert Arten ein, die unerwünschten Räubern zu Leibe rücken. Jedes In-sekt, das unsere Ernten bedroht, hat meist deutlich mehr als ein Dutzend natürliche Feinde mit sechs Beinen. Sie laben sich direkt an ihrer Beute, fressen sie oder saugen sie aus, legen ihre Eier als Zeitbomben auf oder in ihr ab; ihre ge-schlüpften Nachkommen vertilgen dann zu gegebener Zeit den Wirt. Von innen. Nicht schön, aber nützlich. Die all-seits beliebten Marienkäfer, diese so drollig rot gefärbten und schwarz gepunkteten Schätzchen, denen wir – anders als Fliegen und Mücken – nie mit einem schnellen Handstreich den Garaus machen würden, sind mitleidlose Killer. Die Käfer und ihre Larven fressen Blattläuse *(Aphidoidea)*, Rapsglanzkäfer *(Brassicogethes aeneus)*, Gewächshausmottenschildläuse *(Trialeurodes vaporariorum)* und andere Weiße Fliegen und noch viel mehr. Im Schnitt stehen jeden Tag 50 Blattläuse auf der Speisekarte eines Marienkäfers. Sie sind daher überaus nützliche und gern gesehene Gartenhelfer. (Auf 500 Blattläuse insgesamt bringt es immerhin auch eine Florfliegenlarve während ihres zwei- bis dreiwöchigen Lebens.)

Die Schädlinge unter den Insekten haben ihren Namen vollauf verdient. Blaue und Rothalsige Getreidehähnchen *(Oulema lichenis, Oulema melanopus)* sind Nimmersatte. Eine einzelne Larve des Käfers kann bis zu 10 Prozent des Fahnenblattes einer befallenen Pflanze – sie bevorzugen Weizen und Hafer – wegfuttern. Das ist noch gar nichts gegen den Appetit des Kartoffelkäfers *(Leptinotarsa decemlineata),* der sich nicht nur am namensgebenden Erdapfel austobt, sondern auch gern Paprika-, Tabak- und Tomatenpflanzen vertilgt. Seine Gefräßigkeit kann zum Ausfall von 50 Prozent einer örtlichen Ernte führen. Wie gut, dass es die natürlichen Konkurrenten gibt, unter anderem Marienkäfer.

Ein unerbittlicher Verteidiger von Obstgärten von Asien bis Australien ist beispielsweise die Asiatische Weberameise *(Oecophylla smaragdina).* Sie lebt auf Obstbäumen und in Mangroven. Auf ihrer Speisekarte stehen ausschließlich Läuse, sie verteidigt ihren Lebensraum bissig und mit Säureattacken gegen alle Arten von pflanzenfressenden Insekten. Wo immer Weberameisen sich niederlassen, profitieren Früchte außerordentlich, weil kaum ein Schädling an sie herankommt. Ein Feldversuch mit der gezielten Ansiedlung der wehrhaften Obstwächter in der australischen Mangozucht ergab, dass sie sich nach einem Jahr bereits mehr bezahlt machten als Pflanzenschutzmittel.

Schauen wir der Wahrheit ins Auge: Insekten fressen nicht nur Insekten, sie fressen auch uns Menschen. In der Kriminalistik gibt es einen ziemlich abstoßend klingenden Begriff dafür – »Leichenbesiedlung durch Insekten«. Dieser Umstand ist extrem hilfreich. Wenn wir verblichen sind, setzt dieser Prozess unweigerlich ein, solange er nicht aufgehalten wird. Schmeißfliegen *(Calliphoridae)*, Fleischfliegen *(Sarcophagidae)*, Echte Fliegen *(Muscidae)*, Buckelfliegen *(Phoridae)*, Käsefliegen *(Piophilidae)*, Aaskäfer (*Silphidae*), Kurzflügler *(Staphylinidae)* und Speckkäfer *(Dermestidae)* können eine Leiche auf Hunderte von Metern riechen. Teilweise tun sie sich als Aasfresser an ihr gütlich. In Europa kennen wir den Ufer-Totengräber *(Necrodes littoralis)* als einzigen Vertreter der Familie der Aaskäfer. Schon sein Name lässt einen Schauer über den Rücken jagen.

Andere Insekten legen in unseren sterblichen Überresten, vor allem in Wunden und Körperöffnungen, ihre Eier ab. Die Larven ernähren sich dann von der Leiche. Ja, das möchte man nicht wissen, gibt aber interessante Anhaltspunkte für die Ermittlung, die uns kaum ein Sonntags-*Tatort* zeigt – zu eklig. Dennoch liefert die forensische Entomologie Ermittlern und

Rechtsmedizinern nicht nur Hinweise auf den Todeszeitpunkt eines eventuellen Verbrechensopfers, sondern auch auf die Liegezeit der Leiche am Fundort und ob dieser mit dem Tatort identisch ist.

Den Zusammenhang von Tod bzw. Verwesungsprozessen und Insekten hat man schon vor Jahrhunderten erkannt; heute ist das ein gesonderter Wissenschaftszweig. Aber auch über die Leiche hinaus bringen Insekten Einsichten bei Kriminalfällen, etwa ihr Vorkommen in Gebäuden oder auf Lebensmitteln. Insekten können sogar Giftmischer als Täter überführen. Sie nehmen Spuren von Drogen und anderen Toxinen in sich auf, während sie die Leiche zersetzen. Volltreffer ist ein mit Blut vollgesogenes Mückenweibchen vom Tatort: Eine DNS-Analyse seines Mahls lässt Rückschlüsse auf vor Ort anwesende Personen zu.

All das wäre ohne Insekten nicht möglich.

Großer Wertschätzung erfreut sich die Fruchtfliege *(Drosophila melanogaster)* bei Forschern aller Art. Wegen ihrer unaufwendigen Haltung und schnellen Generationenfolge ist sie ein beliebtes Versuchstier und wahrscheinlich das besterforschte Insekt der Welt. Auch wenn die Fruchtfliege und der Mensch auf den ersten Blick nicht viel gemein haben, kommen rund 60 Prozent ihrer Gene bei uns Menschen in ähnlicher Form vor. Ein Drittel der Gene, die als Ursache einer Erkrankung beim Menschen bekannt sind, hat auch die Fruchtfliege. Da liegt es nahe, dass sie vor allem in der medizinischen Forschung von großem Interesse ist.

Doch viele Potenziale anderer Insekten sind noch nicht erforscht und könnten der Menschheit für immer verborgen bleiben, wenn eine Art verschwindet. Die Chemie von Insekten etwa hält eine Fülle Substanzen bereit, die wir für unsere Gesundheit nutzen können. Schaben und Heuschrecken produzieren äußerst wirkungsvolle Antibiotika, um sich gegen Krankheitserreger zur Wehr zu setzen. Moleküle im Gehirn der Insekten, die für viele Mikroben tödlich sind, könnten künftig als Grundlage für neue Therapien gegen eine Vielzahl von krankheitserregenden Keimen dienen und eine nebenwirkungsfreie Alternative zu Antibiotika liefern.

Schon lange haben Insekten medizinische Wirkung entfaltet, wenn auch manchmal nur durch Einbildungskraft. Rosenkäfer der Gattung *Potasia* galten mal als wirksames Mittel gegen Tollwut; das Verschlucken von Raupen wurde als Mittel gegen Mandelentzündung gepriesen. Handfestere und nachprüfbare Vorteile haben Ameisen als chirurgische Klammern. Weberameisen *(Oecophylla)* haben kräftige Kiefer. Setzt man sie an Wundränder an, auch heute noch, beißen sie zu. Danach dreht man ihren Körper ab und arretiert so die Wundklammer, eine bewährte Methode der Volksmedizin in tropischen Ländern. Maden von Schmeißfliegen, so stellte sich auf Schlachtfeldern heraus, fördern die Wundheilung, weil sie unter anderem Ammoniak abgeben. Noch im Ersten Weltkrieg setzten Ärzte sie gezielt gegen Gasbrand und Knochenmarkentzündung ein. Sulfonamide und Penicillin machten dem ein Ende, aber seit Kurzem erlebt die Madentherapie gegen Wundinfektionen ein Comeback.

Insekten mögen mitunter hässlich aussehen. Dafür machen sie die Welt indirekt bunter: Blumen begeistern uns nur deshalb mit ihrer Farbenpracht, weil sie damit Insekten anlocken. Diese nehmen bunte Muster wahr, welche wir Menschen oft gar nicht sehen können. Farbige Markierungen weisen Hummeln und Bienen den Weg zum Nektar. Blumen duften auch nur deshalb, weil ihre sogenannten Saftmale Insekten interessieren sollen.

Der größte Nutzen für uns Menschen und gleichzeitig das größte Wunder, das Insekten leisten, ist die Bestäubung. Dabei werden Pollen zwischen den weiblichen und männlichen Teilen von Blüten übertragen. Nur wenige Pflanzen sind in der Lage, sich ohne fremde Hilfe zu vermehren. Und sogar Selbstbestäuber profitieren davon, wenn Insekten sich auf ihnen niederlassen, weil ihr Einsatz dafür sorgt, dass Pollen besser verteilt werden und somit mehr Wirkung erzielen. Um den Milliardenwert der Insekten für die Weltwirtschaft und die globale Ernährung zu verdeutlichen, möchte ich nochmals die Zahlen wiederholen, die ich schon am Anfang des Buches genannt habe: Rund um den Erdball bestäuben Insekten fast 90 Prozent aller Blüten- und 75 Prozent aller wichtigen Nutzpflanzen. Diese drei Viertel stehen für rund ein Drittel der Produktion unserer Nahrungsmittel. Und nicht nur die Lebensmittelproduktion hängt von dieser Leistung ab, sondern auch die Herstellung von Fasern, Medikamenten, Biokraftstoffen und Baumaterialien.

Insekten brauchen uns Menschen nicht, aber wir brauchen Insekten!

Das Potenzial von Insekten als Nahrungslieferant ist bei uns gesellschaftlich noch kein großes Thema, es rückt aber zunehmend in den Fokus – wenigstens theoretisch. Die Larven des Mehlkäfers *(Tenebrio molitor)*, die wegen ihres gestreckten Aussehens »Mehlwürmer« genannt werden, enthalten wertvolles Protein und etwa so viele ungesättigte Fettsäuren wie Fisch. Sie weisen außerdem wichtige Nährstoffe auf, zum Beispiel Eisen, Magnesium und Zink. Zugleich belasten sie die Umwelt weniger als jedes Schwein oder Rind. Die Produktion eines Kilos Rindfleisch verbraucht acht Mal so viele Rohstoffe wie die derselben Menge an Insekten. Auch ist der Platzbedarf viel geringer, und es entstehen weniger Treibhausgase. Nicht zuletzt löst die moderne Insektenzucht weniger moralische Bedenken aus als die Massenhaltung von Wirbeltieren. Ein Mehlwurm oder eine Heuschrecke empfinden wir als »hässlich«, sie schauen nicht traurig in die Kamera und werden auch nicht unter unwürdigen Umständen von China nach Europa (oder umgekehrt) transportiert.

Es bleibt die Frage: Wer möchte Tiere essen, vor denen man sich ekelt? Dabei wäre es vernünftig, Mehlwürmer auf den Speiseplan der westlichen Welt zu setzen. Sie geben gemahlen einen prima Mehlzusatz für Maistortillas ab, erinnern geröstet im Geschmack an Pinienkerne. In anderen Kulturkreisen hat man schon seit Jahrtausenden keine Probleme damit, sich von den etwa 2000 essbaren Insektenarten zu ernähren, die bekannt sind. Aber wir in der westlichen Welt finden frittierte Heuschrecken auf dem Teller unappetitlich, obwohl sie geschmacklich Shrimps ähneln. Warum?

Wussten Sie, dass über 600 Käferarten essbar sind, etwa halb so viele Varianten von Raupen, Ameisen, Bienen und Wespen sowie auch etliche Motten, Fliegen und Schaben? Alles eine Frage der Gewöhnung. In Europa haben wir uns entwicklungsgeschichtlich früh angewöhnt, Fleisch zu essen. Nach der Eiszeit waren Insekten rar, aber es ließ sich Nutzvieh halten. Anders in den wärmeren Landstrichen der Erde: Dort gab es Insekten in Hülle und Fülle, sie waren die am einfachsten zugängliche Proteinquelle. Etwa zwei Milliarden Menschen weltweit haben nach wie vor regelmäßig kleine Krabbeltiere auf der Speisekarte. Die Bibel gestattet den Verzehr von Heuschrecken, sie dürften als koscher durchgehen.

Hierzulande findet langsam ein Umdenken statt; Fleisch ist vor allem bei der jüngeren Generation zunehmend verpönt, aus vielerlei Gründen. Doch auch wenn Insektenzubereitungen, wie Burger aus Buffalowürmern, hier und da in den Supermarktregalen auftauchen, dürften Insekten als Nahrungsalternative für nicht ganz »eingefleischte« Vegetarier und Veganer noch lange auf ein Akzeptanzproblem stoßen. Aussichtsreicher erscheint der Umstieg auf höhere Anteile von Larven im Tierfutter, um die Abhängigkeit von Soja zu vermindern. Der deutsche Staat unterstützt dankenswerterweise Forschungsprojekte, die den menschlichen Verzehr von Insektenmehl fördern sollen.

Falls Sie doch Appetit bekommen haben: Bitte pflücken Sie nicht den nächstbesten Käfer von der Wiese. Das könnte verboten sein, aber vor allem: Er könnte Keime oder Parasiten enthalten. Für einen Insektenschmaus sollten Sie sich den Produkten von professionellen Herstellern anvertrauen, die hygienische Auflagen einhalten. Die EU bemüht sich zunehmend darum, einheitliche Anforderungen an die Qualität von Proteinriegeln mit vermahlenen Grillen, Würmernudeln und dergleichen vorzugeben.

Sie müssen jetzt kein Imker werden, Fruchtfliegen züchten oder einen Mehlwurm-Snack zu sich nehmen. Aber es wäre schon viel geholfen, wenn Sie Insekten auch im Alltag im Bewusstsein begegnen, wie unersetzlich und nützlich sie für uns Menschen sind. Ich weiß, die allermeisten Kreaturen der Klasse Insekten – Spinnen sind übrigens keine! – stoßen uns optisch ab, eine Menge treibt tatsächlich schlimme Dinge, auch tödliche. Man denke vor allem an die Malariamücken, an Tsetsefliegen, Raubwanzen und die im Sommer verhassten Wespen. Insekten stechen, beißen, sprühen Gift aus, vernichten ganze Ernten. Kein Wunder, dass in TV-Sendungen mit hohem Ekelfaktor – siehe »Dschungelcamp« – Kakerlaken zum Standardrepertoire gehören.

Es gibt aber auch Insektenarten – sehr wenige –, die haben es geschafft, bei den Menschen als Sympathieträger durchzugehen: Schmetterlinge, Marienkäfer und die allgegenwärtigen Bienen einschließlich der Hummeln. Das war's dann auch schon. Als zahlreiche Bienenvölker durch die Varroamilbe zugrunde gingen, nahm die Welt daran bedrückt Anteil. Die Nachricht, alle Mücken seien ausgestorben, würde dagegen von vielen Leuten bejubelt. Hoffentlich erreicht sie uns nie.

Insekten und Menschen verbindet eine lange, ambivalente Beziehung. Fliegen galten schon immer als Sinnbild der Sünde und Vernichtung.»In der Not frisst der Teufel Fliegen«, weiß der Volksmund. Als Höllenbrut begegnen uns Kerbtiere in Goethes *Faust*. Als mörderische Wesen in endzeitlicher Dauerfehde mit den Menschen präsentierte Regisseur Paul Verhoeven im Film *Starship Troopers* Insekten mit viel Blut und Splatter-Effekten – dabei ist er eigentlich eine bittere Parabel auf Faschismus und Kriegstreiberei aus der Feder von Sciencefiction-Altmeister Robert A. Heinlein. In den meisten Blockbustern mit insektenartigen Wesen haben sie das Abo auf die Bösewichte schlechthin.

Das war nicht immer so. Auch Hochachtung vor Insekten ist kulturhistorisch in verschiedenen Zivilisationen nachzuweisen. Am bekanntesten dürfte die mythologische Bedeutung des Skarabäus *(Scarabaeus sacer)* im alten Ägypten sein. Zwar handelt es sich hier nur um einen gewöhnlichen Mistkäfer oder Pillendreher, der Dungkugeln vor sich herrollt, in denen er seine Eier ablegt. Das aus der schmutzigen Pille entstehende neue Leben war den totenkultbegeisterten Ägyptern aber ein Sinnbild für den ewigen Kreislauf von Werden und Vergehen. Auch das Schimmern der Flügeldecken des Käfers mag dazu beigetragen haben, dass er mit der lebensspendenden Sonne gleichgesetzt wurde und zum verehrten Glücksbringer avancierte.

Schmetterlinge werden seit Jahrtausenden rundum positiv wahrgenommen. Sie stehen für Frühling und Frühlingserwachen, für Lebensfreude und Schönheit, aber auch für eine faszinierende Transformation von einer unscheinbaren, gar hässlichen Raupe zum farbenfrohen, wunderbar zarten Falter. Letzteres verschaffte ihnen einen festen Platz im Christentum.

Ihr Abbild dient als österliches Zeichen, als Symbol der Hoffnung und der Auferstehung.

Respektvolle Erwähnung findet auch die Ameise als Vorbild nimmermüden Fleißes schon in der Bibel. In der Fabel *Grille und Ameise* kommt sie bei Äsop und La Fontaine ähnlich gut weg, die Grille hingegen dient als abschreckendes Beispiel für sorgloses Nichtstun und Musizieren. Was wäre schließlich ein barockes Stillleben ohne Schmetterlinge, Käfer, Fliegen und andere Insekten? Sie tummeln sich auf Gemälden des 17. und 18. Jahrhunderts in Hülle und Fülle, vor allem auf Motiven mit Obstschalen und Blumengedecken. Schmetterlinge stehen hier für die Metamorphose und die Seele des Menschen, Käfer und Fliegen für die Sünde und das Böse. Vanitas-Bilder sollten an die Vergänglichkeit des Lebens erinnern, daran, dass unser Dasein auf Erden ganz schnell vorbei sein kann – samt Luxus und anderen irdischen Genüssen.

Heute stehen viele Insektenarten auf ganz andere Weise dafür, wie vergänglich Leben sein kann. Vom Schwarzblauen Ölkäfer *(Meloe proscarabaeus)* haben Sie bestimmt schon gehört. Nein? Dabei war er zum »Insekt des Jahres 2020« gekürt worden. Seit 1999 wird dieser Titel vergeben an ein Tier der artenreichsten Klasse, das unter anderem wegen besonderer Wichtigkeit für das Ökosystem, aufgrund großer Seltenheit, aus ästhetischen Gründen oder auch wegen seines positiven Images eine größere Berühmtheit genießen sollte. Eine Schönheit ist die Käferart zwar nicht, dafür aber seit 4000 Jahren bekannt für ihre Fähigkeiten. Ihrem Gift wurde heilende Kraft bescheinigt. Ein im Jahr 1550 vor Christi Geburt angefertigter

Papyrus aus Ägypten beschreibt ein Pflaster auf Basis des Insekts als Geburtshelfer: Es sollte Wehen erzeugen. Damit es zuvor mit der Schwangerschaft klappte, musste das Krabbeltier zugleich als Bestandteil eines süßen »Liebestranks« herhalten. Doch Leben und Tod liegen bekanntlich nah beieinander. Statt neues Leben zu stiften, endete das des Mannes, wenn er das vermeintliche Potenzmittel zu sich nahm. Das Gift eines einzigen Schwarzblauen Ölkäfers reicht, einen Erwachsenen unter die Erde zu bringen. Obendrein ist der Käfer clever. Seine Larven lassen sich auf Blüten nieder und dann von Wildbienen in deren Nester mitnehmen. Dort ernähren sie sich von Bieneneiern und vom Pollenvorrat. Der Mensch sorgte dafür, dass dieses seit Jahrtausenden bekannte Insekt auf die Liste der bedrohten Arten wanderte.

Kapitel 4

INSEKTEN ALS DREH- UND ANGELPUNKT IM ÖKOSYSTEM

4.1. BESTÄUBUNG IST LEBEN

Tao geht ihrer Arbeit in den Bäumen nach, mit einem Plastik-
gefäß voller Pollen und einem Pinsel aus Hühnerfedern in der
Hand, jeden Tag zwölf Stunden lang. In dem Bestseller-Roman
Die Geschichte der Bienen der Norwegerin Maja Lunde gehört die
junge Mutter Tao zu Heerscharen chinesischer Arbeitskräfte,
die im Jahr 2098 als Bestäuber dafür sorgen, dass die nächste
Ernte erfolgen kann: »Die Bienen waren bereits in den 1980er-
Jahren verschwunden, lange vor dem Kollaps. Die Pflanzenschutzmittel waren schuld gewesen, und wenige Jahre später,
als die Pestizide nicht mehr verwendet wurden, kehrten die Bienen zurück, doch zu diesem Zeitpunkt hatte man bereits mit
der Handbestäubung begonnen. So erzielte man bessere Ergebnisse, auch wenn für diese Arbeit unglaublich viele Menschen benötigt wurden, viele, viele Hände.«

Lundes Roman ist keine reine Sciencefiction, Teile des
Werks spielen in den Jahren 1852 und 2007. Aber auch was die
Autorin logisch weiterdenkt, gibt es in China bereits. Tatsächlich
bestäuben dort Menschen Obstbäume per Hand. In einigen Teilen dieses Landes mit mehr als 1,3 Milliarden Menschen gibt es

keine Bienen mehr. Das haben die Chinesen ihrem Revolutionsführer Mao Zedong zu verdanken. Er betätigte sich nicht nur als Massenmörder an der eigenen Bevölkerung, sondern ordnete auch an, die einheimische Fauna aktiv zu dezimieren. Spatzen hatten als vermeintliche Schädlinge für die Getreideernte sein Missfallen erregt und waren auszurotten. 1958 wurde dazu eine irrsinnige Kampagne gestartet: Alle Untertanen im Reich der Mitte waren aufgerufen, Spatzen zu erlegen beziehungsweise ihnen keine Ruhe mehr zu gönnen, sie ständig aufzuscheuchen, bis sie erschöpft verendeten. Dem Wahnsinn fielen Hunderttausende, wahrscheinlich Millionen Spatzen zum Opfer. Filmaufnahmen und Fotos zeigen Lastwagen, randvoll mit Kadavern dieses einstigen Allerweltsvogels.

Die große Weisheit des Großen Vorsitzenden zeitigte durchschlagenden Erfolg. In Sichuan, Chinas wichtigstem Obstanbaugebiet, gab es bald nicht nur keine Spatzen mehr – es verschwanden auch die Bienen. Und das ging so: Da die Spatzen nunmehr als Insektenvertilger ausfielen, vermehrten sich diese rasant. Die Ernte – vor allem des Getreides –, die vor den Vögeln geschützt werden sollte, fiel jetzt gefräßigen Insekten zum Opfer. Das wiederum zog den ungehemmten Einsatz von Insektiziden nach sich, was am Ende auch die Bienen das Leben kostete. In Sichuan wurde teilweise Realität, was Lunde in ihrem Werk aus ihrer Sicht konsequent bis zum bitteren Ende weitergesponnen hat.

Handbestäubung in der Apfel-, Kürbis-, Kirsch- und Kiwiproduktion gibt es mittlerweile nicht nur in China, sie ist auch in vielen anderen Ländern wie Pakistan, Japan, Argentinien,

Chile, Neuseeland und Italien gängige Praxis. Zumindest im Freiland ist dies ein sehr aufwendiger Ersatz für die natürliche Sicherung der Pflanzenvermehrung durch Insekten, es rentiert sich, wenn überhaupt, nur bei geringen Löhnen. Dazu kommt, dass Menschen, die zunächst Pollen aus Blüten gewinnen und sie dann in einem weiteren Schritt verteilen, eine weit geringere Bestäubungsleistung erzielen als Bienen, ein Aspekt, der bei Lundes Zukunftsszenario außen vor gelassen wird.

Der Totalausfall der Insektenbestäuber ist selbstredend nur ein Gedankenspiel. Bei keiner der Insektengruppen ist dies wirklich zu erwarten, die Dinge sind in der Realität wesentlich komplexer – ein Bild, das zu vermitteln auch ein zentrales Ziel des vorliegenden Buches ist.

Aufgrund des Rückgangs an Insektenvorkommen gibt es immer mal wieder die Idee, Roboter bei der Bestäubung einzusetzen. US-Forscher entwickelten dazu 2 Zentimeter kleine Robo-Bees. Die mussten sie allerdings an die Leine nehmen: Die Stromversorgung lief über ein Kabel, weil hinreichend leistungsfähige Zwergbatterien derzeit nicht in Sicht sind (wir tun uns ja mit denen für Elektroautos schon – im wahrsten Sinne des Wortes – schwer genug). Auch mit Quadrocoptern experimentierte man, jedoch dürfte deren Einsatz auf japanische Lilien beschränkt bleiben – nur ihre Blüten sind groß und stabil genug für einen Drohnenanflug. Bisher haben sich alle Versuche in diese Richtung als zu unwirtschaftlich für großflächige Verwendung erwiesen.

Ich bezweifle, dass es jemals gelingen wird, vollwertigen technischen Ersatz für die Leistung von Insekten zu schaffen.

Stand heute muss man sagen: Die Bestäubungsökologie der verschiedenen Pflanzenarten ist zu unterschiedlich. Es wird nicht möglich sein, eine für alle Pflanzenarten geeignete Roboterbiene zu bauen. Künstliche Intelligenz reicht einfach nicht an die Komplexität der Natur und die in Jahrmillionen ausgebildete »Kompetenz« der Insekten heran.

Doch die Tüftler lassen nicht locker. Noch setzt man in Plastiktunneln Erdhummeln bei der Vibrationsbestäubung ein, deren Flügelschlag Blüten erzittern lässt. Roboterbienen scheinen hier neben Ventilatoren durchaus eine Alternative zu sein.

In Gewächshäusern kommt Handbestäubung durchaus vor, etwa bei der Tomatenzucht. In der freien Natur bräuchte man aber sehr viele Menschen, um den Job von Biene und Hummel zu ersetzen. Nun könnte man zynisch sagen, das Riesenvolk der Chinesen habe ja jede Menge fleißige Hände zur Verfügung. Wozu diese Einstellung führen kann, hält Lunde uns in ihrem Buch drastisch vor Augen – doch nicht vergessen, das ist ein Roman!

Im Übrigen ist China keineswegs vollständig bienenfrei. Die Zahl der chinesischen Bienenvölker geht in die Millionen, aber mit intakter Natur hat das nicht viel zu tun. Wie in den USA legen mobile Imker dort oft viele Tausend Kilometer zurück, um die Bestäubungsleistung ihrer Bienenvölker landwirtschaftlichen Großbetrieben zur Verfügung zu stellen. Wie schnell dieses Business zum Erliegen kommen kann, zeigte die Corona-Pandemie. Wegen Beschränkungen der Bewegungs- und Reisefreiheit war es nicht oder nur schwer möglich, die Bienen zu ihrem Einsatzort zu bringen. Erst China und dann die USA hatten schwer darunter zu leiden. Imker mussten sich einer zeitraubenden Selbstquarantäne unterwerfen, wenn sie ihren Standort wechselten.

Corona-bedingte Bestäubungsausfälle und -verzögerungen in den USA und China hatten ihren Preis. Die Volksrepublik China ist der weltweit größte Honiglieferant; eine halbe Million Tonnen, das entspricht etwa einem Viertel der globalen Gesamtproduktion, wird hier geschleudert. Rund eine Viertelmillion Imker sind normalerweise landesweit unterwegs, um ihre Schützlinge an deren Einsatzorte zu bringen.

Auch Europas größtes zusammenhängendes Obstanbaugebiet, das Alte Land südwestlich von Hamburg, zieht im Frühjahr Imker von weit her an. Viele deutsche Imker mussten 2020 mit ihren Völkern länger in ihren italienischen Winterquartieren ausharren. Insgesamt waren die Einschränkungen für die Honigherstellung durch Corona in Europa aber weniger gravierend.

Was die Natur der Menschheit Jahr für Jahr und ohne jede Gegenleistung schenkt, ist gigantisch. Manchmal frage ich mich, ob wir Erdbewohner das überhaupt verdient haben. So, wie wir mit dem Blauen Planeten umgehen, kommen mir da bisweilen Zweifel. Aber lesen und staunen Sie selbst: Die Bestäubungsleistung der amerikanischen Honigbienen entspricht einem Gegenwert von rund 15 Milliarden Dollar pro Jahr, eine nicht zu unterschätzende Teilmenge der vermutlich mehr als 150 Milliarden Dollar, die die weltweite Bestäubung an wirtschaftlichem Nutzen nach unseren eigenen Berechnungen bringt. Auch wenn Berechnungsmethoden und deren Ergebnisse sehr unterschiedlich ausfallen, die Dimensionen sind auf jeden Fall gewaltig. Die Mandelplantagen im kalifornischen Central Valley zum Beispiel umfassen mehr als 50 Millionen Bäume. 1,5 Millionen Bienenvölker kommen dort zur Bestäubung zum Einsatz. Für Deutschland gehen Schätzungen davon aus, dass ein kompletter Ausfall der Insektenbestäubung ökonomische Verluste in der Landwirtschaft in Höhe von über 1 Milliarde Euro pro Jahr nach sich ziehen würde.

WARUM EINSTEIN RECHT GEHABT HABEN KÖNNTE

Was ist eigentlich Bestäubung? Es handelt sich dabei um den Transport von Blütenpollen zwischen den männlichen und weiblichen Pflanzenteilen. Er ist unverzichtbar für Befruchtung und Vermehrung von Pflanzen. Der Vorgang ist ziemlich simpel – und zugleich hilft er, die Welt am Laufen zu halten.

Was Insekten für einen Aufwand betreiben, um den Menschen den Gefallen zu tun, vieles in der Natur zum Gedeihen zu bringen, erläutere ich – Sie ahnen es vielleicht schon – anhand der Honigbiene. Eine einzige Biene besucht pro Flug in die Umgebung rund 100 Blüten. Abhängig vom Wetter schafft sie zwischen 10 und 40 Arbeitsrunden am Tag: macht 1000 bis 4000 Blüten. Ein Bienenstock mit 20.000 Exemplaren bestäubt Tag für Tag zwischen 20 und 80 Millionen Blüten. Und das geht so: Mit ihrem Rüssel saugen Bienen Nektar aus einer Blüte und speichern ihn in ihrem kleinen Körper. Die stark eiweißhaltige Substanz dient zur Aufzucht des Nachwuchses. Pollen nimmt die Biene – wenn man es so will – im Vorbeifliegen oder »Vorbeigehen« mit. Sie bleiben an den Härchen der Biene haften. Nimmt sie auf dem nächsten Exemplar derselben Pflanzenart Platz, überträgt sie einen kleinen Teil der Pollen auf dessen Narbe, den oberen Abschnitt des Stempels des Fruchtblattes einer Blüte. Im Anschluss kommt es zur Vereinigung des männlichen Pollenkorns mit der weiblichen Eizelle. Als Ergebnis reifen in der Blüte Samenkörner heran, die den Fortbestand der Pflanze sichern.

Da wundert es Sie sicher nicht, dass die Honigbiene das drittwichtigste Nutztier der Erde ist. Die in unseren Breiten lebende Spezies mit dem lateinischen Namen *Apis mellifera* ist bei der Bestäubung von vier Fünfteln der heimischen Wild- und Nutzpflanzen beteiligt, wobei ihr Bestäubungsbeitrag bei den meisten Pflanzen nicht über 50 Prozent liegt und oft sogar wesentlich geringer ist. Dies belegt die Wichtigkeit all der anderen fliegenden Insekten, allen voran der Wildbienen, zu denen auch die Hummeln gehören, bei der Bestäubung und damit bei der Verbreitung der Pflanzen. Auch können Honigbienen nicht alle Pflanzen bestäuben. Mal sind die Blüten zu klein, sodass sich die summenden Tiere nicht auf ihr niederlassen können, mal ist ihr Rüssel zu kurz, um an den Nektar zu kommen.

An die 10 Prozent der globalen Nahrungsmittelproduktion gehen auf Insektenbestäubung zurück. Aus Pflanzen, die auf Bestäubung durch Hummel, Biene & Co. angewiesen sind, werden heute drei Mal so viele Lebensmittel hergestellt wie noch vor fünfzig Jahren. Seit der Anbau von Energiepflanzen wie Raps und Sonnenblumen boomt und der Bedarf an Nahrungsmitteln als Folge der wachsenden Bevölkerung generell wächst, ist ihre Leistung gefragter denn je. Der Mensch ist auf fünf Mal mehr Bestäuber angewiesen als noch vor einem Jahrzehnt. Reicht es Ihnen mit beeindruckenden Zahlen? Ein paar habe ich noch parat. Weltweit sind etwa drei Viertel unserer Kulturpflanzen von Bestäubung abhängig (für Deutschland nehmen wir einen Wert von 80 Prozent an). Neben vielen Obst- und Gemüsesorten betrifft das auch Raps, Soja, Sonnenblumen; Kakao, Kaffee und andere Genussmittel; Baumwolle. Wild blühende Pflanzenarten hängen zu nahezu 90 Prozent vom Pollentransport durch Bestäuber ab. Melonen, Kakao oder Kiwis werden zu fast 100 Prozent von Tieren bestäubt, Äpfel, Birnen, Kirschen, Pflaumen, Gurken und Heidelbeeren zu weit mehr als 50 Prozent und Raps, Soja und Erdbeeren zu etwa 5 Prozent. Lediglich Getreide, Mais, Reis, Zucker oder Kartoffeln kommen ohne sie aus, ihre Vermehrung beruht auf Selbst- oder Windbestäubung. Ohne Insektenbestäubung wäre nach Übersichten des Weltbiodiversitätsrats ein Verlust der Kirschernte von 40 Prozent zu befürchten, bei Mandeln von mehr als 90 Prozent. Einige Gemüsesorten wie Gurken oder Kürbisse würde es sogar kaum noch geben. Dies sind Gedankenszenarien – im Detail letztlich ähnlich unrealistisch wie Lundes Roman –, die aber aufzeigen, welch zentrale Rolle die Bestäubung für uns Menschen hat.

Wer sich also nicht nur noch von Reis, Mais, Getreide und Kartoffeln ernähren will, braucht die Bienen und nicht nur sie, sondern auch alle anderen bestäubenden Insekten sowie weitere Tiere wie Vögel, etliche Säuger und Echsen, an die wir nicht so häufig denken. Als Kronzeuge für diese schicksalhafte

Verknüpfung wird gern der geniale Albert Einstein zitiert. Er soll gesagt haben: »Wenn die Biene einmal von der Erde verschwindet, hat der Mensch nur noch vier Jahre zu leben. Keine Bienen mehr, keine Bestäubung mehr, keine Pflanzen mehr, keine Tiere mehr, keine Menschen mehr.«

Die Authentizität dieser Aussage sei einmal dahingestellt (es gibt sie in verschiedenen Versionen), ihr Wahrheitsgehalt in weiten Teilen nicht. Einstein war zugegebenermaßen Physiker und kein Imker. Aber er war beneidenswert klug. Und er hatte sich in Berlin-Spandau in seinem kleinen Schrebergarten an der Scharfen Lanke, einer Havelbucht, ein Paradies geschaffen, in dem er das emsige Treiben der Bienen oft genug beobachtet haben dürfte. Welche Gedanken er sich dabei machte, darüber können wir nur spekulieren, jedoch ist von Einstein bekannt, dass er ein großer Bewunderer der Gesetzmäßigkeit der Schöpfung war – »Gott würfelt nicht!«, dieses Zitat ist verbürgt – und ein stark ausgeprägtes Gewissen hatte. »Eine neue Art von Denken ist notwendig, wenn die Menschheit weiterleben will.« Wer wollte dem insbesondere heute widersprechen?!

ÖKODIENSTLEISTER OHNE LOHN

Ob Einstein die ihm zugeschriebene Äußerung so gesagt hat oder nicht, sie ist – abgesehen von der grundsätzlichen Annahme des totalen Verschwindens – auf jeden Fall in einer Hinsicht falsch: Es geht nicht nur um Honigbienen. In Amerika gab es sie nicht, bis die spanischen Eroberer sie mitbrachten. Landwirtschaft war trotzdem möglich, weil eine Fülle anderer Insekten schon immer nützliche Bestäuber waren. Blütenbestäubende

Insekten haben definitiv eine Schlüsselfunktion in Landöko-
systemen und einem guten Mix aus menschlichem Anbau und
purer Natur. Sie sind eben nicht nur unverzichtbar für die Ernte
von Nutzpflanzen, sondern auch – und das ganz besonders –
für den Erhalt der Wildpflanzenvielfalt.

Wie Lundes *Geschichte der Bienen* endet, will ich hier nicht ver-
raten. Den Roman lege ich Ihnen gerne ans Herz. Mir scheint
ziemlich klar, dass nicht nur die Geschichte der Bienen einen
üblen Ausgang zu nehmen droht. Bleiben wir allein bei der Bestäubungsleistung, so bedeutet eine Welt ohne Insekten zwar
nicht den sofortigen Hungertod der Menschheit. Auf Kartoffeln, Reis, Mais und Getreide habe ich bereits als jene Pflanzen
verwiesen, die nicht von Bestäubung abhängig sind. Auch einige Obstsorten bilden Früchte, ohne dass Insekten mitmischen.
Daran könnte man genetisch weiter schrauben. Doch kommen
dabei Früchte mit weniger Aroma heraus, die kleiner sind, weniger wichtige Inhaltsstoffe enthalten und schneller verderben.
Unsere Welt würde deutlich geschmackloser, als unser Umgang
mit den natürlichen Lebensgrundlagen es ohnehin schon ist.

Ungesünder übrigens auch. Tierbestäubte Nutzpflanzen
liefern elementare Nährstoffe wie Vitamin A und C, Kal-
zium, Fluor und Leukopin. Global würde ein Totalverlust
der Insektenbestäubung potenziell einen starken Anstieg von
Vitamin-A-Mangel für schätzungsweise 71 Millionen Menschen und Folsäure-Mangel für ungefähr 173 Millionen Menschen verursachen, insbesondere in Afrika und im östlichen
Mittelmeerraum. Dies könnte zu fast anderthalb Millionen
Todesfällen durch Fehlernährung und nicht übertragbare

Krankheiten führen sowie Menschenleben bedeutend verkürzen. Denn geringerer Verzehr von Obst und Gemüse lässt die Wahrscheinlichkeit von Herzkrankheiten und Schlaganfällen steigen.

Bestäuber sichern nicht nur die Grundlage einer vielfältigen und gesunden Ernährung für uns Menschen. Sie spielen auch eine wichtige Rolle dafür, dass wir auf Grundstoffe zurückgreifen können, die wir für die Produktion von Medikamenten und Kosmetika, Biokraftstoffen, Fasern und Baumaterial brauchen. Ein enormes Potenzial geht verloren, wenn wir das Insektensterben nicht stoppen. Man möchte sich nicht ausmalen, dass die Vorstellungskraft der Norwegerin Maja Lunde von der Realität eingeholt würde; jedoch in diese Richtung zu denken, ermöglicht tiefe Einsichten.

4.2. VÖGEL VERSCHWINDEN, (AUCH) WEIL INSEKTEN VERSCHWINDEN

Sie können die Zukunft jetzt schon besichtigen, sogar verschiedene Zukünfte. Und zwar in Bad Lauchstädt bei Halle an der Saale. Das Deutsche Zentrum für integrative Biodiversitätsforschung (iDiv) Halle-Jena-Leipzig, bei dem ich Mitglied bin, und das Helmholtz-Zentrum für Umweltforschung (UFZ), an dem ich forsche, betreiben dort gemeinsam eine Versuchsstation, die zu den modernsten der Welt zählt. Sie besteht im Wesentlichen aus sogenannten Versuchskammern: 1,5 Meter breite, 3 Meter hohe und zur Hälfte mit Erde gefüllte Glaskästen, mit geheimnisvoll anmutenden Armaturenschränken darunter, die die Simulation unterschiedlicher Lebensbedingungen in den kleinen Biotopen über ihnen steuern.

Forschungsziel ist ein besseres Verständnis der Nahrungskette zwischen Pflanzen, Tieren, Mikroben und Böden unter kontrollierten Bedingungen. Die ganze Anordnung, auch als »Ecotron« bekannt, mutet ein wenig wie die Biomasse-Versorgungseinheit eines Zig-Generationen-Raumschiffs an, das sich auf jahrhundertelanger Fahrt durchs All befindet.

Doch in so ferne Zukunft schaut die Versuchsanordnung gar nicht. Seit Mai 2017 entwirft sie Szenarien, die auf unserem Heimatplaneten schon in einigen Jahren oder Jahrzehnten eintreten können. Für knapp 4 Millionen Euro sind in Schaukästen Parallelwelten entstanden, die mit der Kreation komplexer Kleinst-Ökosysteme relevanter sind als jedes reine Laborexperiment, das immer nur einige wenige Faktoren untersucht. Umgekehrt muss man allerdings zugeben, dass dafür die Aussagen mit größeren Unsicherheiten behaftet sind.

Forschungsobjekt ist das Ökosystem Wiese. Gezielt werden Arten entfernt oder hinzugefügt, um etwa zu untersuchen, wann ein Lebensraum kollabiert und welche Folgen des Artensterbens auffangbar sind. Eingeflossen sind die Erkenntnisse des Entomologischen Vereins Krefeld, ebenjenes Vereins, der 2017 für Aufsehen sorgte, als er Zahlen vorlegte, die einen Rückgang der Insektenbiomasse um 75 Prozent innerhalb von knapp dreißig Jahren belegten. Aber auch die Folgen des Klimawandels und Wetterextreme werden in die Versuchsanordnungen einbezogen.

Die Untersuchungen sind langwierig und gehen tief, bis in die Bodenqualität der künstlich geschaffenen Schneekugel-Lebenswelten. Die Eco-Einheiten reagieren auf jede Schraubendrehung, jede Licht-, Temperatur- und Niederschlagsvariation. So hightechmäßig das Ganze ist: Die Insektenbewohner der Glaskästen werden immer noch per Hand ausgezählt. Dabei darf es auch humorvoll zugehen: Die Glaskästen sind zum Beispiel nach der Comicfigur »Homer Simpson«, dem Star-Wars-Raumschiff »Millennium Falcon« oder der Videospiel-Figur »Super Mario« benannt.

Studienleiter Nico Eisenhauer erregte mit seinen vorläufigen Befunden Medieninteresse, weit über die Lokalpresse hinaus. Eine seiner wichtigsten Schlussfolgerungen: Nimmt die Zahl der Insekten allgemein ab, profitieren davon die Pflanzenschädlinge. Es stellen ihnen einfach nicht mehr genügend natürliche Feinde nach, die sich von ihnen ernähren. Um es mit einem alten Sprichwort zu sagen: Wenn die Katze aus dem Haus ist, tanzen die Mäuse auf dem Tisch.

Insekten sind Pflanzenfresser, Jäger oder Verwerter, die mitunter ganz nebenbei auch noch bestäuben. Die Räuber unter ihnen scheinen stark vom Insektensterben betroffen zu sein. Die Folgen sind verheerend, vor allem weil wir sie mit unseren (angeblichen) Pflanzenschutzmitteln gemeinsam mit den Schädlingen dezimieren. Die überlebenden Pflanzenfresser unter den Insekten nehmen sich dann der »geschützten« Pflanzen an, und zwar mit großem Appetit und wenig Feinden.

Dies und noch viel mehr zeigen die Glaskästen in Bad Lauchstädt, auch was in einem Biotop ganz ohne Insekten passiert. Da wächst sogar noch was, üppig wuchernder Rotklee zum Beispiel. Rotklee? Genau, in dem Sciencefiction-Roman *Krieg der Welten* von H. G. Wells, einem Klassiker des Genres, überziehen feindliche Marsianer bei einer Invasion unseren Heimatplaneten mit von ihnen eingeführter roter Vegetation, die sich rasant ausbreitet und die heimischen Pflanzen verdrängt. Marsianer gibt es bei uns nicht, die unsere Flora zerstören. Brauchen wir auch nicht, wir erledigen das selbst.

FRESSEN UND GEFRESSEN WERDEN

Fressen und gefressen werden, lautet das eherne Gesetz der Natur, ob es nun gefällt oder nicht. Insekten sind zentraler Bestandteil der Nahrungskette. Kleine Säugetiere und Amphibien sind auf sie angewiesen. Was nicht heißt, dass große Säugetiere sie verschmähen. In den Rocky Mountains spielt sich regelmäßig dieselbe Prozedur ab. Grizzlys erklimmen hohe Lagen über der Baumgrenze, um riesige Mengen an Nachtfaltern zu verspeisen: Ein Eulenfalter *(Euxoa auxiliaris)* kommt in den Rockies und den angrenzenden, trockenen Großen Ebenen häufig vor und tritt dort vor allem als Schädling in Agrarflächen auf.

Das Schauspiel kann Jahr für Jahr im Yellowstone-Nationalpark beobachtet werden. Im Hochsommer fliegen Millionen dieser Falter vom Flachland hinauf in die Berge, wohl um der heißen und trockenen Jahreszeit auszuweichen. Dort verstecken sie sich an Felshängen in dunklen Spalten oder unter Gesteinsbrocken. Schwarz- und Braunbären wie der Grizzly stehen auf diese Falter. Die beim Nationalpark angestellte

Forscherin Hillary Robison vergleicht das Phänomen mit der Lachsjagd der Bären. Die Wissenschaftlerin schätzt, dass bis zu 40.000 Nachtfalter pro Tag im Magen eines Bären landen können. Kaum vorstellbar: Ein einzelner Falter hat bis zu eine halbe Kalorie Nährwert. Ein Bär nimmt auf diese Weise an einem Tag also etwa 20.000 Kalorien zu sich. Auch Parkbesucher und Anwohner profitieren von der Mahlzeit in luftigen Höhen: Bären, die sich weit oben aufhalten, können weiter unten im Tal keinen Mist bauen.

Noch viel mehr als Grizzlys in den Rockies sind kleine Säugetiere und Amphibien in unseren Breitengraden auf Insekten als Nahrungsmittel angewiesen. Sie wiederum werden von größeren Tieren gefressen. Vor allem sind Insekten die Nahrungslieferanten für Vögel auf der ganzen Welt. Wo keine Insekten sind, können Singvögel keine Jungen aufziehen – Kerbtiere sind deren überlebenswichtige Proteinquelle, selbst wenn die ausgewachsenen Tiere später nur noch Körner, Früchte oder Nektar fressen. Singvögel fangen vor allem in der Brutzeit enorme Mengen an Raupen – häufig auch zum Nutzen von uns Menschen.

Ein Biologenteam unter Martin Nyffeler von der Universität Basel berechnete 2018, dass Vögel rund um die Welt 400 bis 500 Millionen Tonnen Insekten pro Jahr vertilgen – sofern sie welche finden, natürlich. Für 300 Millionen Tonnen zeichnen Waldvögel verantwortlich. Zum Vergleich: Die Biomasse allein der völkerbildenden Insekten wird global auf 700 Millionen Tonnen geschätzt, die insektenfressender Vögel dagegen auf nur 3 Millionen Tonnen. Eine Erklärung für ihren enormen Appetit ist die kräftezehrende Fortbewegungsart des Fliegens. Deshalb haben insektenfressende Vögel pro Jahr etwa den gleichen Energiebedarf wie die Metropole New York City.

Seit 1980 hat die Zahl der Feldvögel in der Europäischen Union um 56 Prozent abgenommen. Ornithologen gehen fest von einem Zusammenhang mit dem Insektenschwund aus. Regionale Langzeituntersuchungen lassen den Schluss jedenfalls zu. Binnen dreißig Jahren sank die Zahl der Vogelbrutpaare beispielsweise am Bodensee um ein Viertel, von rund 465.000 im Jahr 1982 auf noch 345.000 im Jahr 2012. Einst häufige Arten wie Haussperling (Spatz), Amsel oder Star waren besonders betroffen. Forscher vermuteten damals schon den Insektenrückgang als einen wesentlichen Grund für die alarmierenden Zahlen. Wir dürfen davon ausgehen, dass sie recht hatten.

Im April 2020 schreckte der deutsch-französische Fernsehsender Arte sein Publikum mit einer Dokumentation von Heiko De Groot über das weltweite Verschwinden der Vögel auf. Der Filmemacher porträtierte die 18-jährige Britin Mya-Rose Craig, die seit früher Jugend Vögel beobachtet und deren Ziel es ist, so viele Arten wie möglich zu sichten. Sie ist auf gutem Weg und bei rund 5400 von weltweit circa 10.000 Vogelarten angekommen. Aber sie könnte der letzten Menschengeneration angehören, der so etwas noch gelingt. Bei ihrem Vorhaben begegnet sie zahlreichen Profi- und Hobbyornithologen, darunter dem US-Erfolgsschriftsteller Jonathan Franzen, und sammelt deren alarmierende Stimmen.

Ein Zählprogramm des französischen Nationalmuseums für Naturgeschichte ergab, dass die Zahl der Feld- und Wiesenvögel in Frankreich seit 1990 um 38 Prozent sank. Britische Forscher gehen davon aus, dass es heutzutage in Großbritannien insgesamt mehr als 400 Millionen Vögel weniger gibt als 1990. In Nordamerika leben heute drei Milliarden Vögel weniger als vor fünfzig Jahren.

Der Mensch versucht, besonders bedrohte Arten zu schützen, teils mit ordentlichem Erfolg. Der Bestand von See- und Fischadlern hat sich im Norden Deutschlands verzehnfacht. Uhus und Wanderfalken haben sich erholt, künstliche Nistplätze den Wiedehopf gerettet. Dem Kranich wiederum nutzt der Klimawandel. In den vergangenen dreißig Jahren verzehnfachte sich die Zahl der in Deutschland gesichteten Exemplare, wie der Naturschutzbund NABU berechnete: Die Tiere finden in ihren Brutgebieten dadurch zunehmend geeignete Lebensbedingungen vor und verzichten deshalb auf den Flug ins Winterquartier.

Andere Vogelpopulationen hingegen »krachen zusammen«, wie manche Forscher es drastisch ausdrücken. Der Bestand von Arten, die im Wald oder siedlungsnah vorkommen, hat seit 1970 um etwa ein Drittel abgenommen. Vor allem Feldvögel sind dramatisch betroffen, ihre Bestände schrumpften um zwei Drittel. Ganz katastrophal sieht die Zahl etwa bei Feldlerchen oder Kiebitzen aus. Der Bestand der letztgenannten Art hat in Deutschland seit 1992 laut NABU um mindestens 88 Prozent abgenommen.

Im Januar 2019 meldeten Naturliebhaber bei der NABU-Aktion »Stunde der Wintervögel« aus Gärten und Parks die

Beobachtung von durchschnittlich 37 Vögeln in einer Stunde. Acht Jahre zuvor hatte die Zahl noch bei 46 gelegen. Sieben der 15 häufigsten Arten tauchten so selten auf wie nie zuvor, darunter Amsel, Elster und Blaumeise. Insgesamt, so der Dachverband der deutschen Avifaunisten (DDA) – der Zusammenschluss aller landesweit oder regional organisierten Ornithologen und zugleich die größte deutsche Vogelschutzorganisation, getragen vor allem vom Ehrenamt –, nahm die Zahl der Vogelbrutpaare hierzulande zwischen 1998 und 2009 um 15 Prozent ab. Fast alle vom Rückgang betroffenen Arten füttern ihre Jungen mit Insekten.

Das Sterben von Käfer, Fliege, Hummel und so weiter ist nicht der einzige Grund für das Vogelsterben. Und wieder ist es der Mensch, der auf vielfältige Weise Verantwortung trägt. Denn Vögeln macht auch die intensive Landwirtschaft, das Fehlen von Brachflächen zu schaffen. Schätzungsweise fünf Millionen Vögel enden jedes Jahr in ägyptischen und italienischen Fangnetzen, um von Menschen verspeist zu werden. Weitere Millionen fliegen gegen Glasflächen und brechen sich das Genick. Strommasten und Windräder sind Todesfallen, unsere samtpfotigen Hauskatzen unnachsichtige Vogelkiller. Wer daran etwas ändern will, der binde seinem Schätzchen ein Glöckchen um.

Das Schicksal der Vögel führt uns drastisch vor Augen, was das Verschwinden der Insekten bedeutet. Sie stehen gleich nach den Pflanzen am Anfang der Nahrungskette. Im Wald regulieren sie den Energie- und Nährstoffhaushalt. Sie fressen Pflanzenmaterial, scheiden es nach dem Verdauen aus, Mikroorganismen verarbeiten den Kot weiter und machen so erneut Nährstoffe verfügbar. Die Insekten verwerten den Kot und die Kadaver anderer Tiere.

Ohne Insekten kollabieren ganze Ökosysteme. Neben den Vögeln sind auch Fische, Amphibien und kleine Säugetiere auf sie als Nahrung angewiesen. Erst gehen die Insekten. Dann folgen Amsel, Drossel, Fink und Star. Dann Karpfen, Plötze und Blei. Dann Frosch, Kröte, Salamander. Dann Maus, Hamster, Dachs. Und schließlich sitzen wir alle in einem riesigen Glaskasten voller Rotklee. In dem sich auch ein paar Viren befinden, gegen die Corona wie ein linder Frühlingshauch erscheinen wird.

Sie merken schon: Nicht das Fehlen einer einzelnen Insektenart ist dramatisch, sondern neben der Vielfalt die gesamte als Futter fehlende Biomasse der flatternden, krabbelnden und schleichenden kleinen Tiere. Es gibt etwa 6000 insektenfressende Vogelarten, in Europa stellen sie die Hälfte der Vogelbevölkerung. In den vergangenen 25 Jahren ist ihre Zahl um 13 Prozent gesunken. Ihr Job war es bisher, unter anderem Milliarden von potenziell schädlichen Insekten zu fressen, die sich über unsere Nutzpflanzen hermachen. Nur Spinnen und Raubinsekten waren ähnlich effektiv darin, den Schädlingen Einhalt zu gebieten.

4.3. TO BEE OR NOT TO BEE

Kommen wir noch einmal auf die Bienen zurück. Die Westliche Honigbiene *(Apis mellifera)* ist ein sympathisches Insekt wie kaum ein anderes. »Bienenfleiß« ist sprichwörtlich und kann einwandfrei mit Fakten belegt werden: Für 500 Gramm Honig müssen Arbeitsbienen rund 40.000 Mal ausfliegen. Sie legen dabei insgesamt 120.000 Kilometer zurück. Das Sammelgebiet eines Bienenvolks umfasst eine Fläche, die der Innenstadt von Köln entspricht.

Der Mensch hat zur Honigbiene ein ganz besonderes Verhältnis. Die Tatsache, dass den verheerenden Brand der Kathedrale Notre-Dame in Paris 2019 drei Bienenstöcke auf dem Dach der Sakristei überstanden haben, war eine Nachricht wert. Nicolas Géant, der Imker des gotischen Gotteshauses, berichtete über Anrufe von Menschen aus aller Welt, die ihrer Sorge über die Bienen Ausdruck verleihen wollten. Während so manches Insekt, das aus Versehen im Haus oder auf dem Teller landet, am liebsten sofort totgeschlagen wird, ist uns das Leben der Biene nicht nur auf Kirchendächern heilig.

Bis wir die Biene als Nutztier domestizierten, plünderten wir ihre Waben, um an den kostbaren Honig zu gelangen. Über die Jahrhunderte waren wir nicht nur wegen des Honigs als Süßstoff auf sie angewiesen: Bienen liefern Propolis, Bienenharz zur Abdichtung des Stocks, der wie ein natürliches Antibiotikum gegen Pilze und Bakterien wirkt; Gelée royale, Futtersaft für die Königinnenaufzucht, der in der traditionellen Medizin unter anderem zur Stärkung des menschlichen Immun- und Nervensystems eingesetzt wird; Bienengift, das zur Behandlung von entzündlichen Gelenkerkrankungen und Rheuma herangezogen wird. Nicht zuletzt brachten Bienen Licht ins Dunkel: Bienenwachs erhellte in Form von Kerzen die Nächte.

Und heute? 2018 führten die Vereinten Nationen den Weltbienentag ein, der an jedem 20. Mai eines Jahres unter dem Slogan »To Bee or not to Bee« begangen wird – in Anspielung nicht nur auf Shakespeare, sondern in erster Linie auf das Insektensterben und seine Folgen. Die Anregung dafür kam aus Slowenien, wo der Bienentourismus brummt. Imker organisieren dort Erlebnistouren für Naturfreunde und informieren über ihre Arbeit sowie die ihrer Schützlinge; sogar Ferienhäuser in Wabenform gibt es hier.

Die freundlichen und hilfreichen Bienen schaffen es sogar, die Politik zum Handeln zu bewegen. In Bayern mobilisierte das Volksbegehren »Rettet die Bienen!« fast zwei Millionen Menschen, die sich dafür aussprachen, den Bienenschutz gesetzlich zu verankern, gegen den Widerstand »traditioneller« Bauernverbände. Denn es ging nicht um ein wohlfeiles Versprechen, sondern um konkrete Maßnahmen, die nicht nur den Bienen das Überleben sichern, sondern die Artenvielfalt insgesamt schützen sollen.

Bis zum Jahr 2025 sollen 20 Prozent der gut 3 Millionen Hektar landwirtschaftlicher Nutzfläche des Bundeslands ökologisch bewirtschaftet werden, bis 2030 bereits 30 Prozent. Ein weiteres Ziel ist, dass 10 Prozent der Wiesen und Weiden erst ab Mitte Juni gemäht werden sollen – eine Schutzmaßnahme nicht nur für die Biene, sondern auch für viele andere Tiere, vor allem auch die Wiesenbrüter unter den Vögeln. Für Landwirte, die auf intensive Grünlandbewirtschaftung setzen, ist das mit heftigen Einbußen verknüpft, müssen sie doch im wahrsten Sinne des Wortes auf ihren »Schnitt« verzichten. Der

Gewinn ist allerdings auch nicht zu verachten: Auf Bioland-bauflächen gedeihen doppelt so viele Pflanzen-, existieren ein Drittel mehr Feldvogel- und ein Viertel mehr Insektenarten als auf herkömmlich bewirtschafteten Äckern.

Der Landtag in München übernahm 2019 praktisch alle Kernforderungen des Volksbegehrens, die damit in das Landes-naturschutzgesetz eingingen. Ministerpräsident Markus Söder versprach den Bauern Hilfsprogramme und lobte nach zähen Beratungen an einem runden Tisch das Abkommen als »Ver-söhnungsgesetz«. Der Hamburger Zoologe Matthias Glau-brecht kommentierte in der *Frankfurter Allgemeinen Sonntags-zeitung*: »Die Bayern können allein nicht die Welt retten. Aber es ist schön, dass sie damit schon einmal anfangen.«

Die Weltretter kämpfen auf europäischer Ebene weiter. Im Mai 2019 registrierte die EU-Kommission eine europäische Bürgerinitiative, die ebenfalls »Rettet die Bienen!« heißt und hinter der unter anderem wieder die Initiatoren des bayerischen Begehrens stecken: Ökologische Demokratische Partei (ÖDP), Grüne, Natur- und Vogelschutzbund. Die Initiatoren haben seit dem 25. November 2019 nun ein Jahr Zeit, eine Million Unter-schriften aus mindestens sieben EU-Ländern zu sammeln, die ihre Forderung unterstützen, nämlich die Förderung der Bio-diversität als übergeordnetes Ziel einer gemeinsamen Agrar-politik, und zwar durch drastische Reduzierung des Pesti-zideinsatzes, Verbot gesundheitsgefährdender Pestizide und Verschärfung der Zulassungskriterien. Bei Erfolg der Initiati-ve müssen das Europaparlament und die Europäische Kom-mission erwägen, die Forderungen der Kampagne gesetzlich zu verankern – mal sehen, was bei einer solchen eventuellen »Erwägung« rauskommt. Dem Europäischen Parlament geht zumindest schon mal nicht weit genug, was die EU bisher in dieser Hinsicht unternommen hat. Es verlangte Ende 2019 von der Kommission, ihre Initiative für Bestäuber zu verbessern. Genau wie die Organisatoren der Bürgerinitiative räumen die Abgeordneten der Vermeidung von Pestiziden im Lebensraum von Bienen Priorität ein.

In typischer Zwei-Schritte-vor-und-einen-zurück-Manier hatte die EU dafür bereits einen ersten Anlauf genommen. Im April 2018 hatte man sich darauf geeinigt, die Verwendung bestimmter Pestizide zu verbieten, die den Orientierungssinn der Bienen stören, sodass sie nicht mehr zu ihrem Stock zurückfinden und verenden. Pech für Bienen mit dem falschen Pass: Mehrere Mitgliedstaaten der EU bestanden auf »Notfallzulassungen« für den weiteren Einsatz der Killer-Chemikalien, wie man das Wort »Pestizide« im Klartext übersetzen kann.

NICHT DIE HONIG-, SONDERN DIE WILDBIENEN SIND GEFÄHRDET

Seien wir ehrlich: Sähen Bienen so abschreckend aus wie zum Beispiel die Kakerlake, wäre die Anerkennung ihrer erstaunlichen und unabdingbaren Leistung in Ökosystemen vielleicht nicht so groß. Im Durchschnitt sammeln die Arbeiterinnen eines Bienenvolkes im Jahr 120 bis 180 Kilogramm Nektar und bis zu 30 Kilogramm Pollen. Das ist nicht nur gut für die Honigproduktion: Bienen besuchen etwa zehn Millionen Pflanzen, um Nektar für etwa ein halbes Kilo Honig zu sammeln, und dies sichert die Bestäubung eines Großteils der Pflanzen. Entdeckt hat diese Leistung der preußische Botaniker Christian Konrad Sprengel Ende des 18. Jahrhunderts. Er schrieb: »Jede Kirsche, jede Pflaume, jede Birne etc., die wir essen, haben wir den Bienen zu verdanken.« Aber nicht nur ihnen.

An dieser Stelle müssen wir einen Ausflug in die Welt der Hummeln machen, die allerdings auch Bienen sind, genauer: Wildbienen, und sich erheblich von der domestizierten Honigbiene unterscheiden. Das Pensum der Imker-Bienen, so ungeheuer es auch erscheinen mag, reicht bei Weitem nicht, um alle Pflanzen zu bestäuben. Für einen Hektar Apfelbäume braucht es 10.000 Honigbienen. Die Gehörnte Mauerbiene *(Osmia cornuta)* schafft dasselbe Arbeitspensum mit ein paar Hundert emsigen Weibchen. Auch eine Hummel kann es auf bis zu 4000 Blütenanflüge pro Tag bringen. Der englische Biologe Tom Breeze von der Universität in Reading und sein Team fanden heraus, dass Honigbienenvölker selbst unter günstigen Bedingungen nur etwa ein Drittel der auf tierische Bestäubung angewiesenen Nutzpflanzen schaffen. Den Rest müssen andere (fliegende, krabbelnde, kriechende) Tierchen übernehmen. Nebenbei bemerkt: Für den Ertrag etwa von Erdbeeren oder Kirschen ist es am besten, wenn domestizierte und wilde Bienen sich gegenseitig ergänzen. Auf sehr kleinen Blüten finden Honigbienen keinen Platz zum Landen, für andere ist ihr Rüssel zu kurz. Honigbienen gehen ihrer Arbeit nur nach, wenn die Umstände stimmen. Sie sind nicht gerade die Insekten, die jedem Wetter trotzen. Bei Kälte, Regen und Wind bleiben die empfindlichen Tiere lieber daheim in ihrem Stock.

Die robusteren Wildbienen und andere Insekten springen dann ein. Zum Beispiel Dunkle und Helle Erdhummel *(Bombus terrestris, Bombus lucorum)*, Ackerhummel *(Bombus pascuorum)*, Waldhummel *(Bombus sylvarum)* und die stark gefährdete Mooshummel *(Bombus muscorum)* – in Deutschland gibt es noch rund 30 Hummelarten. Die Ackerbohne *(Vicia faba)* etwa ist ein klarer Fall für die Hummel: Ihre Blüten sind geschlossen, die Hummel mit ihrem breiten Körper muss sich da reinzwängen. Auch die Luzerne *(Medicago sativa)*, eine wichtige Futterpflanze, ist aus diesem Grund von der Hummel abhängig. In Deutschland gibt es rund 570 Wildbienenarten, weltweit über 20.000. Etwa zwei Drittel der heimischen Arten sind in unterschiedlichem Maße vom Aussterben bedroht. Und dennoch zieht ihr Schicksal – anders als das der Honigbienen – wenig Aufmerksamkeit auf sich, obwohl sie sozusagen die »Hidden Champions« des Bestäubens sind. Viele von ihnen sind so klein, dass man sie für Fliegen halten könnte. Sie leben zurückgezogen, ziehen ihre Brut einzeln und versteckt in Bodenhöhlen oder morschen Baumstämmen auf. Sie nisten auch gern in hohlen Stängeln, wie Insektenhotels sie nachahmen. Leere Schneckenhäuser sind bei ihnen ebenfalls beliebt. Übrigens stechen die meisten von ihnen nicht.

Die Popularität der Bienen nutzen Wirtschaft, Politik und Umweltschützer für sich. Der Konfitürenhersteller Schwartau gründete eine Bienenschutz-Initiative »Bee Careful«. Bundeslandwirtschaftsministerin Julia Klöckner wies, wohl etwas übertrieben, der Biene eine »systemrelevante« Rolle zu, und auch

Umweltschutzorganisationen nutzen den Sympathiebonus der Bienen. Der Word Wildlife Fund (WWF) begrüßte Maßnahmen der deutschen Regierung zum Artenschutz im Mai 2018 mit der Überschrift »Rettung für Biene Maja« und sprach in der Pressemitteilung – nicht falsch, aber auch nicht richtig – vom »Bienen- und Insektensterben«. Abgesehen davon, dass die Unterscheidung in ein Bienen- und ein Insektensterben irreführend ist, wird suggeriert, der Honigbiene drohe ein jähes Ende. Das stimmt keineswegs. Die Zahl der Bienenstöcke, die von Imkern gehegt und gepflegt werden, hat in den vergangenen dreißig bis vierzig Jahren weltweit um 50 Prozent zugenommen – und das ungeachtet des starken Rückgangs der Tiere insbesondere in der nördlichen Hemisphäre schon allein durch die Varroamilbe *(Varroa destructor)*. In Deutschland kümmern sich 150.000 Imkerinnen und Imker um insgesamt etwa eine Million Bienenvölker. Jedes Volk kann aus bis zu 60.000 Individuen bestehen. Kurzum: »Biene Maja« geht es gut, von der Roten Liste ist sie so weit entfernt wie die Varroamilbe von der Wahl zum »Insekt des Jahres« – oder auch »Milbe des Jahres«, wenn es eine solche gäbe.

Nach Schwein und Rind ist die Biene das drittwichtigste Nutztier der Erde. Die Arbeitsleistung beträgt – man lese und staune – pro Volk und Jahr 20 bis 30 Kilogramm Honig. Stolz verkündete der Deutsche Imkerbund, »dass die Deutschen auf einem Spitzenplatz im weltweiten Honigverzehr liegen: Rund 1,1 Kilogramm werden pro Kopf und Jahr vernascht«. Man sollte daher eigentlich davon ausgehen können, dass es für die Ernährungssicherheit, die Wirtschaft und den Naturschutz am vorteilhaftesten ist, wenn wir dem Schutz der Honigbiene einen entsprechend hohen Stellenwert einräumen. Doch Zweifel sind berechtigt. Durch sein Eingreifen verändert der Mensch auch in diesem Fall das ökologische Gefüge. Ist es in Ordnung, dass wir beim Artenschutz den Fokus auf ein Nutztier richten und diesem Vorrang vor Wildbienen geben, von denen zwei Drittel gefährdet sind? Dürfen wir riskieren, dass die Honigbiene angestammte Insekten verdrängt, wie es invasive Arten tun?

Aus Untersuchungen wissen wir: Wildbienen mit kleinem Aktionsradius können von Honigbienen verdrängt werden, wenn sie nicht auf genügend Blüten in der unmittelbaren Nachbarschaft ausweichen können. Die in Deutschland einst beheimatete Dunkle Honigbiene *(Apis mellifera mellifera)* starb schon vor rund hundert Jahren aus. Wie in der gesamten Landwirtschaft steht auch in der Imkerei die Effizienz im Vordergrund. Ich rede hier nicht von Freizeitzucht mit zwei, drei Bienenvölkern auf dem Dach eines Hochhauses oder im Garten einer Laube, sondern von hochprofessionellen Berufsimkern und wissenschaftlichen Instituten, die immer leistungsfähigere Rassen züchten. Genau wie Kühe, Schweine und Puten werden Honigbienen auf größtmöglichen Ertrag getrimmt. Die Zucht zielt auf hohe Ausbeute an Nektar ab. Den Honigbienen wird zudem die Angriffslust genommen, damit sie in riesigen Völkern friedfertig zusammenleben. Auch das kennen wir aus der modernen Agrarwirtschaft: Die Masse macht's. Je mehr Schweine, Rinder und Hühner auf dem gleichen Fleck Erde existieren, desto höher fällt der Gewinn aus.

Aber Honig- und Wildbienen stehen im Wettstreit um Nahrung, Blüten sind ihre Futternäpfe: Vom Nektar zehren die

Arbeiterinnen, von Pollen lebt der Nachwuchs. Honigbienen sind dabei Generalisten, sie weiden auf allen Blüten, die sie vorfinden und zu denen sie Zugang finden. Rund ein Drittel der Wildbienen ist jedoch spezialisiert und braucht ganz bestimmte Pflanzen, um zu überleben, darunter zum Beispiel die Heidekraut-Seidenbiene *(Colletes succinctus)*, die Heidekraut-Sandbiene *(Andrena fuscipes)* oder die Glänzende Natternkopf-Mauerbiene *(Osmia adunca)*. Letztere verschmäht fast alle Pollen – bis auf die der namensgebenden Pflanze Natternkopf *(Echium)*.

Hummeln und andere Wildbienen sind vielerorts chancenlos gegen die Übermacht der hochgezüchteten Mitbewerber, deren Völker aus 20.000 bis 40.000 Individuen bestehen. Zum Vergleich: Hummeln leben in Gemeinschaften aus maximal 500 Exemplaren. Der Radius der Honigbiene ist zudem mit 3 Kilometern im Durchschnitt doppelt so groß wie die maximale Reichweite der Wildbienen. Obendrein sind die domestizierten Tiere Frühaufsteher: Haben sie ihr Werk verrichtet, bleibt für die wilde Konkurrenz nur wenig oder nichts übrig. Etliche Wildbienenarten weisen schließlich vergleichsweise bescheidene Vermehrungsraten auf. Ihre Weibchen können im Verlauf ihres Lebens oft nur zehn bis dreißig Brutzellen anlegen.

Aus all diesen Gründen sind Wildbienen weitaus mehr vom Insektensterben betroffen als die »zahme« Variante. Ich will nicht behaupten, unsere geliebte Honigbiene trage die Hauptschuld am Schwund der Wildbienen. Pestizide und das Verschwinden der Kulturlandschaften sind auch hier als wesentliche Ursachen zu nennen. Aber ich kann die Honigbienen trotzdem nicht freisprechen. In Naturschutzgebieten haben

Bienenvölker von Imkern wenig zu suchen. Sind in den Gebieten seit Langem Imker aktiv, dann sollte zumindest nicht »aufgestockt« werden, dasselbe gilt an den Grenzen der Gebiete.

Dass die Zahl der Honigbienen in Deutschland weiter stark steigt, hat auch mit dem Trend zum »Urban Beekeeping« zu tun: Es ist unter städtischen Naturfreunden geradezu schick geworden, eine »BienenBox« an den Balkon zu hängen, auf dem Dach aufzustellen oder im Vorgarten zu platzieren. Der Verein »Stadtbienen« setzt sich für die Verbreitung dieser Boxen ein, auch eine Initiative »Deutschland summt« gibt es. Sie bewirkte zum Beispiel, dass auf dem Berliner Dom und dem Münchner Gasteig Bienenvölker angesiedelt wurden. Man zeigt, dass man verstanden hat, um was es geht – und das ist prinzipiell ja auch gut so.

Ich will niemandem sein Hobby madig machen, es kommt aber auf das Ausmaß an. Es ist gut, wenn sich Städter für den Naturschutz starkmachen. Aber man sollte sich im Klaren darüber sein, dass die Imkerei in Ballungsgebieten mitunter zulasten anderer auf Nektar und Pollen angewiesener Insekten geht. Daher empfahl die Deutsche Wildtier Stiftung, die Stöcke von Völkern der domestizierten Nutztiere in mindestens 3 Kilometer Abstand von wichtigen Lebensräumen wilder Bienen aufzustellen. Ich begrüße das zwar, halte es aber für sehr theoretisch, denn wer weiß schon um solche Lebensräume, bzw. welche sind wichtig? Auch kann ich verstehen, dass dieses Ansinnen dem Deutschen Imkerbund einen Stich versetzt. Er spricht von einer »Koexistenz der Blütenbesucher« und weist auf die Wehrhaftigkeit der Wildbienen hin, etwa der Großen oder Garten-Wollbiene *(Anthidium manicatum)*. Diese verteidige ihr Nahrungsrevier, zum Beispiel einen Strauch, vehement und erfolgreich gegen andere Blütenbesucher, auch gegen Honigbienen. Das stimmt, nur kann dieses Beispiel nicht generalisiert werden.

Und wenn die Berufsimker die Situation rund um das Länderinstitut für Bienenkunde in Hohen Neuendorf nördlich von Berlin ins Feld führen, wo sich neben zahlreichen Völkern dennoch ausgesprochen viele Wildbienenarten tummeln, stolze 83, gebe ich zu bedenken: Wo Imker schon lange ihre Stöcke ausbringen und sich zugleich eine Diversität von Wildbienen gehalten hat, sollte man durchaus überlegen, keine Erhöhung der Honigbienenbestände mehr anzustreben – ähnlich wie soeben auch im Kontext der Naturschutzgebiete erläutert.

Die Leistung der Imker und ihrer Zuchtbienen bei der Bestäubung will ich nicht kleinreden. Der Streit um Wild- und Honigbienen verhärtet die Fronten zwischen Imkern und Naturschützern, und das können wir überhaupt nicht gebrauchen. Beide Seiten müssen an einem Strang ziehen, wenn dem Insektenschutz wirklich gedient sein soll. Denn das Hauptproblem ist nicht die Konkurrenz zwischen Bienen, sondern der Rückgang der Lebensräume. Hier muss etwas getan werden.

4.4. NATURSCHUTZMANAGEMENT GEGEN DEN BLÄULINGS-BLUES

Kleptomanen und Parasiten gelten nicht als die angenehmsten Zeitgenossen. Und was soll man von einem Wesen halten, das

Kleptomanie und Parasitismus zu seinem Lebensmodell gemacht hat? Sehr viel. Zumindest wenn man sich wie ich mit Insekten befasst. Aus biologischer Sicht sind Falter der Gattung *Phengaris* (auch bekannt unter: *Maculinea*) hochinteressant, denn diese Schmetterlinge mit dem volkstümlichen Namen Ameisenbläulinge haben sich ganz dem Kleptoparasitismus verschrieben. Sie wenden damit nicht nur eine staunenswerte Vermehrungsmethode an. Ihr Überleben oder Untergang ist zugleich ein sehr zuverlässiger Indikator für Gedeih oder Verderb von Ökosystemen. Diese Falter sind damit ein Menetekel, ihr Schicksal ein zuverlässiges Anzeichen für drohendes Unheil. Und auch für die Chance, der ökologischen Katastrophe noch zu entgehen und Landwirte auf diesen Pfaden mitzunehmen.

Alle europäischen Arten der Ameisenbläulinge sind geschützt, teilweise streng. Die Arten Dunkler Wiesenknopf-Ameisenbläuling *(Phengaris nausithous)* und Heller Wiesenknopf-Ameisenbläuling *(Phengaris teleius)* gelten als Tierarten von gemeinschaftlichem Interesse, für deren Erhaltung besondere Schutzmaßnahmen ergriffen werden müssen. Nicht zuletzt durch diese Gefährdungseinstufungen erlebten die Falter, für die Europa ein wichtiger Verbreitungsraum ist, einen rasanten Aufstieg als Ikone des Naturschutzes. Im europäischen Raum ist Deutschland für alle vier Arten der Ameisenbläulinge ein Hauptverbreitungsschwerpunkt. Entsprechend hoch ist die nationale Verantwortung der Bundesrepublik für den Schutz, die Pflege und die Entwicklung der heimischen Populationen. Aufgrund der von ihnen bevorzugt besiedelten extensiv genutzten Grünlandhabitate – insbesondere extensiv genutzte Wiesen,

Streuwiesen und Halbtrockenrasen – sind sie für diese stark gefährdeten Lebensräume gute Bioindikatoren.

Nahezu alle Bläulinge brauchen Ameisen oder interagieren zumindest mit ihnen. Besonders ausgebuffte Vertreter schmuggeln ihre Raupen in deren Bauten ein und lassen sie von den getäuschten Stiefeltern aufpäppeln. Man spricht deshalb auch von Kuckucksverhalten, denn bekanntlich legt diese Vogelart ihre Eier in fremde Nester. Im einfachsten Fall leben die Schmetterlingsraupen inmitten von Ameisenvölkern und werden von ihnen geduldet. Sie genießen damit im Gewimmel des Ameisenhaufens Schutz vor natürlichen Feinden.

Ameisenbläulinge fliegen im Sommer und legen ihre Eier an spezifische Ablagepflanzen. Die daraus schlüpfenden Larven durchlaufen einen komplexen Entwicklungszyklus. Zunächst leben sie auf der Wirtspflanze und ernähren sich von den Blüten und Samenanlagen. Nach zwei bis drei Wochen lassen sie sich zu Füßen der Pflanze nieder und harren auf dem Boden der Entdeckung durch Knotenameisen der Gattung *Myrmica*. Jede der vier – oder je nach Interpretation des Wissensstands fünf – europäischen *Phengaris*-Arten ist mehr oder weniger auf eine Wirtsameise spezialisiert, zumindest regional; überregional können verschiedene *Myrmica*-Arten der Hauptwirt einer Falterart sein.

Ameisen bilden hochkomplexe Gesellschaften, in denen das einzelne Individuum nichts zählt, mit Ausnahme der Königin, die gehegt, gepflegt und umsorgt wird, weil nur sie nach Paarung mit einigen kurzlebigen männlichen Exemplaren über einen längeren Zeitraum Eier legen und damit die Existenz des Volkes sichern kann. Die Königin teilt ihrem Hofstaat mit unterschiedlichen Geräuschen ihre jeweiligen Bedürfnisse mit. Alle Arbeiten im Ameisenstaat führen Hunderttausende von sterilen Weibchen mit diversen Spezialisierungen aus. So gibt es Kasten von Soldatinnen – im Extremfall Kamikaze-Kriegerinnen, deren Unterleib zur Verteidigung der Kolonie gegen Angreifer explodiert –, Futtersucherinnen, Blattlaushalterinnen und Pilzzüchterinnen, Kindermädchen und lebende Honigtau-Behälter.

Die Raupen unserer Bläulinge führen die hoch organisierten Ameisenvölker gehörig hinters Licht. Fachleute sprechen von einem »mimetischen Mechanismus«. Die Raupen sondern Kohlenwasserstoffe ab, die den Ameisen vorgaukeln, es handele sich bei ihnen um Artgenossen beziehungsweise hilfsbedürftigen Nachwuchs. Nahrungssuchende Arbeiterinnen nehmen sich ihrer an und bringen sie in ihr Nest, wo die Findelkinder einen behüteten Platz zwischen der Ameisenbrut finden. Nach jüngsten Forschungsergebnissen kommunizieren die verschiedenen Ameisenkasten akustisch miteinander, was die Raupen imitieren. Poetische Gemüter sprechen in diesem Zusammenhang von »Ameisenliedern«.

Es geht übrigens noch eine Stufe hinterhältiger als das Treiben der Bläulinge: Bestimmte Wespen injizieren ihre Eier in die Raupen der Bläulinge, als Parasiten von Parasiten. Jede Wespenlarve ernährt sich vom Fett der von den Ameisen großzügig gefütterten Wirtsraupe, tötet sie im Verpuppungsstadium – und aus dem Ameisenbau schlüpft eine Wespe statt ein Falter.

Der tierische Überlebenskampf kennt keine Moral. Zum Fressen und Gefressenwerden gehören auch Ausbeutung und Raub. Sogar bei Schmetterlingen, die wir so gern als elegante, wunderbare Geschöpfe wahrnehmen. Häufig lohnen die Raupen-Eindringlinge ihren Ameisen-Gastgebern die fürsorgliche Aufnahme schlecht. Bei der Mehrzahl der Arten, den »räuberischen« Ameisenbläulingen, begibt sich die Raupe in geschütztere Kammern, um nur gelegentlich zurückzukehren und sich an der Ameisenbrut gütlich zu tun. Raupen von »Kuckucksfaltern«, wie dem Enzian-Ameisenbläuling *(Phengaris alcon)*, hingegen bleiben inmitten der Brut und werden zunehmend in die Ameisengemeinschaft integriert. Die Ameisen füttern sie direkt, mitunter unter Vernachlässigung ihrer eigenen Brut.

Dies geschieht, weil die Kuckuckskinder ihnen wahrscheinlich mit akustischen Signalen vormachen, dass es sich bei ihnen um besonders wertvolle Brut handelt, um potenzielle Königinnen. Deshalb bringen die Arbeiterinnen unter den Ameisen sie auch als Erste in Sicherheit, wenn Gefahr droht. Man kann diese Hilferufe mit technischen Mitteln für menschliche Ohren hörbar machen. Insektenfreunde stufen sie als »wunderschön« ein – Gesänge aus dem Mikrokosmos. Sie sind auch ein Abgesang. Man könnte von einem »Bläulings-Blues« sprechen. Denn die schönen blauen Falter tauchen trotz ihrer ausgefeilten Ameisentäuschung in der Natur immer seltener auf.

Dabei ist das *Cuckoo-Feeding* eigentlich eine effiziente Art, *Myrmica*-Ameisen auszubeuten. Sie führt im Durchschnitt zu sechs Mal mehr ausgewachsenen Faltern pro Nest als bei den räuberischen Verwandten. Jedoch begibt sich der Ameisenbläuling damit in eine sehr exklusive Abhängigkeit. Um sich als blinder Passagier einzuschmuggeln, muss er Chemikalien absondern, die so sehr auf den getäuschten Wirt abgestimmt sind, dass das Überleben bei jeder anderen Ameisenart sehr unwahrscheinlich ist. Folglich hängt eine typische Population einer *Cuckoo-Phengaris* ausschließlich von einer einzigen Wirtsameisenart ab, die allerdings, wie schon erwähnt, in verschiedenen Regionen Europas durchaus verschieden sein kann. Räuberische *Phengaris*-Arten sind generalistischer. Jedoch gedeihen auch sie in der Obhut bestimmter Ameisenarten deutlich besser.

Der gesamte Mechanismus ist sehr störanfällig. Deshalb ist seine Untersuchung eine hervorragende Strategie, ökologischen Wechselwirkungen auf die Spur zu kommen. Dazu diente das Forschungsprojekt »MacMan«, das ich leitete. Die Abkürzung steht für »Maculinea Butterflies of the Habitats Directive and European Red List as Indicators and Tools for Habitat Conservation and Management«. (Wir wählten dieses Akronym in Unkenntnis der Tatsache, dass es damals in Köln einen Homosexuellen-Club mit demselben Namen gab.)

Unser »MacMan« setzte sich unter anderem zum Ziel, ein System zu entwickeln, das sich auf gefährdete Grünländer europaweit anwenden lässt, indem eine Gruppe von Schmetterlingsarten – ebendie damals noch so bezeichnete Gattung *Maculinea* – als Indikator oder repräsentativer Vertreter für die charakteristischen Lebensgemeinschaften benutzt wird. Voraussetzung dafür waren zunächst einmal umfassende Kenntnisse der Ökologie der Ameisenbläulinge, die oben in wesentlichen

Grundzügen zusammengefasst wurden. Viele Detailbeiträge zum Stand des Wissens wurden 2005 in einem Buch zusammengestellt, das ich gemeinsam mit Elisabeth Kühn, einer Kollegin am UFZ, die mit mir gemeinsam das deutsche Tagfalter-Monitoring betreut, sowie mit Jeremy Thomas aus Oxford, dem wohl weltweit besten Kenner der Ameisenbläulinge, herausgab. Die EU förderte das »MacMan«-Projekt von 2002 bis 2006. Beteiligt waren Partner aus Ungarn, Polen, Frankreich, Dänemark, Großbritannien und Deutschland. In den einzelnen Ländern waren zahlreiche Naturschutzorganisationen, Wissenschaftler und Planungsbüros einbezogen, sogar die Akademie der Schönen Künste in Krakau mit einem Künstlerwettbewerb zum Entwurf von Projektpostern und Buttons.

Die Initiative richtete sich zunehmend darauf, aus dem Wissen über die Ameisenbläulinge Schlüsse für praktischen Artenschutz zu ziehen. Feldforschungen zu den Auswirkungen verschiedener Landnutzungen wurden umfangreich erfasst und dokumentiert. Daraus entstanden Empfehlungen für das Management einzelner Arten und ihrer Lebensräume. Zugleich stellten wir Naturschutzorganisationen, dem behördlichen Umweltschutz und Ämtern zahlreiche Publikationen wie Handbücher, Informationsbroschüren und Faltblätter zur Verfügung. Auch das Interesse in Fachmagazinen sowie der breiteren Öffentlichkeit inklusive der Publikumsmedien war groß.

TÖDLICHE MÄHTERMINE

Wir stützten uns auf langfristige Untersuchungen. Wie im Buch schon erwähnt, ergaben diese zum Beispiel für die

Pfälzische Rheinebene, dass in einem Zeitraum von mittlerweile mehr als dreißig Jahren in weniger als 5 Prozent der etwa achtzig regelmäßig untersuchten – ehemaligen, bestehenden und potenziellen – Lebensräume der Dunkle Wiesenknopf-Ameisenbläuling wie auch der Große Feuerfalter *(Lycaena dispar)* kontinuierlich nachzuweisen waren, während der Helle Wiesenknopf-Ameisenbläuling nahezu ausgestorben war. Als Regel kristallisierte sich heraus, dass die Tiere beider Arten in den meisten Habitaten mehrere Jahre anzutreffen waren, dann aber auch wieder mehrere Jahre lang nicht. Dies dürfte in engem Zusammenhang mit der Landnutzung stehen. Werden die betreffenden Flächen zu häufig oder zum falschen Zeitpunkt gemäht oder liegen lange Zeit gänzlich brach, verschwinden die Falter. Sie siedeln sich aber wieder an, wenn die Lebensbedingungen für sie günstiger werden, wandernde Tiere die Flächen erreichen und für sich zurückerobern können.

Das heißt: Eine momentane Abwesenheit der Falter bedeutet nicht, dass ein Gebiet für sie als Lebensraum überhaupt nicht (mehr) infrage kommt. Man muss ihnen nur den Weg bereiten, damit sie ihr angestammtes Gebiet wieder aufsuchen. Umweltverträglichkeitsprüfungen für Nutzungsvorhaben wie Bauprojekte auf diesen Flächen können deshalb in die Irre führen, ihre Ergebnisse wertlos sein. Selbst zur Hauptflugzeit der Art kann eine einmalige Prüfung ergeben, dass der Lebensraum sozusagen »falterfrei« ist, mithin für die geplante Nutzung freigegeben werden kann. Man müsste aber berücksichtigen, dass die Falter sich in einem zeitweilig aufgegebenen Lebensraum auch wieder ansiedeln können. Zudem könnte er eine Art »Trittstein« auf dem Weg zwischen zwei oder mehreren anderen Habitaten darstellen.

Werden solche Aspekte nicht beachtet, können nach und nach immer mehr potenzielle Lebensräume verloren gehen, da sie aufgrund der Abwesenheit der Art zu einem bestimmten Zeitpunkt nicht als relevant erscheinen und vermeintlich schadlos aufgegeben werden können. Dadurch droht das landschaftsweite Aussterben einer Art, da eine dynamische Besiedlung nicht mehr möglich ist – dann bedeutet lokales Aussterben immer öfter auch überregionales Aussterben. Umgekehrt können Tierarten Gebiete, die sie als Lebensraum bereits verloren haben, auch durchaus zügig zurückgewinnen, wenn die Nutzung des Landes sich so verändert, dass sie wieder günstigere Bedingungen vorfinden. Man muss sich also fragen, ob die gegenwärtige Planungspraxis mithilfe von Umweltverträglichkeitsprüfungen überhaupt Sinn ergibt – oder ob sie nicht sogar dazu beiträgt, den Artenverlust zu beschleunigen.

Naturschutzpolitik und -forschung haben außerdem ökonomische Aspekte bisher nicht hinreichend berücksichtigt. Kompensationszahlungen etwa an Bauern, die zum Schutz gefährdeter Arten auf ihrem Land nicht in gewohnter Weise wirtschaften können, sind inzwischen ein gängiges Instrument, um Landwirtschaft und Naturschutz miteinander zu vereinbaren. Stellen Landwirte ihre Mahdzeiten so um, dass sie die Überlebenschancen der Falter erhöhen, erhalten sie dafür als Ersatz für geminderten Ertrag Geld aus öffentlichen Töpfen. Aber oft bleibt unklar, ob die Beträge im richtigen Verhältnis zum erlittenen Verlust und zu dem damit erkauften Naturschutzziel stehen. Wir haben im Rahmen von »MacMan« ein modell-basiertes Verfahren entwickelt, das darüber nähere Aufschlüsse gibt und mehr Kosteneffizienz im Naturschutz ermöglicht. Es handelt sich um eine Berechnungsmethode, die den ökologischen Nutzen von Landbewirtschaftungsformen erfasst, die auf die Artenerhaltung Rücksicht nehmen.

Die unter anderem von meinen Kollegen Martin Drechsler und Frank Wätzold entwickelte Nutzersoftware »EcoEco-Mod« ist im Internet frei zugänglich (www.macman.ufz.de/tool). Sie bietet eine interaktive Nutzeroberfläche für Simulationen und kann in der Lehre an Universitäten und Fachhochschulen eingesetzt werden oder Naturschutzbehörden bei ihren Entscheidungen unterstützen. Sie basiert auf dem Schutzkonzept für die beiden gefährdeten Ameisenbläulinge *Phengaris nausithous* und *Phengaris teleius* in der Pfälzischen Rhein-ebene, kann aber im Prinzip auch auf andere zu schützende Arten angewendet werden.

Wiesenknopf-Ameisenbläulinge brauchen offenes Grünland zum Überleben und sind deshalb stark von der Wiesennutzung durch Mahd oder Beweidung abhängig. Die Hauptflugzeit der Falter liegt im Juli bzw. August. In diesen Monaten legen sie ihre Eier auf dem Großen Wiesenknopf *(Sanguisorba officinalis)* ab. In den folgenden Wochen entwickeln sich dann die Larven, die sich schließlich auf den Boden begeben, damit Ameisen sie »adoptieren« und einsammeln. Es ist für diesen Prozess wichtig, wann und wie oft eine Wiese gemäht wird. Eine Mahd zum falschen Zeitpunkt kann die Eiablage verhindern, weil dann während der Flugzeit der Falter noch keine

Wiesenknöpfe nachgewachsen sind. Auch kann sie bereits abgelegte Eier und Larven vernichten. Ohne Mahd kommt der Schmetterling aber auch nicht aus: Wird nicht gemäht, verdrängen andere Pflanzen den Wiesenknopf. Oder die Ameisen bleiben aus, weil eine zu dichte Vegetation ein zu kühles Mikroklima erzeugt, das bestimmten Arten nicht behagt.

Die Abhängigkeit der Ameisenbläulinge von der Mahd erklärt, warum sie in den vergangenen Jahrzehnten so selten wurden. Früher wurden Wiesen zu unterschiedlichen Zeiten während der Frühjahrs- und Sommermonate gemäht. Die intensivierte Landwirtschaft hat diesen Rhythmus radikal verändert. Heutzutage mähen Bauern ihre Wiesen viel häufiger oder zum Beispiel im Rahmen von Wiesenbrüterprogrammen – also für den Vogelschutz – erst ab Mitte Juni. Wird dieser Termin zu spät gewählt, liegt er unmittelbar vor der Flugzeit der Ameisenbläulinge. Will man ihre Vermehrung besser schützen, muss man die Mahd Mitte Juni bereits durchgeführt haben und zudem nach dem Ende der Larvenzeit im August/September gelegentlich ein zweites Mal mähen, um die Bestände offen zu halten. Das geht nicht ohne Einkommensverluste für die Landwirte.

Unsere Software errechnet mit einem ökonomischen Modul die Kosten, die ihnen entstehen und nach denen Ausgleichszahlungen sich richten sollten. Ein ökologisches Modul simuliert, welchen Nutzen veränderte Mahdtermine den Ameisenbläulingen bringen. Unter anderem berücksichtigt es die Wahrscheinlichkeit, mit der ein Schmetterling die Wiese, auf der er geschlüpft ist, verlässt und dann eine andere Wiese erreicht, wo er seine Eier ablegt.

So ist es möglich, abzuschätzen, wie viele und welche Wiesen sinnvollerweise für das gewünschte Kosten-Nutzen-Verhältnis in das Schutzprogramm einbezogen werden sollten. Dabei ist zu beachten, dass Naturschutz sich nicht nur nach den Bedürfnissen der Ameisenbläulinge richten kann. Die Berechnungen müssen auch auf andere Arten Rücksicht nehmen, Vögel zum Beispiel, die in den Wiesen brüten. Und selbst die Mahdtermine, die für die Wiesenknopf-Ameisenbläulinge als optimal gelten dürften, sind für die beiden doch sehr ähnlichen Schmetterlingsarten, die hier im Mittelpunkt stehen, durchaus nicht identisch.

Wie also soll man das alles unter einen Hut bringen? Die Lösung heißt: Habitatmosaike. Sie bestehen aus unterschiedlich genutzten Teilflächen, die jeweils anderen Arten gerecht werden. Unterschiedlich nicht nur im Raum, sondern auch in der Zeit – die Nutzungsformen müssen je nach Saison variieren. Hinzu kommt: Unterschiedliche Landnutzer können betroffen sein und müssen auch verschiedene Maßnahmen ergreifen. Die Vielzahl der Anforderungen macht klar, wie nützlich eine softwarebasierte Entscheidungshilfe sein kann. Nicht nur für den Ameisenbläuling. Unabhängig von der Software kann man aber als Faustregel auch hier sagen – wie auch bei den auf Seite 240 erwähnten Biodiversitäts-Exploratorien: je vielfältiger die Nutzung in Raum und Zeit, umso höher die Chancen für eine hohe Insektenvielfalt.

Kapitel 5

DER KLIMAWANDEL

Klimatische Veränderungen haben das Leben auf unserem Planeten seit jeher geprägt. In den vergangenen zwei Millionen Jahren wechselten sich immer wieder Kalt- und Warmzeiten ab. Allerdings, was wir gegenwärtig erleben, hat eine ganz andere Qualität und Dynamik. Die Atmosphäre heizt sich seit dem Beginn der Industrialisierung im 19. Jahrhundert immer schneller auf, der Treibhauseffekt ist ein gängiger Begriff, der in den Sprachgebrauch eingegangen ist.

Bei aller Liebe zu Bienen und Schmetterlingen: Zu *dem* Symbol der Triple-Krise ist eine weitaus größere Art geworden, der Eisbär *(Ursus maritimus)*. Obwohl er das Raubtier ist, das dem Menschen in freier Wildbahn gefährlich werden kann wie kein zweites, ist der Eisbär der Sympathieträger, mit dem wir leiden (im Gegensatz zum Wolf, der einen nach wie vor schlechten Leumund hat, so unberechtigt dies auch sein mag). So gut wie kein Bericht in den Medien über den Klimawandel kommt ohne einen verlorenen weißen Bären auf einsamer Eisscholle aus.

Und tatsächlich steht es schlimm um ihn. Schon seit 2006 wird die Art auf der Roten Liste der Weltnaturschutzunion als »gefährdet« geführt. Noch existieren maximal 31.000 Exemplare in freier Wildbahn rund um den Nordpol, Tendenz sinkend. Der Eisbär hat das Pech, in einem besonders fragilen Ökosystem zu leben. Wohl kein anderes Tier bekommt die traurigen Seiten unserer Wohlstandsgesellschaft – steigende Temperaturen durch Treibhausgase, Umweltverschmutzung durch rücksichtslosen Rohstoffabbau und Tourismus in der Arktis – derartig und für jedermann sichtbar zu spüren.

Eisbären ernähren sich fast ausschließlich von Robben. Infolge der fortschreitenden Eisschmelze verringern sich ihre Chancen, an erreichbare Beute zu gelangen. Sie müssen längere Strecken zurücklegen oder sind gezwungen, an Land auf Nahrungssuche zu gehen. Der Biologe John Whiteman von der University of Wyoming, der sich in der Tierschutzorganisation Polar Bears International engagiert, verfolgte mit elektronischer Hilfe eine Eisbärenmutter, die neun Tage lang 400 Meilen weit schwamm. Als er sie einige Wochen später wieder einfing, hatte sie nicht nur 22 Prozent ihres Gewichts verloren, sondern auch ihre Jungen.

Am Ende unseres Jahrhunderts könnten Eisbären »bis auf einige wenige hocharktische Subpopulationen« in freier Wildbahn ausgestorben sein, ermittelte eine Gruppe US-amerikanischer und kanadischer Wissenschaftler unter Leitung von Péter Molnár, Biologe an der University of Toronto. Ihre im Juli 2020 veröffentlichte Studie beruht auf Beobachtungen und Daten von 1979 bis 2016. Das Ergebnis ist niederschmetternd: Der Aufwand bei der Jagd kostet etliche Eisbären zu viel Kraft; an Land haben sie geringere Chancen auf Beute; sie kommen nicht mehr an ausreichend Nahrung, um ihren Kalorienbedarf zu decken, und gehen mit weniger Reserven in den

Winterschlaf. Die Überlebenschancen der Jungen schwinden. Denn Eisbärmütter, die nicht genug Körperfett haben, können nicht genug Milch produzieren, um den Nachwuchs durchzubringen.

Ein solches Tempo bei der Erderwärmung hat *Ursus maritimus* in Jahrmillionen zuvor nicht erlebt, die Rasanz überfordert ihn. Eisbären scheinen nicht in der Lage zu sein, sich schnell genug anzupassen. Selbst ein moderates Abbremsen des Temperaturanstiegs dürfte die Situation nicht grundlegend verändern. Professor Molnár und sein Team gingen von einem Anstieg der Durchschnittstemperatur bis 2100 um 3,3 Grad Celsius im Vergleich zur vorindustriellen Zeit aus. Bereits ein Anstieg von »nur« 2,4 Grad würde das Eisbärensterben wohl lediglich verzögern, aber nicht mehr stoppen.

Die Arktis heizt sich jedoch in einer Geschwindigkeit auf, dass man sie als das Epizentrum der Triple-Krise betrachten kann. Hinter dem Vorgang stecken hochkomplexe Zusammenhänge. Die Temperaturunterschiede zwischen Nord und Süd sind nicht mehr so krass wie vor Jahrzehnten, sie gleichen sich immer weiter an. Das bringt den polaren Wirbel in der Hochatmosphäre ins Stocken, die Arktis wird nicht mehr nonstop mit kalter Luft aus dem ganz hohen Norden versorgt. Stattdessen gelangen Warmluft und wochenlange Hochdruckgebiete in die Arktis. Weil weniger Schnee, der die Sonnenstrahlen reflektiert, den Boden Sibiriens, Grönlands oder Alaskas bedeckt, heizen sich Boden und Luft weiter auf.

Die Entwicklung lässt sich gut anhand der Schifffahrt nachzeichnen. Der britische Polarforscher Sir John Franklin versuchte zwischen 1845 und 1848, die fast 6000 Kilometer lange Nordwestpassage zwischen Atlantischem und Pazifischem Ozean zu durchsegeln und einen kürzeren Seeweg von Europa nach Asien zu finden. Er scheiterte. Alle Teilnehmer der Expedition starben. Dem norwegischen Abenteurer Roald Amundsen gelang die Durchfahrt zwischen 1903 und 1906 als Erstem. Ab Ende der 1960er-Jahre begann die Fracht-, 1985 die Kreuzschifffahrt auf der Passage. Im September 2007 zeigten Satellitenbilder der Europäischen Weltraumorganisation (ESA) den Seeweg erstmals komplett eisfrei. Ende August 2008 waren die Nordost- und Nordwestpassage zum ersten Mal zeitgleich durchgehend schiffbar. Inzwischen ist die Frachtschifffahrt in der Arktis nichts Ungewöhnliches mehr.

Das hat mit dem Rückgang des Eises zu tun, ein Prozess, der sich unaufhaltsam beschleunigt. Im Oktober 2019 bedeckte das arktische Eis nach Berechnungen des Instituts für Umweltphysik der Universität Bremen eine Fläche von 5,44 Millionen Quadratkilometern – 443.000 Quadratkilometer weniger als der bisherige Negativrekord von Oktober 2012. Zum Vergleich: Die Bundesrepublik hat eine Fläche von etwa 357.000 Quadratkilometern. Christian Haas vom Bremerhavener Alfred-Wegener-Institut Helmholtz-Zentrum für Polar- und Meeresforschung sagte zu dem Befund: »Noch nie im Zeitraum der kontinuierlichen Meereisbeobachtung haben wir zu diesem Zeitpunkt im Jahr so wenig Meereis in der Arktis beobachtet. Das ist ein beunruhigender Prozess, der vermutlich durch den zunehmenden Wärmeeintrag durch den Ozean und die atmosphärische Zirkulation in die Arktis verursacht wird.«

Der Masseverlust des grönländischen Inlandeises war 2019 so stark wie nie zuvor seit Beginn der Messungen 1948. 532 Milliarden Tonnen Eis gingen verloren, sieben Jahre zuvor – im bisherigen Rekordjahr 2012 – waren es 464 Milliarden Tonnen. Damit einher ging ein durchschnittlicher globaler Meeresspiegelanstieg von 1,5 Millimetern.

Die Berechnungen des Alfred-Wegener-Instituts und solche des Potsdamer Geoforschungszentrums decken sich mit jüngsten Untersuchungen der Ohio State University, wonach das schmelzende Inlandeis der Arktis den weltweiten Meeresspiegel seit 1992 bereits um 10,6 Millimeter steigen ließ. Das Team um die Klimaforscher Michalea King und Ian Howat analysierte monatliche Satellitendaten von mehr als 200 großen grönländischen Gletschern, die ins offene Meer münden. Der jährliche Schneefall kann das getaute Eis nicht mehr ausgleichen, wie es noch in den 1990er-Jahren der Fall war. Das heißt konkret: Der Masseverlust an Eis ist selbst dann nicht zu stoppen, wenn die Erderwärmung sofort und vollständig beendet werden würde.

Bevor Eisbären wieder Robben wie vor hundert Jahren jagen können, wird also weiterhin eine Hiobsbotschaft die andere jagen. Wie die vom September 2020, als das Geologische Forschungsinstitut für Dänemark und Grönland in Kopenhagen mitteilte, dass vom größten Gletscher der Arktis ein gigantischer Brocken abgegangen ist: 113 Quadratkilometer gelangten ins offene Meer, was ziemlich exakt der Größe von Trier entspricht. In etwas mehr als zwanzig Jahren büßte der Nioghalvfjerdsfjorden an der nordöstlichen Küste Grönlands schon 160 Quadratkilometer seiner Fläche ein. Die Forscher stellten in den vergangenen zwei Jahren eine Beschleunigung des Prozesses fest. Institutsprofessor Jason Box konstatierte: »Wir sollten sehr besorgt sein wegen der offensichtlichen fortschreitenden Auflösung des größten verbleibenden Schelfeises der Arktis.«

UND WIE SCHAUT ES AM ANDEREN ENDE DER WELT AUS?

Die Situation am Südpol ist keinen Deut besser. Auch dort wurden 2020 Negativrekorde aufgestellt. Am 6. Februar meldete die argentinische Forschungsstation Esperanza Base ganz im Norden der Antarktis 18,3 Grad Celsius – plus, wohlgemerkt. Dieser Wert wurde am gleichen Tag in Los Angeles erzielt. Ein schwacher Trost, dass zu der Zeit in Patagonien Sommer und in Kalifornien Winter ist.

Das Bild von der Antarktis als ewigem Eis bekam spätestens 2002 einen Riss, als vom mindestens 10.000 Jahre alten Larsen-B-Schelfeis nahe der äußersten Südspitze des amerikanischen Kontinents eine Platte von der vierfachen Größe Hamburgs wegbrach. Rund 3250 Quadratkilometer, etwa 720 Milliarden Tonnen, lösten sich von der übrigen, wenigstens 200 Meter dicken Eismasse.

Ein Team europäischer und nordamerikanischer Wissenschaftler um den Italiener Michele Rebesco vom Nationalen Institut für Ozeanografie in Sgonico nahe Triest kam in einer im September 2014 veröffentlichten Studie zu der Erkenntnis, dass der Bruch des Larsen-B-Schelfeises »eher auf die Erwärmung der Oberfläche als auf die Instabilität der Erdungszone zurückzuführen« sei: Je wärmer es wird, desto mehr Eis schmilzt auf der Oberfläche an, das Schmelzwasser dringt in Risse und Spalten, drückt sie auseinander, bis es zur Spaltung kommt.

Kurz darauf präsentierten Wissenschaftler um den Geologen Ala Khazendar vom Jet Propulsion Laboratory, das sowohl zur NASA als auch zur privaten Spitzenuniversität California Institute of Technology in Pasadena gehört, eine Untersuchung, die den totalen Kollaps des restlichen Larsen-B-Eisschelfs in naher Zukunft vorhersagten: »Der schnell fließende nordwestliche Teil des restlichen Schelfeises weist eine zunehmende Fragmentierung auf, während der stagnierende südöstliche Teil anfällig für die Bildung großer Risse zu sein scheint.« Doch vor dem endgültigen Aus des Larsen-B-Gebildes erwischte es das Larsen-C-Schelfeis. Im Juli 2017 brach ein etwa 5800 Quadratkilometer großes Stück ab – rund 12 Prozent seiner bisherigen Gesamtmasse.

Das Auseinanderdriften der riesigen Brocken wirkt sich nicht unmittelbar auf den Meeresspiegel aus, jedenfalls nicht sofort und nicht direkt. Ob Eiswürfel in der Apfelschorle schwimmen oder geschmolzen sind, ändert nichts am Flüssigkeitsstand des Glases. Die Eisschelfe bilden allerdings natürliche Prellböcke für die Gletscher auf dem Festland. Sind sie weg, geben die gefrorenen Flüsse oft schneller als bisher und mehr Wasser ab, das dann ins Meer fließt. Diese Effekte sind vielfach durch Studien belegt.

Der Erdsystemwissenschaftler Eric Rignot, Professor an der University of California in Irvine, untersuchte anhand von Computersimulationen und mit satellitengestützten Messungen und Luftbildern die Entwicklung. Das Ergebnis war noch schlimmer als befürchtet. Das Eis geht sechs Mal so schnell verloren wie vor vier Jahrzehnten. Berechnungen zum Schmelzen aller Eisschelfe an Nord- und Südpol sowie sämtlicher Gletscher der Erde fallen entsprechend dramatisch aus. Dies deckt sich mit Erkenntnissen des Lamont-Doherty-Erdobservatoriums an der New Yorker Columbia University. Nach einer Auswertung von Bildern aus vier Jahrzehnten, die mit Satelliten über Indien, China, Nepal und Bhutan aufgenommen wurden, berechneten die Wissenschaftler, dass die gefrorenen Flüsse im Himalaya momentan doppelt so schnell dahinschmelzen wie in den 25 Jahren vor der Jahrtausendwende. Die Eisfelder in dem Gebirge, zu dem alle 14 Achttausender der Welt inklusive des Everest gehören, büßten in den vergangenen vierzig Jahren ein Viertel ihrer Masse ein. Hier stellt sich die Frage, wie sich das langfristig für die Wasserversorgung der vielen Hundert Millionen Be- und Anwohner des Gebirges auswirkt, ganz zu schweigen von den Auswirkungen für große Teile Südostasiens, die ihr Wasser aus dem Mekong beziehen, der im Himalaya entspringt und in Ho Chi Minh City (dem ehemaligen Saigon) in das Südchinesische Meer mündet.

Ist das Hysterie, wenn Wissenschaftler überall auf der Erde die Alarmglocken läuten? Nein. Der Vorschlag aus der Universität der australischen Insel Tasmanien ist durchaus ernst gemeint, obwohl er wie aus einem Sciencefiction-Roman klingt:

Über zehn Jahre hinweg 7,4 Billionen Tonnen Kunstschnee auf die Eisflächen der Antarktis zu befördern, weil »der potenzielle Nutzen gegen Umweltgefahren, zukünftige Risiken und enorme technische Herausforderungen abgewogen werden muss«. Ein solcher Aufwand könnte sich lohnen.

Sonst droht unter anderem vielleicht der Untergang zweier Arten, die – ebenso wie die Eisbären am Nordpol – als Sympathieträger gelten: die Königspinguine *(Aptenodytes patagonicus)* und die Kaiserpinguine *(Aptenodytes forsteri)*. Ornithologen um den Franzosen Henri Weimerskirch vom Zentrum für biologische Studien an der Universität La Rochelle kamen, nachdem sie Satellitenbilder von der Île aux Cochons von 1988 bis 2017 ausgewertet hatten, zu dem Ergebnis, dass die einst größte Königspinguin-Kolonie um 88 Prozent geschrumpft ist. Brüteten in den 1980er-Jahren noch 500.000 Paare auf der Insel im französischen Antarktisgebiet, sind es heute etwa 60.000.

Die Prognose für den Kaiserpinguin ist nicht besser. Die auf Seevögel spezialisierte Biologin Stephanie Jenouvrier von der Woods Hole Oceanographic Institution im US-Bundesstaat Massachusetts, die die Populationen in der Antarktis seit vielen Jahren beobachtet, rechnet mit einem starken Rückgang der Art, selbst wenn der Klimawandel gestoppt würde. Auch unter der Prämisse, dass sich das im Pariser Abkommen vorgesehene 1,5-Grad-Idealziel umsetzen ließe, würde die Zahl der Pinguinkolonien bis zum Jahr 2100 um 19 Prozent zurückgehen. Falls sich die Erde aber im derzeitigen Tempo weiter aufheizt, wird die Population der Kaiserpinguine in der Antarktis bis zum Ende des Jahrhunderts um 86 Prozent abnehmen und letztlich bald danach aussterben. Ein Wende hält Stephanie Jenouvrier dann nicht mehr für möglich. Der Grund ist ein sehr ähnlicher wie bei den Eisbären: Packeis verschwindet und geht damit als Lebensraum der Tiere verloren.

DER TEUFELSKREIS ALLER TEUFELSKREISE

Die Bedrohung der Eisbären und Pinguine steht für den dramatischsten aller in diesem Buch beschriebenen Teufelskreise, die die Triple-Krise anheizen. Der Klimawandel nimmt stetig an Tempo zu und beschleunigt das Artensterben. Die zerstörten Ökosysteme sind immer weniger in der Lage, Kohlendioxid zu speichern, was die Erderwärmung antreibt. Das betrifft nicht allein Rodungen ganzer Wälder wie in Brasilien, Malaysia oder Indonesien. Verschwinden bestimmte Arten – Insekten, Amphibien und kleinere Säuger –, die in tropischen Gegenden dafür sorgen, dass Pollen von Bäumen und anderen CO_2-bindenden Pflanzen verteilt werden, verkümmern die Regenwälder, übrigens auch genetisch. Die zunehmenden Hitzewellen, gekoppelt mit geringeren Niederschlägen, tragen maßgeblich zu Waldbränden bei, bei denen zig Millionen Tonnen Kohlendioxid freigesetzt werden. Und so weiter und so fort.

Jeder kann wahrnehmen, dass es für die Erderwärmung zunehmend auch in Europa deutliche Hinweise gibt: milde Winter, Trockenheit, stehende Hitze, Extremereignisse wie Stürme, Erdrutsche, Starkregen oder Schneemassen, plötzliche Temperaturumschwünge und Wälder, die mit ihren braunen Nadelbäumen und verkümmerten Laubbäumen ausschauen, als wären sie Opfer eines Chemieunglücks geworden. Dabei leiden sie »nur« unter Wassermangel und Schädlingsbefall.

Die Erkenntnis, dass Ernteschäden durch Insekten mit steigenden Temperaturen einhergehen, ist seit mehr als hundert Jahren bekannt. Sie beruhte vor allem auf Beobachtungen. Heute ist der Zusammenhang wissenschaftlich belegt. Forschende der University of Washington in Seattle errechneten, dass Insektenschädlinge im Zusammenspiel mit dem Klimawandel einen noch größeren Teil der Getreideernte vernichten werden als bisher. Der globale Anstieg der Durchschnittstemperatur um 2 Grad Celsius werde die Populationen schädlicher Insekten so stark begünstigen, dass der Verlust beim Reis um weitere 19, beim Mais um 31 und beim Weizen um 46 Prozent zunehme. Die Ernteeinbußen bei den drei Getreidearten würden weltweit unglaubliche 213 Millionen Tonnen betragen. Dabei berücksichtigte die Forschungsgruppe in Seattle in ihrer Simulation gerade einmal 38 Schädlingsarten.

Laut Weltwetterorganisation (WMO) war die globale Durchschnittstemperatur zwischen 2016 und 2020 die höchste seit Beginn der Aufzeichnungen, sie liegt 1,1 Grad über dem vorindustriellen Niveau, also 1850 bis 1900. Mit 24-prozentiger Wahrscheinlichkeit wird die Durchschnittstemperatur zwischen 2020 und 2024 dann mindestens ein Jahr sogar 1,5 Grad über dem historischen Maßstab liegen. Besonders schlechte Nachrichten für die Eisbären: Die Arktis dürfte sich 2020 um mehr als das Doppelte des globalen Mittelwerts erwärmt haben, eine Trendumkehr zeichnet sich nicht ab. In den vergangenen vierzig Jahren erwärmte sich der Nordpol rund drei Mal so stark wie der Rest der Welt.

Um das Ausmaß begreiflich zu machen, sei daran erinnert: Das von den USA nun aufgekündigte Pariser Klimaschutzabkommen von 2015 hatte zum Ziel, die globale Erderwärmung bis zum Ende dieses Jahrhunderts auf 1,5 bis maximal 2 Grad über dem vorindustriellen Zeitalter zu begrenzen. Wie wir inzwischen wissen, hat der von der Corona-Pandemie erzwungene Stillstand der Weltwirtschaft keine Entspannung gebracht. »Aufgrund der sehr langen Lebensdauer von CO_2 in der Atmosphäre ist nicht zu erwarten, dass der Emissionsrückgang in diesem Jahr (2020) zu einer Verringerung der CO_2-Konzentrationen in der Atmosphäre führt«, fasste der finnische WMO-Generalsekretär Petteri Taalas zusammen.

Das 2005 entwickelte Worst-Case-Szenario des Weltklimarats (IPCC) könnte sich durchaus bewahrheiten. Es ging von einer globalen Erderwärmung von 5 Grad bis 2100 aus. Nach Berechnungen des Woods Hole Research Center weicht die Prognose von den tatsächlichen Emissionen zwischen 2005 bis 2020 nur rund ein Prozent ab. Die Studie blieb nicht unwidersprochen, eine ernstzunehmende Warnung ist sie dennoch.

Auch eine deutsch-tschechische Studie unter Federführung meines Kollegen Vittal Hari, ebenso vom Helmholtz-Zentrum für Umweltforschung, zeigt in diese düstere Richtung. Sie ordnete die Dürrejahre 2018 und 2019 in die Reihe langfristiger globaler Klimadaten seit 1766 ein mit dem Ergebnis: In den vergangenen 250 Jahren gab es in Mitteleuropa keine zweijährige, direkt aufeinanderfolgende Sommerdürre dieses Ausmaßes. Über die Hälfte des Ackerlands litt unter Hitze und Trockenheit. Die zweitgrößte Dürre dauerte von 1949 bis 1950, betraf allerdings nur etwa ein Drittel der Fläche. Der pessimistischsten Prognose zufolge, die sich am Worst-Case-Szenario des Weltklimarats orientiert, wird die Wahrscheinlichkeit extremer, dicht aufeinanderfolgender Sommerdürren in der zweiten Hälfte des Jahrhunderts sieben Mal höher liegen, über 40 Millionen Hektar Ackerfläche werden betroffen sein. Je nachdem, wie stark die Treibhausgasemissionen verringert werden können, sinkt die Wahrscheinlichkeit zweijähriger Sommerdürren (zwischen 50 und sogar 90 Prozent), das Ergebnis bleibt: Wir marschieren sehenden Auges in eine Dürrekatastrophe, wie sie in Europa noch vor wenigen Jahrzehnten undenkbar schien.

In der Studie ist noch nicht berücksichtigt, dass auch 2020 ein Jahr mit sehr wenig Niederschlag und heißen Temperaturen war. Der Stand des Grundwasserpegels ist besorgniserregend. Die Regenmenge reicht nicht mehr aus, die unterirdischen Speicher aufzufüllen. Starkregen, der eher über begrenzten Gebieten niedergeht, trifft auf ausgetrockneten, sehr harten Boden, der das Wasser nicht aufnehmen kann. Die Wassermassen gelangen in die Flüsse und verursachen örtliche Überschwemmungen.

ERST SINTFLUTARTIGE REGENFÄLLE, DANN HEUSCHRECKENPLAGE

Wie sehr Extremwetter die Menschheit bedrohen, lässt sich an der gigantischen Heuschreckenplage, die Ostafrika ab Mitte 2019 heimsuchte, studieren. Zwei dicht aufeinanderfolgende Zyklone brachten sintflutartige Regenfälle über der Wüste im Süden der Arabischen Halbinsel. Auch wenn es bisher keine eindeutigen Belege dafür gibt, spricht einiges dafür, dass der Klimawandel die Entstehung von Wirbelstürmen begünstigt: Das Meer heizt sich auf, Wasser verdunstet, die aufsteigende Luft kühlt sich in der Höhe wieder ab und bildet Wolken. Die darunterliegende feuchte Warmluft beginnt, sich wie in einer Spirale zu drehen – sichtbar als riesiger Wirbel.

Die unverhofften Regenmassen ließen die Vegetation explodieren, was wiederum paradiesische Lebensbedingungen für die Wüstenheuschrecke *(Schistocerca gregaria)* schuf. Diese Heuschrecken sind normalerweise eher Einzelgänger und treten nur unter bestimmten Bedingungen in Massen auf. Hitze macht ihnen nichts aus. Der limitierende Faktor ist das Nahrungsangebot. Ist dieses vorhanden, können sich riesige Schwärme mit Milliarden von Tieren bilden, die bis zu 60 Kilometer lang und 40 Kilometer breit sind und 150 Kilometer am Tag zurücklegen. Wo ein Schwarm Wüstenheuschrecken einfällt, wächst kein Kraut mehr. Der Himmel verdunkelt sich, und binnen Minuten sind Felder, Weideflächen, Bäume kahl gefressen. An einem einzigen Tag vernichtet ein solcher Heuschreckenschwarm die tägliche Nahrung für 35.000 Menschen.

Heuschreckenplagen gibt es seit Jahrtausenden. Das Ausmaß des jüngsten Befalls verblüffte allerdings sogar Experten. Über den Jemen gelangten die Heuschrecken in den Iran, nach Pakistan und Indien, von wo aus sie mit dem Wind Richtung Süden über das Rote Meer in den Nordosten Afrikas getrieben wurden. Kenia, Äthiopien und Somalia waren in der Folge am schwersten betroffen.

Es ist wie verhext. Die Erderwärmung begünstigt besonders diejenigen Insektenarten, die sich leicht anpassen können. Schadinsekten sind oft Generalisten. Das Nachsehen haben die Spezialisten, die sich nicht umstellen können. Zum Beispiel Hummeln: Insbesondere die gestiegenen Temperaturen bringen die Bestäuber in Bedrängnis. Sie können mit Hitze nicht umgehen und verlieren somit ihre Lebensräume.

Kanadische und britische Wissenschaftler um den Biologen Peter Soroye von der University of Ottawa konnten in einer Langzeitstudie flächendeckende Rückgänge der Hummelpopulationen in Europa und Nordamerika nachweisen. Unter Nutzung von rund 500.000 Datensätzen, aufgezeichnet von unzähligen ehrenamtlichen und hauptberuflichen Fachkollegen zwischen 1901 und 2014, entwarfen sie eine Verbreitungskarte für 66 Arten der fliegenden Sechsfüßler auf den zwei Kontinenten. Das Ergebnis war eindeutig: Je wärmer es wird und je länger Dürreperioden dauern, desto mehr Hummeln ergreifen die Flucht – so sie es können. Im Laufe von nur einer Menschengeneration sank die Wahrscheinlichkeit, dass eine Fläche von Hummeln besiedelt wird, um durchschnittlich mehr als 30 Prozent. Wobei der Wert in Nordamerika mit beinahe 50 Prozent höher ausfiel als der in Europa (hier waren es 17 Prozent).

Auch in den Gebirgsregionen sind Ausweichbewegungen von Flora und Fauna vielfach wissenschaftlich belegt. Die stetig steigenden Temperaturen lassen Gletscher schmelzen, erhöhen die Schneegrenze und verändern den Wasserhaushalt der Bergwelt. Seit Jahren erobern Pflanzen, die sich in Wärme wohlfühlen, höhere Regionen, und die dort angestammte Flora müsste ebenso nach oben ausweichen, was sie nicht kann – am Gipfel ist der Berg nun einmal zu Ende.

Den Gletschern an der Zugspitze, Deutschlands höchstem Berg, droht das Schicksal des Okjökulls in Island, den die Regierung in Reykjavík im August 2019 für tot erklärte, nachdem er über Jahrhunderte die Spitze und die Flanken eines Vulkans geziert hatte. Auch an der Zugspitze verschwinden die Eisflächen mit Hochgeschwindigkeit. Der nördliche Schneeferner ist auf 25 Prozent seines Volumens von 1950 geschrumpft. Beim südlichen Schneeferner sind nur mehr 6 Prozent übrig. Lagen die Temperaturen auf dem Berg vor weniger als einem halben Jahrhundert im Januar noch standardmäßig bei minus 20 Grad Celsius, sind es heute nur mehr minus 10 Grad.

Die weltweite Gletscherschmelze geht mit dem Auftauen der Permafrostböden einher. Das vermeintlich ewige Eis hält überdies Sedimente, Steine, Felsbrocken und Erde zusammen. Schmilzt es, führt dies zur Destabilisierung von Bergflanken. Abhänge geraten ins Rutschen, das Risiko von Steinschlägen, Felsstürzen und Schlammlawinen nimmt signifikant zu – umso mehr, wenn die Niederschläge zunehmen. Dringt Wasser in Felsspalten ein und gefriert, weitet es sich aus und sprengt das umliegende Gestein. Werden dazu Berghänge gerodet oder ist der Wald durch Sturmschäden, Schadstoffe und Schädlingsbefall geschwächt, nimmt die Gefahr von Erdrutschen weiter zu. Die Wurzeln gesunder Bäume graben sich fest in den Boden und halten ihn zusammen, was Muren, wie Schlammlawinen in den Alpenländern genannt werden, verhindert. Ohne Bäume entfällt dieser Schutz.

Auch Erdrutsche und Überschwemmungen hat es schon immer gegeben. Doch im 21. Jahrhundert kann man getrost den Begriff der Sintflut bemühen, um das Ausmaß der Katastrophen zu beschreiben. In zwei Provinzen auf der drittgrößten japanischen Insel Kyushu mussten im Sommer 2020 wegen Überflutungen und Erdrutschen infolge schwerer Regenfälle mehr als 200.000 Menschen evakuiert werden. Schlammfluten begruben Straßen und Wohnhäuser unter sich. Die Zunahme solcher Tragödien geht nicht allein auf den Klimawandel zurück. Doch der Klimawandel verschärft die Entwicklung.

DIE GESCHICHTE VON EIS UND FEUER

Das andere Extrem sind die fatalen Busch- und Waldbrände der jüngeren Vergangenheit in Australien und Alaska, an der Westküste der USA, in Kanada, Griechenland und Sibirien. Schon 2013 schrieb der US-amerikanische Biologe und Klimaforscher Ryan Kelly von der University of Washington in Seattle: »Die Waldbrandaktivität in borealen (nördlichen) Wäldern wird voraussichtlich dramatisch zunehmen und weitreichende ökologische und sozioökonomische Folgen haben.« Leider behielt er nur allzu recht. Die Zunahme von Waldbränden in kaltgemäßigten Klimazonen hat ein Niveau erreicht wie nie zuvor in den vergangenen 10.000 Jahren. Dies lässt sich aus Holzkohlefragmenten aus Sedimentbohrungen in den Yukon Flats in Alaska, einem Feuchtgebiet auf Permafrostboden, in dem es im Winter bis minus 57 Grad Celsius und im Sommer bis zu 38 Grad plus werden kann, nachweisen. Kellys Fazit: Die Feuer in borealen

Wäldern sind so stark geworden, dass mehr Kohlenstoff freigesetzt wird, als die Bäume aufzunehmen vermögen. Arktische
und subarktische und boreale Ökosysteme speichern etwa ein
Drittel des terrestrischen Kohlenstoffs. Zwölf Prozent des
gesamten gespeicherten Kohlenstoffs wurden in der zweiten
Hälfte des 20. Jahrhunderts als CO_2 freigesetzt.

Zwar wissen wir auch von Hitzewellen aus vergangenen
Jahrhunderten bis hinein ins Mittelalter. Aber die Temperaturanstiege waren längst nicht so häufig und lang anhaltend wie
in unserer Zeit. Knallende Hitze, niedrige Luftfeuchtigkeit,
kaum oder keine Niederschläge sowie starke Winde – das ist
der Wettermix, der Busch- und Waldbrände begünstigt. Forscher der Universitäten in Norwich und Exeter, des Imperial
College London sowie des britischen Wetterdienstes veröffentlichten dazu Anfang 2020 eine Übersichtsstudie, die auf
57 wissenschaftlichen Vorarbeiten beruht. Das Ergebnis: Die
Erwärmung erhöht die Gefahr unkontrollierbarer Feuer zunehmend auch in solchen Regionen, die bisher verschont geblieben waren, etwa dem Westen Nordamerikas, Südeuropa,
Skandinavien und Amazonien.

Die schweren Buschfeuer in Australien und die katastro-
phalen Waldbrände in Kalifornien, Oregon und anderen US-
Weststaaten der jüngeren Geschichte sind ein untrüglicher Beleg dafür. Die Feuer nehmen von Jahr zu Jahr an Intensität zu.
Sie werden selbstverständlich nicht durch den Klimawandel ent-
facht. Dafür sind Blitze vom Himmel oder auch umgestürzte
Elektroleitungen, unachtsame Menschen, die Zigarettenkippen
wegwerfen, und sehr oft auch Brandstifter verantwortlich.

Saisonal auftretende Brände sind etwas Natürliches und auch ein wichtiges Korrektiv bei der Instandhaltung der Ökosysteme. Auf Korsika ist es regelrecht Tradition, dass Feuerwehrleute kontrollierte Feuer legen, um Unterholz zu vernichten, damit Pflanzen und Bäume auf den Berghängen vernünftig gedeihen können.

Auch in Australien sind die Buschfeuer ein wichtiges Regulativ der Natur – nur nicht in diesen Dimensionen, wie sie in letzter Zeit auftreten. Betroffen sind zunehmend ökologisch empfindliche Areale, die sehr lange brauchen, um sich wieder zu regenerieren. Während die Regierung des Landes sich zierte, die Feuer mit der Erderwärmung in Verbindung zu bringen, kam die Biologin Michelle Ward von der University of Queensland in Brisbane in einer Untersuchung zu dem Schluss: »Australiens Megabrände 2019–2020 wurden durch Dürre, menschengemachten Klimawandel und bestehendes Landnutzungsmanagement verschärft.« Die Flammen im Süden und Osten des Landes vernichteten die Vegetation eines 97.000 Quadratkilometer großen Gebiets – das entspricht ungefähr der Fläche von Bayern, Sachsen und Thüringen zusammen. Auf dem Terrain leben (soweit bekannt) 832 Wirbeltierarten, eine Milliarde Tiere verendeten. Der Lebensraum von 70 Arten wurde zu mindestens 30 Prozent zerstört, umso dramatischer, als 21 davon vom Aussterben bedroht sind.

Hitzeperioden und -wellen sind von weit höheren Temperaturen geprägt als noch vor wenigen Jahren. Nach Berechnungen der zivilen US-Bundesbehörde für Raumfahrt und Flugwissenschaft (NASA) und der US-amerikanischen

Nationalbehörde für Ozeane und die Atmosphäre (NOAA), die sich mit Erkenntnissen europäischer Klimaforscher decken, ist seit 1960 jedes Jahrzehnt wärmer als das davorliegende gewesen. 2010 bis 2019 war die wärmste Dekade seit Beginn der Wetteraufzeichnungen. Nach 2016 war 2019 das zweitwärmste Jahr seit dem Beginn der Aufzeichnungen vor 140 Jahren. 19 der heißesten 20 Jahre lagen in den letzten zwei Dekaden unseres Jahrhunderts, 2015 bis 2019 waren die fünf wärmsten Jahre der jüngeren Geschichte.

Neue Hitzerekorde sind schockierend, weil sie die Geschwindigkeit des Klimawandels dokumentieren. Im Frühsommer 2020 wurde in der sibirischen Stadt Werchojansk die von der NASA bestätigte Spitzentemperatur von 38 Grad Celsius registriert. Das World Weather Attribution, ein internationales Projekt, das sich mit dem Einfluss von Klimatreibern auf Extremwetterereignisse befasst und an dem Wissenschaftlerinnen und Wissenschaftler aus Frankreich, den Niederlanden, Russland, der Schweiz, Großbritannien und Deutschland beteiligt sind, ging der Frage nach, ob die sibirische Hitzewelle ohne das Aufheizen der Erde in der Form möglich gewesen wäre. Die eindeutige Antwort lautet: niemals. »Die Ergebnisse zeigten mit großer Sicherheit, dass die anhaltende Hitze von Januar bis Juni 2020 infolge des vom Menschen verursachten Klimawandels mindestens 600 Mal wahrscheinlicher wurde.« Ohne Klimawandel würde ein solches Wetterereignis weniger als einmal in 80.000 Jahren auftreten. »Die Kombination der Werte aus den (angewandten) Modellen und Wetterbeobachtungen zeigt, dass für die große Region dieselbe sechsmonatige Hitzeperiode mindestens 2 Grad Celsius kühler gewesen wäre, wenn sie 1900 statt 2020 aufgetreten wäre.« Man errechnete, dass in dem arktischen Untersuchungsgebiet bis 2050 ein Temperaturanstieg von mindestens 2,5 bis maximal 7 Grad gegenüber 1900 möglich ist. »Dies würde einer zusätzlichen (globalen) Erwärmung von mindestens 0,5 Grad und möglicherweise bis zu 5 Grad bis 2050 im Vergleich zu heute entsprechen.«

Brennende Torfmoore in der Arktis sind in den Sommermonaten keine Seltenheit, zumal dann die obere Schicht des Permafrostbodens auftaut. Seit wenigen Jahren werden jedoch Flächenbrände am nördlichen Polarkreis beobachtet, die von ungewöhnlicher Dauer und Intensität sind. Thomas Smith, Professor für Geografie und Umwelt an der staatlichen Universität London School of Economics and Political Science, identifizierte Anfang Juli 2019 zahlreiche Feuer als brennende Torfmoore, mindestens fünf davon größer als 100.000 Hektar. »Der Mai 2019 war 3 bis 5 Grad wärmer als der langjährige Durchschnitt in Sibirien, und der Juni 2019 war mit Abstand der heißeste Juni aller Zeiten weltweit. Diese Temperaturen könnten eine Schwelle für Waldbrandaktivitäten im Polarkreis darstellen.« Knapp ein Jahr später hielt der europäische Copernicus-Satellit Sentinel 2 das nördlichste je gemessene Buschfeuer fest.

Moore sind von zentraler Bedeutung in Bezug auf das ökologische Gleichgewicht, aber auch im Kampf gegen die Erderwärmung. Obwohl sie zu 95 Prozent aus Wasser bestehen, helfen die Feuchtgebiete genau wie die Wälder beim Klimaschutz. Sind sie intakt, wachsen Moore jedes Jahr einen

Millimeter. Das klingt nach nicht viel. Allerdings muss man die Gesamtfläche betrachten. Ihre Pflanzenmasse speichert gewaltige Mengen an Kohlenstoff, die sich sonst als CO_2 in der Atmosphäre befänden. Der Torf eines Moores bildet sich aus nicht oder nur unvollständig zersetzten Pflanzen. Darin gebundener Kohlenstoff bleibt eingeschlossen. Torf besteht bis zu 60 Prozent aus Kohlenstoff. Gerät das Moor in Brand oder wird es trockengelegt, gelangt der Kohlenstoff als CO_2 in die Atmosphäre.

Feuer setzen unglaubliche Mengen an Kohlendioxid frei. Bei den schweren Buschbränden in Australien 2019 und 2020 wurden rund 850 Millionen Tonnen CO_2 in die Luft geblasen. Die Angabe stammt nicht von besorgten Umweltschützern, sondern vom australischen Ministerium für Industrie, Wissenschaft, Energie und Ressourcen. 850 Millionen Tonnen sind ungefähr so viel wie der gesamte CO_2-Jahresausstoß Deutschlands (2018: 858 Mio. Tonnen).

Bisher half uns die Natur, die CO_2-Konzentration in der Atmosphäre zu begrenzen. Doch sie ist an ihre Grenzen gelangt. Ozeane verlieren genauso wie Wälder ihre Fähigkeit, Kohlendioxid zu binden. Ein Team unter Führung von Luciana Gatti, Professorin am brasilianischen Nationalen Institut für Weltraumforschung (INPE), untersucht seit mehr als zehn Jahren Treibhausgase über dem Amazonasbecken. Nur noch ein Teil des Regenwalds ist in der Lage, große Mengen Kohlendioxid aufzunehmen und zu binden, ein Fünftel der Fläche hat diese Fähigkeit verloren. Es handelt sich um Gebiete mit starker Abholzung. Gattis Studien zufolge geben diese Flächen inzwischen mehr CO_2 an die Luft ab, als der Amazonas-Regenwald aufnehmen kann.

DAS BRODELN IM KÜHLSCHRANK DER ERDE

Der Teufelskreis gerät schneller und schneller ins Rotieren. Nicht nur Eisberge und Gletscher verlieren an Masse, sondern auch Permafrost taut auf, also Eis in Böden, das über Jahrmillionen ununterbrochen gefroren war. Dadurch wird Methan freigesetzt, dessen Klimaschädlichkeit die von CO_2 um das 25-Fache übersteigt. Allerdings ist seine Verweildauer in der Atmosphäre mit etwa zehn Jahren weitaus kürzer. Derzeit liegt der Methangehalt (CH_4) der Luft ungefähr 2,5 Mal höher als in vorindustrieller Zeit.

Klimaforscher wie Sara Mikaloff-Fletcher und Hinrich Schaefer vom Nationalen Institut für Wasser- und Atmosphärenforschung Neuseelands in Wellington (NIWA) sehen in Methan inzwischen mit einen Hauptgrund für die globale Erwärmung. Sie werben dafür, beim Kampf gegen die Erderwärmung bei diesem Gas anzusetzen. Zumal die Emissionen von Kohlendioxid in den vergangenen Jahren relativ konstant blieben, der Methanausstoß aber stark zunahm: »Von 2014 bis mindestens Ende 2018 stieg die Menge an CH_4 in der Atmosphäre fast doppelt so schnell wie seit 2007.«

Lange Zeit wurden dafür in erster Linie die Rinderzucht – eine Kuh produziert täglich 100 Liter Methangas – und der bewässerte Reisanbau verantwortlich gemacht. Inzwischen rückt der Permafrost stärker in den Fokus. Aber es ist die

Summe aller Treiber des Klimawandels, die die Situation so gefährlich macht. Die »Kippelemente« könnten eine Kettenreaktion auslösen, die die globale Erderwärmung verstärkt und unkontrollierbar macht. Dann wäre der »Kipppunkt« erreicht. Man kann das mit einem Menschen vergleichen, dessen Herz nach einem Infarkt zwar noch schlägt, aber das Organ kann seine Aufgabe nicht mehr ausreichend erfüllen.

Der Blaue Planet benötigt wie ein Herzpatient Unterstützung. Derzeit findet die Idee der Klimakontrolle mit Methoden des Geoengineerings mehr und mehr Anhänger. Man erhofft sich, die Reflexionsfähigkeit der Erdoberfläche stärken und Kohlendioxid aktiv aus der Atmosphäre entfernen zu können. Nach heutigem Stand der Dinge ist es vielleicht eine unentbehrliche Komponente, um das Ziel des Pariser Abkommens zu erreichen. Dazu muss aber geklärt werden, in welcher Form und Höhe sich die Staaten der Welt daran beteiligen. Hunderte Milliarden Tonnen CO_2 aus der Atmosphäre zu entziehen, wird nicht ohne Aufwand und Kosten vonstattengehen – und die Umweltwirkungen solcher Maßnahmen sind auch noch weitestgehend unklar.

Auch in Deutschland bekommen wir die Folgen des Treibhauseffekts jedes Jahr mehr und heftiger zu spüren. Das wohl signifikanteste Alarmzeichen ist die Verteilung der Niederschläge. Regional nehmen sie im Sommer um bis zu 40 Prozent ab, im Winter jedoch in weiten Teilen Deutschlands deutlich zu. Die Folgen sind gravierend, bringen ganze Ökosysteme ins Wanken. Feuchtgebiete sind gefährdet, wenn sich nicht genug Grundwasser neu bildet. Weniger Wasser heißt so gut wie immer auch: schlechteres Wasser. Die Zusammensetzung der

Arten verändert sich, es kommt zu Verdrängungen und zum örtlichen Aussterben von Spezies.

Neu ist auch das nicht. Klimatische Faktoren bestimmen seit jeher wesentlich die Verbreitung und Häufigkeit von Arten, Ökosystemen und Großlebensräumen, Biome genannt. Etliche Verbreitungsgebiete von Tieren und Pflanzen zeichnen die Klimazonen nach, sind an bestimmte ozeanische oder kontinentale Klimabedingungen gebunden oder beschränken sich auf klar abgrenzbare Höhenstufen in den Gebirgen. Simpel ausgedrückt: Es hat seinen Grund, dass der Eisbär »Eisbär« heißt und nicht in Afrika vorkommt.

Klimaveränderungen wirken sich auf großräumige Biome ebenso aus wie auf winzige Biotope. Seit Millionen Jahren lautet die Faustregel: Arten, die sich besser neuen klimatischen Bedingungen anpassen, haben höhere Überlebenschancen. Die entscheidende Frage lautet: Haben Spezialisten angesichts der Rasanz der steigenden Temperaturen genügend Zeit, sich auf die neuen Lebensumstände einzustellen? Bei den Königs- und Kaiserpinguinen am Südpol und den Eisbären am Nordpol lautet die Antwort: nein. Und wie schaut es in unseren Breitengraden aus?

Schon leichte Abweichungen können einschneidende Konsequenzen für die Gene, das Verhalten und Vorkommen von Arten sowie die Struktur und Funktion von Ökosystemen haben. Der Kleine Wiesenknopf *(Sanguisorba minor),* ein Rosengewächs, machte eine Mikroevolution durch: Als Folge des erhöhten CO_2-Gehalts der Luft nahm die Zahl der Blätter zu. Warum diese Anpassung? Mit Hitze und Trockenheit kommen

Pflanzen schlechter klar, weil sie die Zahl der Stomata, winzige Öffnungen in der Oberfläche ihrer Blätter, verringert. Durch diese Poren nimmt eine Pflanze das für sie lebensnotwendige Kohlendioxid auf, um es mithilfe von Sonnenlicht in Zucker umzuwandeln. Die Pflanze reguliert auf diese Weise ihren Energiehaushalt. Allerdings: Besitzt sie weniger Spaltöffnungen, kann sie ihre Blätter während einer Hitzewelle nur ungenügend durch das Verdunsten von Wasser abkühlen. Wächst der CO_2-Anteil immer weiter an, könnte das schwerwiegende Folgen für das Nachwachsen der Pflanzen haben.

Der Paläontologe Gregory Retallack von der University of Oregon stellte bereits 2001 fest, dass in den vergangenen 300 Millionen Jahren die Temperaturen auf der Erde immer eng mit dem Kohlendioxidgehalt in der Atmosphäre verknüpft waren. Wie schaffte er es, so weit in die Vergangenheit zu schauen? Er untersuchte die Stomata versteinerter Blätter von Ginkgos *(Ginkgo biloba)* und fand heraus: Immer dann, wenn es besonders warm auf der Erde war, hatten die Bäume relativ wenig Stomata, was also bedeutet, dass der CO_2-Gehalt höher war.

Veränderungen der biologischen Vielfalt sind normalerweise von einer Vielzahl von Faktoren abhängig. Es ist nicht einfach, die Wirkung ihrer Kombinationen zu kalkulieren. Auffällig sind jedoch die Veränderungen im Lebensrhythmus von Pflanzen und Tieren. Nationale und grenzübergreifende Daten bestätigen eindeutig die Verlängerung der Vegetationsperiode in Mitteleuropa, was heißt: Es grünt deutlich früher und länger als vor einem Jahrhundert. Im Alpenraum ist die Jahresmitteltemperatur während der vergangenen hundert Jahre doppelt so schnell angestiegen wie im Durchschnitt im Rest der Welt: um etwa 1,8 Grad Celsius. In der kleinen französischen Stadt Ayze in der Region des Mont Blanc wurden Anfang Juli 40,4 Grad registriert. Der Frühling kommt zwischen sieben und zehn Tagen früher als vor dreißig Jahren zu uns. Im Herbst verfärbt sich das Laub mancherorts mehrere Tage später als in der Zeit vor einem Jahrhundert.

Besonders augenfällig ist die Veränderung in unseren Breitengraden im Frühjahr: In Mitteleuropa fängt die Apfelblüte jedes Jahrzehnt um 0,6 bis 2,9 Tage früher an, als es in der Dekade davor der Fall war. Pro Grad höherer Temperatur beginnen die Entwicklungsphasen der Flora im Jahresverlauf 3,0 bis 4,2 Tage früher. Die Veränderungen im Sommer und im Herbst sind weniger deutlich, generell dauert die Vegetationsperiode aber länger. Die Entwicklung der Rosskastanie *(Aesculus hippocastanum)* beschleunigte sich seit 1900. Inzwischen öffnen sich die Blattknospen etwa einen Monat eher als zu Zeiten unserer Urgroßeltern.

Darauf musste sich die Tierwelt natürlich einstellen – die Betonung liegt auf »natürlich«. Zahlreiche Studien belegen Veränderungen im Lebensrhythmus unserer Fauna: Zugvögel kommen früher zurück, die Eiablage passiert eher. Bei Fischen setzt die Laichzeit schneller ein, verschiedene Insekten haben andere Flugperioden. Viele Tierarten breiten sich klimabedingt weiter aus, darunter Libellen- und tagaktive Schmetterlingsarten.

Dass sich der Frühling früher einstellt, macht Zugvögeln jedoch zu schaffen. Biologen um Christiaan Both von der Universität Groningen wiesen bereits 2006 auf die Folgen des

»Timing-Trouble« hin. Von 1987 bis 2003 studierten sie das Vorkommen des Trauerschnäppers *(Ficedula hypoleuca)*, der in Afrika überwintert. In Gebieten, wo sich nach der Rückkehr nach Europa noch Raupen tummelten, hielt sich der Singvogel auf annähernd gleichem Niveau. Dort, wo seine bevorzugte Insektenkost verschwunden war, nahm das Vorkommen des Trauerschnäppers um rund 90 Prozent ab.

Dramatisch ist, dass auch hier ein negativer Effekt den anderen bedingt, verstärkt und beschleunigt. Der Klimawandel greift in die Verhältnisse zwischen Pflanze und Bestäuber ein. Denn er verändert, wie beschrieben, die Entwicklungsphasen der Flora, die wiederum für die fraglichen Insekten essenziell sind.

Eine für die Artenvielfalt und Ernährungslage entscheidende Frage ist: Wie sehr entkoppeln sich die Entwicklung der Pflanzen auf der einen sowie die Aktivitäten von Hummel, Biene & Co. auf der anderen Seite? Wenn Blumen, Sträucher und Bäume blühen, weit bevor sie Besuch von den kleinen Sechsbeinern erhalten, kommt es seltener zur Befruchtung mit der Folge, dass weniger Früchte und Samen entstehen. Bei Kulturpflanzen führt das zum Teil schon jetzt zu erheblichen Ernteausfällen. Doch auch umgekehrt bringt es die Insekten in Gefahr. Entwickeln sie sich nämlich schneller als die Pflanzen, ist ihnen die Lebensgrundlage entzogen. Diese verheerende Tendenz wurde an zahlreichen Beispielen nachgewiesen. Zudem verringern höhere Temperaturen die Nektarproduktion, sodass es den ohnehin schon stark bedrohten Wildbienen und anderen Insekten an Nahrung mangelt.

DAS ZWEITE GROßE WALDSTERBEN

Rückgänge von Pflanzen- und Tierarten in Deutschland lassen sich meist nicht eindeutig dem Klimawandel zuordnen. Zwar haben viele feuchtigkeitsliebende Arten deutliche Verluste zu verzeichnen, meist sind diese jedoch verursacht durch die veränderte Landnutzung. Das heißt aber nicht, dass alles halb so wild ist. Denn Arten verschwinden nicht umgehend mit Veränderung der Lebensbedingungen, ihr Sterben setzt oft verzögert ein. Der Artenschwund als Folge der Klimaveränderung ist hierzulande erst in der Zukunft zu erwarten.

Bisher existieren nur wenige Studien konkret zu Deutschland. Eine wurde von dem Evolutionsbiologen Wolfgang Rabitsch für das Bundesamt für Naturschutz (BfN) angefertigt. Die Analyse 500 heimischer Arten ergab: Für 63 von ihnen bedeutet der Klimawandel ein hohes Risiko, für alle Zeiten zu verschwinden. Dazu zählen die Bayerische Kleinwühlmaus *(Microtus bavaricus),* der Goldregenpfeifer *(Pluvialis apricaria),* der Alpensalamander *(Salamandra atra)* sowie der Fisch namens Ammersee-Kilch *(Coregonus bavaricus).* Am stärksten betroffen sind Schmetterlinge sowie Käfer und Weichtiere wie Schnecken – alles Tiere von größter Bedeutung für ökologische Kreisläufe. Besonders viele klimasensible Arten finden sich im Süden, Südwesten und Nordosten Deutschlands. Wobei niemand prognostizieren kann, ob in der Zeit andere Arten einwandern und es zwar zu einem Sterben, zugleich aber auch einem Wandel in der Tierwelt kommt.

Oft sind die Folgen des Klimawandels nicht sichtbar, weil die Arten, denen er zu schaffen macht, ebenfalls nicht sichtbar sind. Armeen kleiner und kleinster Insekten, von Spinnentieren und anderen Bodenbewohnern sind unermüdlich damit beschäftigt, abgestorbene Pflanzen und anderes organisches Material zu zersetzen und die darin enthaltenen Nährstoffe zu recyceln. Diese Mini-Spezies geraten gleich doppelt unter Druck, wie Martin Schädler und Nico Eisenhauer sowie weitere Kollegen des Helmholtz-Zentrums für Umweltforschung bzw. des Deutschen Zentrums für integrative Biodiversitätsforschung (iDiv) herausfanden. Während das veränderte Klima die Körpergröße der Organismen reduziert, verringern intensives Pflügen, Mähen und Beweiden sowie der Einsatz von Pestiziden und Dünger die Zahl ihrer Individuen.

Nirgendwo in unserer heimischen Natur ist der Klimawandel so stark ersichtlich wie im und am Wald. Ihm geht es schlecht, vielleicht sogar miserabler denn je. Zu Recht ist vom zweiten großen Waldsterben die Rede. Das erste ereignete sich in den 1980er-Jahren. Der Anteil von Bäumen ohne Schäden in den Kronen – das wichtigste Zeichen für die Gesundheit der Forste – war nie so gering wie 2019. Nur noch ein Fünftel der Bäume ist gesund. Auch das ist inzwischen amtlich bestätigt und nachzulesen im Waldzustandsbericht der Bundesregierung, der seit 1984 jährlich veröffentlicht wird.

Auslöser der Misere ist eine Kombination, wie sie in der krassen Ausprägung bisher nicht existierte: Stürme, eine Massenvermehrung von laub- und nadelfressenden Insekten sowie Dürre. Die Bestände der Borkenkäfer haben ein Ausmaß erreicht wie niemals zuvor seit Ende des Zweiten Weltkriegs. Mindestens. Dabei war Deutschland auf bestem Weg, das erste Waldsterben hinter sich zu lassen. Doch Trockenheit und Wassermangel in zwei aufeinanderfolgenden Hitzesommern haben die Widerstandskraft der Bäume massiv geschwächt und anfällig gemacht für Schädlinge wie Borkenkäfer oder Schwammspinner *(Lymantria dispar)* und Krankheiten. Selbst die wackeren Buchen und Eichen – wenn man so will, die Symbole des deutschen Waldes – sind davon betroffen.

Nackte Zahlen des Statistischen Bundesamts in Wiesbaden belegen die Beobachtungen: Die Menge der durch Schädlingsbefall zerstörten Bäume in deutschen Wäldern hat sich in kurzer Zeit nahezu versechsfacht. Mussten Forstarbeiter 2017 noch 6 Millionen Kubikmeter einschlagen, waren es ein Jahr später 11 Millionen. Von 2018 auf 2019 verdreifachte sich das Volumen abermals auf 32 Millionen Kubikmeter.

Michael Müller, Professor für Waldschutz an der Technischen Universität Dresden, spricht von der schlimmsten Situation des heimischen Waldes seit Beginn seiner geregelten Betreuung und Bewirtschaftung vor mehr als 200 Jahren. Rund 285.000 Hektar müssen aufgeforstet werden, um den Verlust auszugleichen – das ist mehr als die Fläche des Saarlandes. Immerhin wollen Bund und Länder in naher Zukunft knapp 800 Millionen Euro zusätzlich bereitstellen. Das Geld wird nicht reichen. Denn wenn man ehrlich ist, muss man sagen: In einigen Wäldern ist der Kampf gegen den Borkenkäfer verloren. Ein denkbarer vorübergehender Vorteil der Auflichtung der Wälder könnte immerhin darin bestehen, dass für

Offenlandarten, also z. B. Arten der Wiesen und Weiden, der Biotopverbund verbessert wird, da die Barrieren (die Wälder für viele Arten – v. a. auch Insekten – zweifelsohne darstellen) auf absehbare Zeit geringer ausfallen.

INSEKTEN ALS FIEBERTHERMOMETER DES PLANETEN

Gewinner der Klimaaufheizung sind vor allem wärmeliebende, mobile Insektenarten, die verschiedene Lebensräume besiedeln und die als Generalisten bezeichnet werden. Wärmeliebende Zuwanderer aus dem Mittelmeerraum – beispielsweise die Filzige Furchenbiene *(Halictus pollinosus)* – verbreiten sich zunehmend bei uns. Schwer haben es einheimische Habitatspezialisten, die es feucht und kühl mögen. Können sie in keinen anderen Lebensraum ausweichen, sind sie zum Untergang verurteilt. Als Faustregel darf gelten, dass der Klimawandel alle Insekten über kurz oder lang bedroht, die wir als »Eiszeitrelikte« bezeichnen, die es also unter vergangenen Lebensbedingungen schafften, sich durchzusetzen. Nicht nur diese, aber das allein sind Tausende Arten.

Zwar helfen milde Winter vielen Eiern und Larven beim Überleben; die Raupen der bisherigen Wanderfalter Admiral *(Vanessa atalanta)* und Taubenschwänzchen *(Macroglossum stellatarum)* können bei uns neuerdings überwintern. Doch durch den Klimawandel kommt es seltener zur Befruchtung von Insekteneiern. 2018 bescheinigte eine Studie der englischen University of East Anglia dem Rotbraunen Reismehlkäfer

(Tribolium castaneum) drastisch schrumpfende Manneskraft. Die um die Hälfte reduzierte Fruchtbarkeit der Männchen ist auf erhöhte Temperaturen zurückzuführen. Wiederkehrende Hitzewellen schädigen ihre Spermien. Das Nachrichtenportal *FOCUS Online* nannte den Vorgang »thermische Kastration« und warnte vor einer »Insekten-Apokalypse«.

Diese undifferenzierte und völlig überspitzte Interpretation einer einzigen Studie ist typisch für die Medien des 21. Jahrhunderts im Umgang mit der Erderwärmung. Der Untergang »der« Insekten steht nicht unmittelbar bevor, jedenfalls nicht allein durch den Klimawandel. Er ist »nur« ein Faktor des großen Sterbens all der kleinen Tiere und beileibe nicht der wichtigste, jedenfalls nicht in Mitteleuropa und noch nicht jetzt. Aber die Warnzeichen, wie ich sie in diesem Kapitel beschrieben habe, sind unübersehbar. Und sie tragen zum galoppierenden Niedergang der Arten bei.

Insekten sind als wechselwarme Tiere ein sehr guter Gradmesser für biologische Einflüsse des Klimawandels. Man kann sie getrost als »Fieberthermometer des Planeten« bezeichnen. Ihre Körpertemperatur ist nicht konstant wie bei Warmblütern, also Säugetieren und Vögeln, sondern abhängig von der Umgebungstemperatur – wir Fachleute bezeichnen solche Tiere als ektotherm. Man kennt das Phänomen aus Tiersendungen oder eigenen Beobachtungen, wenn Eidechsen und Schlangen regungslos in der Sonne braten. Sie wärmen sich auf, um auf Betriebstemperatur zu kommen. Erst dann sind sie in der Lage, loszuschleichen und auf Nahrungssuche zu gehen. Bei Insekten ist es genauso. Eng mit den Temperaturen verknüpft ist ihr

Appetit. Ihr wärmerer Körper benötigt mehr Energie, weshalb wechselwarme Tiere bei höheren Temperaturen mehr Nahrung zu sich nehmen müssen. Was dann auch heißt, dass sie mehr Nachkommen produzieren, die ebenfalls fressen müssen.

Das Klima kann die räumliche und zeitliche Verbreitung einzelner Arten und dadurch die Zusammensetzung von Lebensgemeinschaften beeinflussen. Die Frage ist nur, welche Arten in der Lage sind, neue geeignete Regionen zu erreichen. Und wenn ja, was die Folgen ihres Erscheinens bzw. Abwanderns sind.

Kapitel 6

ALLES HÄNGT MIT ALLEM ZUSAMMEN

6.1. PESTIZIDE SIND TÖDLICHE CHEMIEKEULEN

Das englische Wort *Roundup* kann mit »Zusammenfassung« oder »Aushebung« – zum Beispiel eines illegalen Casinos – übersetzt werden. *Roundup* ist aber auch der Name für das meistverkaufte und umstrittenste Unkrautvernichtungsmittel der Welt. Hersteller ist das amerikanische Unternehmen Monsanto, das mittlerweile zum deutschen Bayer-Konzern gehört. *Roundup* steht im Verdacht, beim Menschen Krebs zu erzeugen. Der Chemieriese weist das zurück, und tatsächlich sind die wissenschaftlichen Erkenntnisse hierzu uneindeutig. Aber es ist eine Tatsache, dass Bayer sich im Frühjahr 2020 bereit zeigte, Tausenden Klägern in den USA, die sicher waren, durch längeren Kontakt mit *Roundup* schwer krank geworden zu sein, Millionensummen zu zahlen, um einem Gerichtsurteil zu entgehen.

Hierzulande kennt man den Unkrautvernichter eher unter dem Namen seines Wirkstoffes: Glyphosat. Diesem ist kein Wildkraut gewachsen. Das Zeug tötet einfach jede Pflanze, der nicht gentechnisch eingeimpft wurde, den Kontakt mit dem »Total-Unkrautvernichter«, wie dieses Pestizid in der Werbung auch genannt wird, zu überleben. Anders ausgedrückt: Bis auf die resistente

Nutzpflanze vernichtet Glyphosat auf dem Acker oder im Garten einfach jede andere Pflanze und damit auch solche, die die Nahrungsgrundlage für zahlreiche Insektenarten darstellen.

Wegen ihrer allumfassenden Abtötungsgarantie nennt man Pestizide ganz trefflich auch »Chemiekeulen«. Als Insektizide vernichten sie Insekten, als Rodentizide Nagetiere, als Fungizide Pilzbefall, oder sie sorgen als Herbizide wie Glyphosat eben dafür, dass sich keinerlei Unkraut auf einer Agrarfläche verbreitet.

Bis zum Ende des Zweiten Weltkriegs spielten Pestizide eine geringere Rolle, weil die Agrarwirtschaft noch wesentlich weniger industriell strukturiert und die Weltbevölkerung deutlich geringer als heute war. Zudem waren die Landwirte noch nicht einem solchen Preisdruck ausgesetzt. Dennoch hat etwa seit den 1930er-Jahren überall auf der Welt der Einsatz der toxischen Mittel rasant zugenommen. Die Landwirtschaft begann, mit Chemiekeulen auf alles einzuschlagen, was einer Ertragssteigerung im Wege stand. In Lateinamerika, Asien und Ozeanien ist dieser Trend bis heute weitestgehend ungebrochen. Der Umsatz mit den Giftmitteln stieg innerhalb von fünfzig Jahren von gut 10 auf heute weit mehr als 50 Milliarden US-Dollar an. Allein in Deutschland liegt der jährliche Absatz von Pflanzenschutzmitteln seit 1995 zwischen 30.000 und 35.000 Tonnen. Das heißt nicht, dass diese riesige Menge innerhalb von zwölf Monaten verspritzt wird – aber auch nicht, dass sie lediglich zur Lagerung gekauft wurde. Die Hersteller müssen kaum Nachweise erbringen, wie sich ihr Produkt auf Insekten auswirkt, die nicht das direkte Ziel des Einsatzes sind. Standardisierte Tests stecken noch in den Kinderschuhen. Immer wieder waren Pestizide auf dem Markt, die von ihren Herstellern als absolut unbedenklich für Mensch und Umwelt sowie natürlich abbaubar angepriesen wurden – um später dann mehr oder weniger klammheimlich verboten zu werden. Landwirte wie Privatleute griffen und greifen dann eben zu einem anderen Insekten- oder Pflanzengift.

Während die US-amerikanische Umweltbehörde Glyphosat Unbedenklichkeit attestierte, hält es die Weltgesundheitsorganisation (WHO) für »wahrscheinlich krebserregend«. Die EU-Kommission wollte den Unkrautvernichter im Sommer 2016 neu zulassen, scheiterte aber (zunächst) am Widerstand mehrerer Staaten, bis im November 2017 der damalige Bundeslandwirtschaftsminister Christian Schmidt (CSU) entgegen einer Absprache der Koalition aus SPD und Unionsparteien dafür votierte, Glyphosat fünf weitere Jahre auf dem Kontinent nutzen zu dürfen. Damit sorgte er für die entscheidende Mehrheit in Brüssel für Glyphosat.

Auch wenn es bislang keine absolut schlüssigen Beweise gibt, dass Glyphosat zu den Mitverursachern des Niedergangs der Insekten und des Artensterbens insgesamt gehört, so ist doch das Gegenteil viel weniger wahrscheinlich. Eine Menge starker Indizien sprechen jedenfalls dafür. Monsanto argumentierte stets, dass das Unkrautvernichtungsmittel lediglich ein Enzym angreift, das nur in Pflanzen und Bakterien vorkommt, weshalb Insekten und andere Tiere verschont blieben. Der Molekularbiologe Erick Motta von der University of Texas in Austin und seine Kollegen entdeckten genau das Gegenteil: Die Darmflora der Bienen wird nämlich sehr wohl durch Glyphosat angegriffen. Geraten die Bestäuber mit dem Pestizid in

Kontakt, verringert sich die Zahl der Darmbakterien, was sich auf ihr Verdauungssystem niederschlägt und ihr Abwehrsystem erheblich schwächt. Um das genaue Ausmaß festzustellen, impften die texanischen Wissenschaftler Bienen einen weit verbreiteten Krankheitserreger ein, mit dem diese unter normalen – natürlichen – Bedingungen ziemlich gut klarkommen. Das Ergebnis: 90 Prozent der Bienen, deren Darmflora durch Glyphosat beeinträchtigt war, starben. Bei den Versuchstieren, die von Glyphosat verschont blieben, überlebten dagegen 50 Prozent die schädlichen Bakterien.

In einer 2015 veröffentlichten Untersuchung der Mississippi State University, bei der Honigbienen mit 42 unterschiedlichen Pestiziden besprüht wurden, kam heraus, dass 26 der eingesetzten Stoffe unter Feldbedingungen alle kontaminierten Tiere töteten. Glyphosat wurde zwar als das am wenigsten toxische Pestizid eingeschätzt, ein Grund zur Entwarnung ist das aber schon deshalb nicht, weil es in der Debatte nicht allein um Glyphosat geht. Viel gefährlicher für Bienen, Hummeln und andere Sechsfüßler sind Neonikotinoide, also jene Gruppe von Giftstoffen, die mit dem Ziel entwickelt wurde, pflanzenschädigenden Insekten wie Blattläusen, Zwergzikaden und Käfern den Garaus zu machen. Neonikotinoide sind systemische Insektizide, also solche, die insbesondere durch die Beizung des Samens in die Pflanze gelangen; frisst ein Insekt eine so geimpfte Pflanze, kommt es daran um. Andere Insektizide funktionieren über den direkten Kontakt.

Imidacloprid ist eines von drei Neonikotinoiden, die seit Frühjahr 2018 in der EU auf Äckern verboten sind, die zwei anderen sind Clothianidin und Thiamethoxam. Im Rest der Welt werden die Mittel weiterhin in unvorstellbaren Massen versprüht. In den USA werden nach Berechnungen der George Washington University 90 Prozent des Mais- und die Hälfte des Soja-Saatguts mit Neonikotinoiden behandelt – rein prophylaktisch. Zwar darf sich Europa als Verbotsvorreiter besser fühlen. Durch unseren Konsum sorgen wir aber dafür, dass Produkte zu uns gelangen, die mit Neonikotinoiden behandelt worden sind. Besonders in Nord- und Südamerika sowie Asien werden die Unkraut- und Insektenvernichter tonnenweise ausgebracht, vor allem bei Zucker- und Futterrüben sowie Sojabohnen. Letztere wurden früher wegen ihres Öls angebaut. Inzwischen ist Soja weltweit eines der wichtigsten Futtermittel für Nutztiere und gelangt, wenn auch in kleineren Mengen, über diesen Weg in deutsche Kuhmägen.

DER TOD KOMMT ÜBER UMWEGE

Viele Insektenarten sterben nicht allein durch direkten Kontakt mit Pestiziden, sondern auch, weil ihr Navigationssystem, ihre Fruchtbarkeit und ihr Paarungsverhalten beeinträchtigt werden. Neonikotinoide befinden sich nicht nur in den Blättern oder dringen in das Saatgut der Pflanze ein. Sie finden den Weg bis in die Blüten, wo Insekten das Gift über Pollen, Nektar und Pflanzensäfte aufnehmen. Es schädigt ihr Nervensystem und unterbindet die Reizweiterleitung. Bienen und Hummeln verlieren den Orientierungssinn und finden nicht nach Hause oder brauchen deutlich länger als üblich. Mein Berliner Kollege Randolf Menzel konnte in Feldversuchen nachweisen, dass das Gift auf den Feldern das Gehirn der fleißigen Bienen in Mitleidenschaft zieht. Sie lernen nicht mehr dazu und verlieren ihr Gedächtnis, sodass sie stundenlang umherirren, bis sie vor Erschöpfung sterben.

Experten vom Nationalen Institut für landwirtschaftliche Forschung in Frankreich kamen zu denselben Erkenntnissen. Sie säten Neonikotinoid-getränkten Raps aus und stellten später eine erhöhte Sterblichkeit bei Arbeitsbienen fest, die die Pflanze besucht hatten. Zwar kann ein Bienenvolk Verluste ausgleichen und mehr Arbeiterinnen ausbrüten. Doch weil zugleich die Zahl männlicher Tiere sinkt, die nur dafür da sind, die Königin zu befruchten, muss von einer genetischen Verarmung der Tiere eines Stocks ausgegangen werden, was letztendlich ihre Überlebenschancen beeinträchtigt.

Wissenschaftler in Europa und Amerika wiesen einen direkten Zusammenhang zwischen dem Einsatz von Pestiziden und dem Rückgang von Wildbienen, Hummeln und Schmetterlingen nach. Ein Team um den Insektenforscher Ben Woodcock am britischen Zentrum für Ökologie und Hydrologie, das auf der Insel vier Dependancen mit etwa 500 Forschenden unterhält, untersuchte die Entwicklung von 62 verschiedenen Wildbienenarten zwischen 1994 und 2011. Mit dem Aufkommen bestimmter Pestizide ab 2002 gingen starke Verluste der Völker einher. Die Zahl der Wildbienen reduzierte sich um bis zu 20 Prozent: Zum Verhängnis wurde ihnen der Besuch von Raps, der mit Neonikotinoiden behandelt worden war.

Besonders problematisch ist, dass Bienen regelrecht auf Insektenvernichtungsmittel fliegen und gewissermaßen davon abhängig zu werden scheinen. Dies lässt eine Arbeit der auf Insekten spezialisierten Biologin Geraldine Wright, Professorin an der Universität in Newcastle, vermuten. In einer Versuchsreihe stellte sie fest, dass mit Neonikotinoiden versetzte Zuckerlösungen für Bienen anziehender sind als eine Essenz aus reinem Zucker. Ihre Erklärung: Neonikotinoide wirken bei Bienen wie Nikotin bei Menschen.

Pestizide bedrohen Insekten auch in ihrer Entwicklung und Abwehrfähigkeit. Neonikotinoide schwächen das Immunsystem der Honigbienen – ein Grund für das verstärkte tödliche Auftreten der Varroamilbe, die im letzten Jahrzehnt unter Bienenvölkern verheerende Massaker anrichtete. Kollegen an der Uni Mainz fanden heraus, dass Pestizide den Futtersaft für Ammenbienen beeinträchtigen, was zu schlechteren Bruterfolgen führt. Hummelvölker, die in der Nähe von mit Clothianidin – eines der drei genannten EU-weit verbotenen Mittel – behandelten Feldern leben, bringen deutlich kleinere Nachkommen und wesentlich weniger Königinnen und Drohnen hervor, wie Wissenschaftler an »meiner« Martin-Luther-Universität Halle-Wittenberg und der Schwedischen Universität für Agrarwissenschaften nachwiesen. Hummeln, die unter dem Einfluss des ebenfalls verbotenen Thiamethoxam stehen, verlieren die Beherrschung einer Technik, mit der sie Pollen aus Blüten »schütteln« – das sogenannte *buzzing*. Das Pestizid sorgt offensichtlich für eine Blockade im Gehirn.

Der Einsatz von Pestiziden lässt sich nicht kontrolliert auf ein bestimmtes Gebiet eingrenzen, sondern trifft auch Areale, die eigentlich dem Schutz von Insekten dienen sollen. Dave

Goulson von der University of Sussex, Verfasser mehrerer populärer Insektenbücher, wies Neonikotinoide in Feldrändern und Blühstreifen nach, die in stark landwirtschaftlich genutzten Regionen als Insektenrefugien gedacht sind und entsprechend gefördert werden. Teils ist der Anteil der Giftstoffe in Wildblumen und -kräutern, wichtigen Nahrungspflanzen für so manche Käfer, Hummeln und Schmetterlinge, sogar höher als in den Nutzpflanzen, die mit den Pestiziden besprüht wurden. Blühstreifen werden damit, entgegen der ursprünglichen Absicht, mitunter zu einem zusätzlichen Risikofaktor. Besonders besorgniserregend sind Hinweise darauf, dass sich der Einsatz von Chemiekeulen selbst in Naturschutzgebieten niederschlägt und dort negativ auswirkt.

Aber gerade einmal 5 Prozent der Neonikotinoide dringen über die behandelten Samen in die Pflanze, die später aus diesem entsteht, ein. Der Rest landet in der Umwelt und kontaminiert Böden und Wasser. Zwar gibt es ein EU-Verbot für Clothianidin, Thiamethoxam und Imidacloprid, dies gilt indes nicht für die Anwendung in Gewächshäusern. Und natürlich gibt es neben den drei genannten Neonikotinoiden zahlreiche andere, die bislang nicht verboten sind.

Unzählige Insektenlarven schlüpfen in Gewässern. Auf äußere Einflüsse wie Kälte, Hitze und nicht zuletzt Pestizide reagieren sie sehr empfindlich. Giftstoffe im Wasser erhöhen definitiv die Sterblichkeitsrate. Einige Pestizide, die noch vor zehn Jahren in Europa im Einsatz waren, haben die Artenvielfalt von wirbellosen Tieren in Fließgewässern regional um bis zu 42 Prozent reduziert, wie eine Studie unter Mitarbeit einiger meiner Kollegen am UFZ zeigte. Bleibt der Insektennachwuchs aus, geht das im Naturkreislauf zulasten der Vögel, die von Libellen, Mücken oder auch Wasserwanzen leben.

Pestizide machen Vögeln aber nicht nur indirekt den Garaus, weil sie für Insektenschwund sorgen und ihnen damit die Nahrungsgrundlage entziehen. Eine Forschungsgruppe um die Biologin Christy Morrissey an der University of Saskatchewan in Kanada konnte dies am Beispiel der Dachsammer *(Zonotrichia leucophrys)*, einem in Nordamerika heimischen Zugvogel, nachweisen. Die Studie kam zu dem Ergebnis, dass sich deren Lebenserwartung deutlich verkürzt, wenn sich das Gift im Körper anreichert. Die Forscher fingen drei Dutzend Dachsammern auf deren Weg von Alaska in den Südwesten der USA und gaben einigen Vögeln mit Neonikotinoiden versetzte Samen zu fressen. Bei der Konzentration des Gifts orientierten sich Morrissey und Kollegen an den Werten eines durchschnittlichen konventionellen Ackers. Innerhalb nur weniger Stunden verloren die Vögel bis zu 6 Prozent ihres Körpergewichts, eine signifikante Gewichtsabnahme in kürzester Zeit. Bereits eine einzige Fütterung mit kontaminierten Samen reichte aus, um die Vögel zu schwächen. Bis zu dreieinhalb Tage länger als ihre Artgenossen der Kontrollgruppe, die unbelastetes Futter bekamen, blieben sie an Ort und Stelle, bis sie sich wieder auf den Weiterflug machten. Die Schlussfolgerung liegt nahe, dass sie zunächst ihre Vergiftung auskurieren mussten. Möglich ist auch, dass das Neonikotinoid ihren Appetit dämpfte und sie daher zu entkräftet waren. Für Zugvögel aber ist das Timing von größter Bedeutung bei der Fortpflanzung. Sie müssen zum richtigen Zeitpunkt am richtigen

Ort einen Partner finden. Schon geringe Verzögerungen können zu geringeren Fortpflanzungsraten führen.

Im März 2019 veröffentlichten Wissenschaftler der Universität Neuchâtel und der Vogelwarte Sempach im *Journal of Applied Ecology* ihrerseits eine Studie, die auf der Untersuchung von 702 Pflanzen- und Bodenproben von 169 sowohl konventionell als auch biologisch bewirtschafteten Feldern und ökologischen Ausgleichsflächen in der Mittelschweiz beruhte. Die Studie konzentrierte sich auf fünf Insektizide. Das Ergebnis: Auf allen konventionellen Ackerflächen konnte, wenig verwunderlich, mindestens ein Neonikotinoid nachgewiesen werden. Aber auch 93 Prozent der Bioflächen, auf denen keine Insektizide eingesetzt worden waren, und sogar über 80 Prozent der Ausgleichsflächen waren belastet. Auch biologisches Saatgut enthielt in 14 von 16 Proben Rückstände von Neonikotinoiden. Zusammenfassend stellt die Forschungsgruppe fest: »Die Verwendung von Neonikotinoiden auf Ackerflächen kann die biologische Vielfalt in Rückzugsgebieten bedrohen und gleichzeitig den biologischen Landbau gefährden, indem sie die biologische Schädlingsbekämpfung behindert.«

Wie richtig und wichtig der Verzicht auf den ungezügelten Pestizideinsatz ist, konnte mein Kollege Matthias Liess zeigen. Er arbeitet am Helmholtz-Zentrum für Umweltforschung UFZ in Leipzig und ist Ökotoxikologe, also auf Auswirkungen von Giften in der Umwelt spezialisiert. Mit seinem Team wies er nach, dass Pestizide bereits in zehntausendfach geringeren Konzentrationen Wirkungen auf sensitive Individuen haben, als es die Wissenschaft bisher angenommen hatte. In seiner

Ende 2019 in *Scientific Reports* veröffentlichten Studie wies Matthias Liess nach, dass auch der Faktor Stress eine Rolle spielt. Überraschend war dabei die Erkenntnis, dass nicht nur zu viel, sondern auch zu wenig Stress zu höherer Empfindlichkeit gegenüber Schadstoffen führen kann.

In Laborversuchen unter natürlichen Bedingungen setzte er den Planktonkrebs *Daphnia magna* homöopathischen Konzentrationen des Insektizids Esfenvalerat aus, das nach wie vor in der EU zugelassen ist und im Obst-, Gemüse- und Ackerbau verwendet wird. Schon länger weiß man, dass Tiere unter Einwirkung von Umweltstress – dazu zählen Druck von Fressfeinden, Parasiten und Hitzewellen – empfindlicher auf Schadstoffe reagieren. Nun konnten Matthias Liess und sein Team zeigen, dass Tiere inneren Stress entwickeln, wenn sozusagen der äußere Trouble aus der Umwelt ausbleibt. So merkwürdig es klingen mag: Für in Gefangenschaft lebende Planktonkrebse sind – nach menschlichem Ermessen – optimale Laborbedingungen wie ausreichend Sauerstoff und optimale Wassertemperatur offenbar nicht wirklich optimal.

»Wenn sich externer und interner Stress addieren, erhöht sich die Empfindlichkeit gegenüber Schadstoffen noch einmal – und das drastisch. Diese können bis um den Faktor 10.000 unterhalb der Konzentrationen liegen, die bisher als schädlich angesehen wurden. Somit erhöht zu viel – aber auch zu wenig – Stress die Empfindlichkeit gegenüber Schadstoffen«, sagt Matthias Liess und spricht von einer Art Wirkungsdreiklang aus Schadstoffkonzentration, individueller Sensitivität eines Organismus und Umweltstress.

DIE KEULE SCHLÄGT ZURÜCK

Soll doch einmal jemand sagen, im Brüsseler EU-Viertel gebe es nur Krawattenträger (wobei ich selbst da auch oft bin, stets ohne Krawatte). Am 31. März 2020 tauchten merkwürdig ausstaffierte Gestalten vor dem Hauptquartier der EU-Kommission auf. Sie trugen Imkerausrüstung, Kunststoff-Flügel und Bienenkostüme. Vor dem Kommissionsgebäude Berlaymont am Kreisverkehr Place Schuman ließen sie sich mit einem überdimensionalen Brief ablichten. Adressat war der Erste Stellvertretende Kommissionspräsident, der Niederländer Frans Timmermans, zuständig für die Klimaschutzinitiative »Green Deal« der EU. Absender: »Die europäischen Bürger«.

Tatsächlich handelte es sich bei dem Schreiben um einen Warnruf von Unterstützern der europäischen Bürgerinitiative »Bienen und Bauern retten!«. Sie gab damals an, schon eine Viertelmillion Unterschriften für ihr Anliegen gesammelt zu haben, den Einsatz von insektenschädlichen Pflanzenschutzmitteln in Europa deutlich zurückzufahren. Zu den Unterzeichnern gehörten etliche europäische Imkerverbände. Die Kernforderung der Bürgerinitiative war, dass die EU-Länder den Gebrauch von synthetischen Pestiziden bis 2030 um 80 Prozent vermindern und ab 2035 ganz darauf verzichten sollten.

Die offiziellen Ziele der EU, die seit 1991 gemeinsame Vorschriften für Zulassung und Verwendung von Pflanzenschutzmitteln hat, sind nicht ganz so ehrgeizig, wären aber dennoch beachtlich, so die Umsetzung gelänge. Danach soll der Einsatz der tödlichen Stoffe bis 2030 halbiert werden. Aber auch an dieser Orientierungsmarke sind Zweifel erlaubt, spätestens seitdem der

EU-Rechnungshof im Februar 2020 weitflächiges Versagen bei der Eindämmung der Abhängigkeit von Pflanzenschutzmitteln bescheinigte. »Bislang war die Europäische Union nicht in der Lage, die Risiken im Zusammenhang mit dem Einsatz von Pestiziden durch Landwirte wesentlich zu verringern und zu kontrollieren«, hielt Samo Jereb fest, zuständiges Mitglied des Rechnungshofs für einen Prüfbericht über die Pestizidpolitik der EU. In der Zusammenfassung für die Medien hieß es: »Mehrere Mitgliedstaaten sind mit der vollständigen Umsetzung der Richtlinie über die nachhaltige Verwendung von Pestiziden in Verzug, und für die Landwirte gibt es nach wie vor nur wenige Anreize zur Einführung alternativer Methoden. Darüber hinaus stellen die Prüfer fest, dass die Europäische Kommission nicht in der Lage ist, die Auswirkungen und Risiken im Zusammenhang mit der Verwendung von Pestiziden genau zu überwachen.«

Nicht alle Mitgliedstaaten hatten zu diesem Zeitpunkt eine Richtlinie über die nachhaltige Verwendung von Pestiziden in nationales Recht umgesetzt. Diese orientiert sich am sogenannten »integrierten Pflanzenschutz«, der Pestizide nur als letztes Mittel vorsieht, wenn Prävention und andere Methoden nicht zum gewünschten Ziel führen. Doch die Widerstände dagegen sind groß, nicht nur bei mächtigen Bauernverbänden, die sich eine einträgliche Landwirtschaft ohne Pflanzenschutzmittel nicht vorstellen können. Erhebliche andere Geschäftsinteressen sind betroffen. Allein die großen Agrarchemieriesen wie Bayer und der Schweizer Konzern Syngenta machen mit Pflanzenschutzmitteln und Saatgut einen großen Teil ihres Milliardenumsatzes. Syngenta ist eine Tochtergesellschaft der chinesischen ChemChina – und von China ist wiederum bekannt, dass es beim Einsatz von Pestiziden weltweit an vorderster Stelle steht. Bauern in der Volksrepublik verwenden die dreifache Menge des weltweiten Durchschnitts.

2018 klagten die zwei Unternehmen gegen das weitgehende EU-Verbot von Neonikotinoid-Produkten. Sie scheiterten vor dem Europäischen Gerichtshof in Luxemburg. Syngenta und Bayer rechneten damit, dass bei einem Verbot der Insektizide die Landwirte wieder zu älteren Pflanzenschutzmitteln greifen und Chemikalien öfter sprühen würden. Tatsächlich existiert ein Dilemma: Auf bestehenden Ackerflächen sollen für immer mehr Menschen Nahrungsmittel produziert werden, was ohne den Einsatz von Pestiziden nicht möglich scheint. Ist es eine Alternative, weitere landwirtschaftliche Flächen zu erschließen, beispielsweise Wälder zu roden wie in Brasilien? (Was leider nicht heißt, dass Brasilien auf den Einsatz von Chemiekeulen verzichtet.) Ich denke, dass eine Umsteuerung bei der Ernährung von Quantität zu Qualität entscheidend ist, z. B. gepaart mit weniger Fleischkonsum, was Flächen freisetzen würde.

In der Realität können Landwirte in vielen EU-Mitgliedstaaten weiterhin auf stillschweigende Duldung der Regierungen bei weiterem Einsatz von Pestiziden bauen. Die bereits 2009 veröffentlichte europäische Richtlinie setzten laut Europäischem Rechnungshof mehrere Länder zunächst nicht rechtzeitig und auch nur mangelhaft um. Noch 2017 stellte Brüssel Mängel fest und forderte Nachbesserungen.

Bevor Wirkstoffe in Pestiziden in Europa eingesetzt werden können, muss die Kommission sie genehmigen. Jedoch gibt es auch das Instrument sogenannter Notfallzulassungen. Schon der Name ist irreführend, weil es sich nicht wirklich um Notfälle handelt. Die Regelung besagt: Wenn ein Land der Meinung ist, es bestehe für seine Agrar-, Forst- und Gartenwirtschaft eine besondere Gefahr durch Schädlinge, kann es für drei Monate auch Mittel genehmigen, die normalerweise verboten wären. Natürlich nutzen Staaten dieses Schlupfloch aus. Einer Analyse im Auftrag der Grünen im Europaparlament zufolge war 2015 und 2016 in Deutschland recht viel Not am (Land-)Mann. Das Bundesamt für Verbraucherschutz und Lebensmittelsicherheit genehmigte demnach jeweils mehr als 40 Notfallzulassungen. Kritiker werfen dem Amt vor,»die Gefahr für die Kulturen nach eigenem Ermessen und nach wirtschaftlichen Erwägungen« zu definieren – und ich denke, es ist nicht von der Hand zu weisen, dass dem so ist. Die Entscheidungsträger sind mit Sicherheit politischem Druck ausgesetzt. Auch Landwirte sind schließlich Wähler. Befürworter von Pestiziden malen Ertragsausfälle bei einem vollständigen Verzicht an die Wand, mit einem in die Milliarden gehenden wirtschaftlichen Schaden. Sie wissen mit den Chemiekonzernen eine finanzstarke Lobby hinter sich.

Es scheint, dass sich die Dramen ständig wiederholen. Ein Blick zurück zu den Anfängen der Chemiekeulen: Mit DDT bekamen die Bauern in der zweiten Hälfte des 20. Jahrhunderts eine vermeintliche Wunderwaffe an die Hand. Dichlordiphenyltrichlorethan war jahrzehntelang der meistverkaufte Insektenvernichter der Welt. Als Wunderwaffe wurde es schon nach relativ kurzer Zeit stumpf, weil die damit bekämpften Schädlinge immer widerstandsfähiger gegen seine Wirkung wurden. Gleichzeitig setzte es natürlich auch den Nützlingen zu. Und wegen seiner chemischen Stabilität und guten Fettlöslichkeit im Gewebe gelangte DDT in andere Tiere und Menschen. Nachdem es unter Krebsverdacht geriet, wurde es schließlich weltweit geächtet.

Auch bei biologisch schneller abbaubaren Wirkstoffen, die in der Nachfolge von DDT eingesetzt wurden, wiederholte sich diese fatale Geschichte. In Bezug auf die Insekten läuft sie immer gleich ab: Ernteräuber (also Schädlinge) werden resistent, ihre natürlichen Feinde werden dezimiert. Gleichzeitig werden hochgezüchtete Pflanzen ohne Pestizidbehandlung oft empfindlicher für Schadinsekten. Dass dies einen Teufelskreis von immer mehr und immer neuen Pflanzenschutzmitteln in Gang setzt, erscheint zumindest mir sehr einleuchtend.

Zu einem Umdenken kam es etwa seit Mitte der 1980er-Jahre. Das Konzept des schon erwähnten »integrierten Pflanzenschutzes« entstand. Sehr einfach ausgedrückt, besteht es im Prinzip aus der Strategie, nicht einfach wahllos zu sprühen, sondern den Pestizideinsatz an der tatsächlichen Bedrohung durch Schädlinge auszurichten. Klingt einfach, ist aber schwierig auszurechnen, schließt Massenbefall durch Schädlinge nicht grundsätzlich aus und kann die Kosten-Nutzen-Rechnung der Landwirte gehörig durcheinanderbringen. Bauern verlassen sich daher nach wie vor gern auf das sogenannte »kalendarische Prinzip«: Für Pestizide heißt es in festgelegten zeitlichen Abständen: Rohr frei! Egal, ob es bereits einen Schädlingsbefall gibt oder nicht.

Betriebswirtschaftlich mag dieses Vorgehen der Landwirte Sinn ergeben, einer Naturlogik folgt es nicht. Das Gleiche gilt für Monokulturen, die meist für Insekten ebenso bedrohlich sind wie Pestizide. Es braucht daher mehr als bloße Warnungen und Appelle an das Gewissen. Landwirten muss eine Alternative für ein auskömmliches Einkommen geboten werden.

Es bleibt festzuhalten: Der Einsatz von Pestiziden im heutigen Umfang hat erhebliche Wirkungen auf unsere Ökosysteme und die Artenvielfalt. Neue Klassen von Insektiziden, die in den vergangenen zwanzig Jahren eingeführt wurden, haben sich als besonders schädlich erwiesen. Ohne Pflanzenschutzmittel aber ist die Landwirtschaft zunächst weniger produktiv. Die Zulassungspraxis dieser Stoffe wird (wohl deshalb) oft ausgehebelt und unterliegt zudem erheblichen Mängeln. Sie prüft vorwiegend auf direkte Letalität, auf sofortigen Tod. Verirrte und verwirrte Bienen, Hummeln und Vögel fallen nicht ins Gewicht – auch nicht, dass all die schlimmen Nebeneffekte über kurz oder lang bei uns Menschen landen.

Außerdem unterliegt jedes Pflanzenschutzmittel nur isolierten Tests. Auf den Äckern herrscht aber ein Cocktail aus mehreren Pestiziden vor. Saatgut wird häufig mit mehreren Wirkstoffen ummantelt. Das Zusammenspiel all dieser Mittel ist viel zu wenig untersucht. Landwirte müssen zwar ein »Spritzbuch« führen und den Einsatz der verwendeten Pflanzenschutzmittel dokumentieren. Die daraus resultierenden Daten sind im Detail aber nicht öffentlich zugänglich. Nicht zu vernachlässigen in der Gesamtrechnung wären auch die Wirkungen, die Hobbygärtner mit Gifteinsatz entfalten und dabei wesentlich weniger Kontrolle unterliegen als Landwirte.

Klar ist auch: Europa allein kann es nicht richten. In Asien werden pro Hektar die meisten Pestizide eingesetzt. In China, Indien und Japan wird die volle Chemiekeule auf Äckern und Feldern geschwungen. Die USA, Brasilien und Argentinien stehen dem kaum nach. In Südamerika und Afrika, teilweise auch in Asien, sind die Vorgaben für die Verwendung der Giftschleudern nicht vergleichbar mit denen in Europa oder den USA. Die Folge davon ist, dass dort Mittel versprüht werden, die in Europa seit etlichen Jahren verboten sind, wie meine Kollegin Cornelia Sattler und unser gemeinsames Team beispielsweise in Vietnam belegen konnte. Hinzu kommt, dass in zahlreichen, vorwiegend armen oder ärmeren Ländern Pestizide oftmals deutlich giftiger sind als in reichen Industriestaaten, wo die Umweltstandards höher sind und auch das Bewusstsein für den Umweltschutz ausgeprägter ist.

Das alles zu verdammen, ist richtig und nachvollziehbar. Trotzdem plädiere ich dafür: Wenn wir die Insekten und eine große Artenvielfalt erhalten wollen, muss die Landwirtschaft nicht als Feind, sondern als Teil der Lösung betrachtet werden.

6.2. ES GRÜNT SO GRÜN IN DER AGRARWIRTSCHAFT

Der Begriff »Bio« steht gemeinhin für nachhaltig, gesund, im Einklang mit der Natur. Wenn Bioabfälle und nachwachsende Rohstoffe mithilfe von Mikroorganismen vergären, wird daraus Biogas. Also eine Energiequelle aus biologisch abbaubaren, erneuerbaren Substanzen – klingt fast wie die Quadratur des biologischen Naturkreislaufs, zu schön, um wahr zu sein.

Man darf die Dinge eben nicht isoliert betrachten. Der Blick auf einen einzelnen Aspekt verzerrt die Realität, die wieder einmal viel komplizierter und komplexer ist. Die Produktion von Biogas beruht weitgehend auf Mais, sehr viel Mais, der auf immer größeren Flächen als Monokultur angebaut wird. Mittlerweile gibt es einen regelrechten Wettbewerb um die Pacht von Ackerland zwischen Landwirten, die auf die Produktion von Lebensmitteln setzen, und solchen, die mit dem Anbau von Mais für Biogas ihr Geld verdienen.

Es zeichnet sich ab, dass der massive Anbau von Mais und anderen Energiepflanzen (z. B. Raps) für die Kulturlandschaft und ihre Artenvielfalt zum Problem werden könnte. Gerade das artenreiche Grünland (Weiden und Wiesen) ist oft zu Äckern umgebrochen worden – und wir beobachten eine Zunahme des Einsatzes von Düngern und Pestiziden im Mais. Das Resultat sind ökologische Wüsten, in denen nur sehr wenige Arten vorkommen, und Flächen, die verstärkt anfällig sind gegen Bodenerosion, insbesondere im frühen Stadium der Pflanzen.

Andererseits gilt Bioenergie als Alternative im Kampf gegen die Klimaerwärmung und wird entsprechend gefördert. Die Anbauflächen, auf denen Pflanzen zur Bioenergiegewinnung produziert werden, wachsen daher stetig. Um aber zu einer wirklich relevanten Größe zu werden, müssten sie bis 2050 noch einmal gigantisch ausgeweitet werden, je nach Zukunftsszenario des Weltklimarats IPCC aus dem Jahr 2018 auf mindestens 22 und maximal 724 Millionen Hektar. Das entspricht im Extremfall über 7 Millionen Quadratkilometern und damit etwa der einein-halbfachen Fläche der Europäischen Union.

Man bräuchte also enorm viel Fläche, um einen entspre-chenden Energieertrag aus Mais und Co. zu erwirtschaften. Moderne Solaranlagen kämen mit einem Zehntel der Fläche aus. Würde wir auf Bioenergie in großem Stil setzen, hätte das für die Artenvielfalt verheerende Folgen. Energie aus Pflanzen wird die Welt nicht retten, eher im Gegenteil.

Wir müssen uns als Gesellschaft auch fragen, was uns wichtiger ist: die Befriedigung unseres immer noch weiter stei-genden Energiebedarfs oder der Erhalt der Artenvielfalt und funktionierender Ökosysteme. Das Dilemma ist so alt wie die Menschheit, nur dass es erst vor wenigen Jahrzehnten als sol-ches erkannt wurde und in letzter Zeit eine Dynamik erreicht hat, die man mit Fug und Recht als »Raubbau an der Natur« bezeichnen kann.

Seit jeher rodet der Mensch Wälder, legt Sümpfe trocken und macht Naturlandschaften urbar. Ackerbau und Viehzucht waren über Jahrtausende reine Handarbeit und dienten mehr oder weniger der Selbstversorgung. Entsprechend niedrig waren die Nutztierbestände. Mit der Industrialisierung ab Anfang des 19. Jahrhunderts und dem rasanten Anwachsen der Weltbe-völkerung, das sich zum Glück jetzt allmählich verlangsamt, wuchs auch der Bedarf an Lebensmitteln; mit zunehmendem Wohlstand änderten sich die Ernährungsgewohnheiten hin zu viel mehr Fleisch. Der immer größere Bedarf an landwirtschaft-lichen Flächen führte zur Abholzung von Wäldern und Trocken-legung von Sümpfen und Mooren auf allen Kontinenten.

In der Folge entwickelten sich Bauernhöfe zu maschinell betriebenen Hochleistungs-Agrarbetrieben, wie sie heute in zahlreichen Ländern auf der ganzen Welt vorherrschen. Zugleich nahm die Nutzungsintensität der Böden zu, und die Transportlogistik gewann an Bedeutung. Die meisten Dörfer sind schon lange durch befestigte Straßen erschlossen. Hinterfragt hat das niemand. Dabei hat der Ausbau der Infrastrukturen sichtbare Schattenseiten: Zersiedelung, Verschmutzung, Verinselung, Zersplitterung und Zerstörung der Lebensräume von Tieren und Pflanzen. Erst in den 1980er-Jahren entstand eine kritische Umweltbewegung, die dem ewigen »Weiter so« ein Stoppschild entgegenhielt.

Dabei hat die Landwirtschaft auch viele positive Entwicklungen hervorgebracht. Nicht nur züchten Landwirte weltweit Pflanzen, die unsere Ernährung sicherstellen, medizinischen Zwecken und als Baumaterial dienen. Die über Jahrhunderte entstandenen Kulturlandschaften mit ihrem Mix aus offenen Flächen und Gehölzen, aus Hecken und Gewässern sind Refugien für zig Pflanzen und Tiere, stellen Lebensräume dar, die für einen größtmöglichen Artenreichtum sorgen. Die industrielle, von Monokulturen und Massentierhaltung geprägte Landwirtschaft hat diese Kulturlandschaften und die an sie angepassten Lebensformen zu einem großen Teil verdrängt, bei uns wie in vielen anderen Ländern droht sie mehr und mehr zur Normalität zu werden.

WARUM EXTENSIV GENUTZTE WEIDELANDSCHAFTEN WICHTIG SIND

Noch vor gar nicht allzu langer Zeit wurden Wiesen in weiten Teilen Europas ein bis höchstens zwei Mal jährlich gemäht – mehr nicht! Auf Weiden verweilte das (relativ wenige) Vieh stets nur kurze Zeit an einer Stelle, bevor der Hirte seines Amtes waltete und die Tiere zum nächsten Futterplatz führte. Pflanzen und Tiere hatten keine Probleme, sich diesem Rhythmus anzupassen – im Gegenteil profitierten sie davon. Die Streuwiesen waren Habitate für unzählige Schmetterlingsarten und andere fliegende bzw. krabbelnde Insekten. Streuwiesen heißen sie, weil die auf ihnen wachsenden Gräser zur Einstreu in den Ställen während der Winterzeit dienten. Sie wurden nur einmal jährlich gemäht.

Herbert Nickel von der Göttinger Georg-August-Universität hat die Verbreitung der Zikaden untersucht, also derjenigen Insekten, deren Gesänge nicht nur die französische Provence prägen. »Zikaden stellen ein ungemein wichtiges Glied in der Nahrungskette dar. Sie futtern Unmengen an Pflanzen und dienen ihrerseits als Futter von Vögeln, Reptilien, Amphibien und anderen Insekten. Nickel stellte fest, dass sich sein bevorzugtes Forschungsobjekt auf alten Weiden besonders wohlfühlt. Historische, extensiv – also mit geringer Nutztierdichte – genutzte Weidelandschaften, die kleinräumig strukturiert sind, gehören zu den Lebensräumen mit dem größten Aufkommen verschiedener Zikadenarten in ganz Europa. Die Zahl liegt mancherorts bei über 200.

Nickel fand heraus, dass die Zahl der Zikaden stark zurückgeht, ja diese gänzlich verschwinden, wenn die Menge Vieh auf einer Weide eine bestimmte Größe übersteigt und die Wiesen drei bis fünf Mal im Jahr gemäht und obendrein gedüngt werden. Offensichtlich können sich die Zikaden dann nicht mehr in ausreichendem Maße vermehren. Umgekehrt führt eine weniger intensive Beweidung mit Rindern und Pferden nach wenigen Jahren zu einer deutlichen Wiederzunahme der Arten- und Individuenzahlen der Zikaden. Nickels Forschungen in Thüringen ergaben, dass bereits im fünften Jahr nach Einführung extensiver Beweidung die Artenzahl zwei bis drei Mal so hoch wie auf einer intensiv bewirtschafteten Wiese war. Die Anzahl der Individuen war sogar zwei bis vier Mal höher.

Nickel lieferte gleichzeitig einen Beleg dafür, dass sich auch Naturschützer irren können und Maßnahmen zum Erhalt der Umwelt immer wieder auf Sinnhaftigkeit geprüft werden müssen. In Deutschland kennen wir 624 Zikadenarten, 13 Prozent davon sind durch falsches Naturschutzmanagement gefährdet, insbesondere durch eine Mahd, die allein auf den Erhalt von Orchideen oder Wiesenbrütern abzielte.

Eine Studie unter Beteiligung von 58 Wissenschaftlerinnen und Wissenschaftlern unter Leitung von Eric Allan und Markus Fischer, beide Professoren am Institut für Pflanzenwissenschaften der Universität Bern, brachte auf breiter Basis den Beleg, dass sich die Artenvielfalt erhöht, wenn die Landnutzungsintensität von Jahr zu Jahr variiert. Ihre Untersuchungen weisen darauf hin, dass der Mensch den Grünlandflächen, die in Deutschland mit rund 5 Millionen Hektar mehr als ein Drittel der landwirtschaftlich genutzten Gebiete ausmachen, besonders auf die Sprünge helfen könnte, wenn die Anzahl von Weidetieren oder die Häufigkeit der Mahd immer wieder verändert wird. Gerade seltene Arten scheinen davon zu profitieren. Die Untersuchung ist insofern von großer Bedeutung, als sie nicht nur einige wenige Arten berücksichtigt. Die Forscher verwendeten im Rahmen der in drei Regionen Deutschlands etablierten und von der Deutschen Forschungsgemeinschaft (DFG) finanzierten Biodiversitäts-Exploratorien Daten von 150 unterschiedlich genutzten Flächen zu 49 Organismengruppen: von Bakterien bis zu Säugetieren.

Inzwischen sind viele Länder dazu übergangen, Naturschutzgebiete mithilfe von Weidetieren, Schafen, Ziegen, Kühen, zu bewahren. Diese sorgen bestens dafür, dass die Flächen nicht wild zuwachsen, sondern, wie man in der Wissenschaft und im Naturschutz sagt, »offen gehalten« werden. Wo die Tiere ihren Hunger stillen, bleibt kaum ein Grashalm stehen. Sie sorgen für die Bewahrung des Landschaftsbildes und damit der Lebensräume vieler anderer Tiere, zum Beispiel diverser Vogelarten.

Doch vielfältig genutzte Gebiete, die heute häufig unter Naturschutz stehen, ändern leider nichts an dem Verlust extensiv genutzter Grünlandflächen, allen voran Mäh- und Feuchtwiesen sowie Magerrasen – so heißen besonders nährstoffarme Flächen mit einer großen Anzahl spezialisierter Pflanzen –, die über Jahrzehnte hinweg der konventionellen Landwirtschaft geopfert wurden. Zwischen 1990 und 2009 verringerte sich das Grünland zwischen Flensburg und Freiburg um 875.000 Hektar – was einer Fläche entspricht, die fast zehn Mal so groß wie Berlin ist. Der Rückgang, der in allen 16 Bundesländern gleich stark ist, konnte inzwischen zwar gebremst und zum Teil wohl gestoppt werden. Von den insgesamt 75 Grünlandbiotoptypen Deutschlands sind aber 83 Prozent als gefährdet eingestuft, ein Drittel sogar akut. Allein das Ausmaß des Flächenverlustes besagt also nichts über die Qualität des verbliebenen Grünlands in Bezug auf die Biodiversität. Selbst blütenreich erscheinende Wiesen und Weiden weisen bereits mittlere Nährstoffgehalte auf, weil auch sie inzwischen intensiver bewirtschaftet werden und / oder unter Stickstoffeintrag aus der Luft leiden. Sobald die Gebiete häufiger gemäht und gedüngt werden, beginnt der immer wieder beschriebene Teufelskreis: Das Blütenangebot geht zurück, die Insekten verschwinden, danach die Amphibien, Reptilien, Vögel und zuletzt die Säugetiere.

Die Entwicklung landwirtschaftlich genutzter Lebensräume spiegelt sich auch in der immer länger werdenden Roten Liste gefährdeter Tiere und Pflanzen wider. Auch hier hat die EU mit ihren Subventionen insbesondere im Agrarbereich einen ungewollten Beitrag geleistet. In Deutschland und anderen europäischen Staaten wurden extensiv genutzte oder brachliegende Gebiete zu »neuem Leben« erweckt – um Mais und andere Bio-Energiepflanzen anzubauen. Feldvögel wie Rebhuhn, Star, Kiebitz, Brachvogel oder Feldlerche litten bzw. leiden besonders unter der großflächigen Umwandlung von Grün- in Ackerland und dem Einsatz von Düngemitteln und Pestiziden. Ihre Bestände haben dramatische Einbußen erlitten.

Was passiert, sei hier kurz am Beispiel der Kiebitze geschildert. Deren Bestände sind seit Anfang der 1990er-Jahre geradezu eingebrochen. Kiebitze sind Bodenbrüter, die freie Sicht brauchen. Ursprünglich zogen Kiebitze ihre Jungen in Moorgebieten, auf Streuwiesen und vor allem auf feuchten Wiesen und Weiden auf. Doch diese Habitate verschwinden immer mehr, unter anderem, weil sich dort die Viehhaltung für Bauern wenig oder gar nicht rentiert. Die Areale wachsen zu und rauben den Vögeln Sicht und Sicherheit. In der Folge bleiben ihnen, wenn sie aus ihren südlichen Winterquartieren zurückkehren, nur mehr Äcker, die noch nicht bewachsen sind. Manche Landwirte – etwa in Bayern – haben sich darauf eingestellt und bemühen sich, die Kiebitze zu schützen, indem sie um deren Gelege kleine Zäune errichten. Der Aufwand wäre nicht nötig, gäbe es für die Tiere noch genügend Feuchtgebiete zur Brut.

BODENSTÄNDIGER KLIMASCHUTZ

Geht es um Treibhausgasemissionen in der Landwirtschaft, dürften die allermeisten an das Abholzen der Regenwälder denken: Vorher in den Bäumen gebundener Kohlenstoff steigt als Kohlendioxid in die Atmosphäre auf. Aber auch Deutschland hat seinen Anteil an der Misere. Die Entwässerung der Moore und ihre Umwandlung in landwirtschaftliche Nutzflächen sind ein nicht zu unterschätzender Klimafaktor. Denn nasse Böden nehmen sehr große Mengen Kohlenstoff auf. Zudem binden gerade einmal 10 Prozent der Agrarflächen, fast ausschließlich Grünland, über 35 Prozent der gesamten Kohlenstoffvorräte in landwirtschaftlich genutzten Böden. Wird das Grünland geopfert, gelangt der im Erdreich gespeicherte Kohlenstoff als Kohlendioxid nach wenigen Monaten in die Atmosphäre. Entweicht zudem Lachgas durch die Umsetzung von Stickstoff, kommt es für das Klima noch heftiger. Lachgas, also N_2O, klingt lustig, ist es aber nicht. Es ist ein Treibhausgas, das rund 300 Mal so klimaschädlich ist wie CO_2.

Noch mieser sieht die Klimabilanz unterm Strich aus, wenn auf ehemaligem Grünland monokulturell etwa Mais für Biogas gepflanzt wird und die Gräser und Kräuter, die dort nicht mehr wachsen, durch importiertes Tierfutter ersetzt werden, für das Regenwald abgeholzt worden ist.

Nun könnte man denken: Alles kein Problem, dann machen wir eben eine Kehrtwende und aus Feldern wieder Grünland. In frisch angelegten Wiesen und Weiden ist die Speicherrate für Kohlenstoff im Boden pro Jahr jedoch nur etwa halb so groß wie die Menge, die bei der Umwandlung von Grünland in Acker entweicht. Immerhin scheint mittlerweile der Rolle des Waldes bei der Speicherung von Kohlenstoff mehr Beachtung zuzukommen.

Beim Schreiben denke ich immer wieder: Es wäre doch gar nicht so schwer, die Artenvielfalt zu verbessern, zumindest einen gelungenen Anfang zu finden. Aber trotz mancher nationaler und vieler regionaler Bemühungen fehlt es an kontinuierlichen Strategien und hochwirksamen Maßnahmen, die Kehrtwende zu schaffen. Es fehlt an auf längere Zeit sich selbst überlassenen Ackerbrachen, Blühflächen aus traditionellem, regionalem Saatgut und an Pufferstreifen. Lassen Sie es mich an Ackerbrachen deutlich machen, die sich von ganz allein begrünen. Nach der Ernte wird der Boden allenfalls umgebrochen, ohne tief in die Erde einzudringen, und dann ohne Bewirtschaftung liegen gelassen. Samen, die sich noch im Boden befinden, können keimen und Blühmischungen heimischer Kräuter können die Vielfalt erhöhen. So wachsen mitunter auch seltener gewordene Pflanzen, und zugleich entsteht ein wilder Tummelplatz für Insekten, Feldhasen, Rebhühner und Feldvögel und damit eine intakte Nahrungskette. Denn auch Greifvögel und Füchse mögen Ackerbrachen. Ein wichtiges Element ist hier die Möglichkeit, solche Flächen länger einzurichten und zu pflegen und dennoch entsprechende Unterstützung zu erhalten, was unter derzeitigen EU-Richtlinien nicht gegeben ist.

Naturschutz ist wichtig, gar keine Frage. Die schon mehrfach zitierte Krefelder Studie 2017, die ein wichtiges Indiz für ein größeres Insektensterben bildet, brachte auch hier Ernüchterung. Die Zahlen der Studie bezogen sich auf Naturschutzgebiete, und das heißt: Der Insektenverlust konnte auch durch die Ausweitung eigens geschaffener Refugien für Tiere und Pflanzen bisher nicht ausgeglichen, ja, nicht einmal gestoppt werden. Gründe hierfür dürften sein, dass viele der Areale zu klein sind, von Verkehrswegen durchbrochen und umgeben von intensiv genutzten Flächen. Oft ist nur ein paar Meter weiter das erlaubt, was in Naturschutzgebieten nicht sein darf: Pestizide, Dünger, Gülle. Moment mal – selbst in Naturschutzgebieten war der Einsatz von Pestiziden bislang bzw. bis vor Kurzem gar nicht verboten, wenngleich das Umweltbundesamt in Dessau das schon vor Längerem ausdrücklich empfohlen hatte – ein in der Öffentlichkeit kaum bekannter Sachverhalt.

Daraus zu schlussfolgern, dass die Einrichtung von Flächen als Rückzugsgebiete für mehr oder weniger bedrohte Tiere und Pflanzen nichts brächte, wäre aber auch falsch. Der Tierökologe Matthias Dolek, mit dem ich seit Jahrzehnten in freundschaftlichem Austausch stehe, verglich Daten der zurückliegenden drei Jahrzehnte zu neunzig in Bayern vorkommenden Schmetterlingsarten – Tagfalter und Widderchen – mit dem heutigen Zustand. Die Bilanz ist verheerend: Etwa 65 Prozent der früheren Vorkommen konnten nicht mehr bestätigt werden. Man muss also schlimmstenfalls davon ausgehen, dass sie an den untersuchten Stellen ausgestorben sind. Lagen die Altnachweise länger als 25 Jahre zurück, lag der Verlust sogar bei 80 Prozent. Selbst bei den als nicht gefährdet eingestuften Schmetterlingsarten betrug die Wiederfundrate weniger als 50 Prozent.

Allerdings zeigte sich, dass biotopreiche Landschaften, Naturschutz- sowie Fauna-Flora-Habitat-Gebiete nicht ganz so stark betroffen waren. Hier lag die Wiederentdeckungsrate immerhin noch bei bis zu 60 Prozent. Die Überlebenschance der Schmetterlinge ist dort größer als in ungeschützten Arealen. Zur Wahrheit gehört aber auch: In Vogelschutzgebieten sterben die Schmetterlinge genauso wie anderswo. Nun könnte man sich damit trösten, dass sie von den gefiederten Tieren gefressen worden sind und sich dadurch wenigstens die Lage bedrohter Vogelarten verbesserte. Das ist vielerorts überhaupt nicht der Fall. Nur partiell zeichnen sich Besserungen ab, etwa bei den Grauammern *(Emberiza calandra)*, deren Vorkommen außerhalb von Schutzzonen aber weiterhin dramatisch niedrig ist, sodass man insgesamt auch bei ihnen nicht von Entwarnung reden kann.

Wir müssen zwingend darüber nachdenken, Maßnahmen und Vorgaben zur Rettung der Artenvielfalt auf angrenzende

Landwirtschaftsflächen zu erweitern, was den Grundwasserschutz einschließen muss. So wie Naturschutzgebiete direkt neben Agrarflächen liegen und beides als Ganzes betrachtet werden muss, so ist es auch mit den europäischen Ländern. Also lassen Sie uns nach Brüssel schauen.

VON GRÜNEN WÜSTEN UND WUT-BAUERN

Am Place Schuman in Brüssel herrschen alles andere als ideale Bedingungen für Insekten. Es handelt sich um ein versiegeltes Rondell mit ein paar Büschen, verkehrsumtost – falls die Autos nicht gerade im Stau stecken. Ringsum erheben sich die abweisenden Zweckbauten der EU-Zentrale, deren Kommandobrücke das Berlaymont-Gebäude ist, in dem Ursula von der Leyen und ihre Kommissare sitzen. Deshalb ist der Place Schuman auch immer wieder Anziehungspunkt für Demonstrationen; besonders häufig kommen wütende Bauern mit ihren Traktoren oder aufgebrachte Naturschützer, um gegen das zu protestieren, was im EU-Jargon »GAP« (Gemeinsame Agrarpolitik) genannt wird.

Auch unangenehme Post ist man am Place Schuman gewohnt. Zum Jahresende 2019 flatterte ein »Offener Brief« ins Haus, unterzeichnet von europäischen Fachgesellschaften, die sich mit Insekten, Reptilien und Amphibien, Vögeln und Säugetieren beschäftigen – darunter auch von der von mir mitbegründeten Stiftung Butterfly Conservation Europe. Adressaten waren die Mitglieder des Europäischen Parlaments, nicht weit vom Berlaymont gelegen. In ihrem Schreiben rechneten die Unterzeichner mit der GAP ab und forderten sofortige Reformen der EU-Agrarpolitik, die maßgeblich dazu beigetragen hat, dass es zu einer Intensivierung der Landwirtschaftsmethoden gekommen ist und infolgedessen zu einer Verödung des Landschaftsbilds, eines signifikant höheren Einsatzes von Pestiziden, höheren Mähfrequenzen, exzessiver Bewässerung und Zerstörung von Wiesen und Grünland. In dem Schreiben ist die Rede von »grünen Wüsten« überall in Europa mit verheerenden Folgen für die Lebensbedingungen von Insekten, Vögeln und anderen Tieren. Die Verfasser betonten, was ich nur unterstreichen kann: An einem Zusammenhang zwischen Insekten- und Vogelsterben und der GAP besteht wenig Zweifel. Auch die Ergebnisse des globalen Berichts des Weltbiodiversitätsrats (IPBES) sprechen eine deutliche Sprache: Zentral verantwortlich für das Arten- und somit auch das Insektensterben ist die Veränderung der Landnutzung, wozu ganz zentral die immer intensiver betriebene Landwirtschaft zählt.

Die Fachgesellschaften warnten in ihrem Brief vor künftigen »stillen Frühlingen« ohne Vogelgesang, ohne Zirpen der Zikaden und ohne Gebrumme der Hummeln, sie boten ihre Mitarbeit an, um Totenstille im Frühjahr zu verhindern.

Es ist natürlich vorstellbar, dass die von der EU-Kommission am 20. Mai 2020 veröffentlichte Biodiversitätsstrategie auch von diesem Schreiben beeinflusst wurde. Aber bereits im Mai 2019 hatte die EU als Mitglied des Weltbiodiversitätsrats dessen globalem Bericht, der wesentliche Optionen für eine arten- und ökosystemfreundliche Zukunft aufzeigte, zugestimmt. Unter der Überschrift »Die Natur in unser Leben zurückbringen« hat die Kommission in ihrem Strategiepapier unter anderen folgende Ziele formuliert: Umkehr der Abnahme natürlicher Bestäuber; 50 Prozent weniger Pestizide; mindestens 25 Prozent Öko-Landwirtschaft; mindestens 10 Prozent des Agrarlands muss den Anforderungen an vielgestaltige Landschaften genügen.

Unter dem Eindruck der Corona-Pandemie erkannte die Kommission außerdem ausdrücklich an, dass die Bewahrung von Ökosystemen und der Artenvielfalt Voraussetzung dafür ist, unsere Ernährung und Ökonomie zu sichern und die Verbreitung von Krankheiten zu verhindern. Die Sorge um die natürlichen Lebensgrundlagen auch der Insekten wurde damit als das benannt, was sie ist: nicht Schwärmerei für gute alte Zeiten, auch nicht Vorurteil gegenüber Bauern und ihrer (und letztlich unserer) Wirtschaftsweise, sondern Basis zur Gewährleistung des Überlebens der Menschheit.

Das sehen im Prinzip auch die Landwirte so, die von der Natur leben wie am Ende wir alle, mit ihr aber in direkterem Kontakt stehen und auch mehr von ihr verstehen als die große Mehrheit der Durchschnittsbürger. Ihnen dürfte daher unmittelbar einleuchten, was die EU-Kommission auf den einfachen Punkt brachte: Der Natur mehr geben, als man ihr nimmt. Nur leider ist es ein bisschen wie mit der Windkraft – im Prinzip sind die meisten Leute dafür, doch eine Windturbine in der Nähe des eigenen Hauses tolerieren die wenigsten.

So reagierte der Deutsche Bauernverband, einer der mächtigsten Lobby-Organisationen der Republik, auf die Botschaft aus Brüssel prompt. In seiner Stellungnahme räumte er zwar ein: »Die europäische und deutsche Landwirtschaft ist bereit, ihren Teil zu einem verbesserten Umwelt- und Biodiversitäts-schutz beizutragen und eine Transformation der Lebensmittel-erzeugung hin zu noch mehr Nachhaltigkeit mitzugestalten.« Dieses Bekenntnis stand allerdings unter der Überschrift: »Das ist ein Generalangriff auf die europäische Landwirtschaft«. Und enthielt auch den Satz, allgemeine politische Reduktions-ziele für »Pflanzenschutzmittel und andere Betriebsmittel« seien »kontraproduktiv und verlassen die Grundlage der guten fachlichen Praxis«.

Diese »Grundlage der guten fachlichen Praxis« sieht nach Meinung von Naturschützern freilich so aus: »Die Landwirt-schaft in Europa befindet sich in der Sackgasse. Eine Agrar-politik, die einseitig auf Ertragssteigerung durch giftige Agro-chemikalien ausgerichtet ist, hat das Ökosystem an den Rand des Kollapses geführt. Täglich schwindet die biologische Vielfalt, die unserem Ernährungssystem zugrunde liegt.« So formulierte es zum Beispiel die Initiative »Bienen und Bauern retten!« – nicht frei von Angriffslust, aber in den Kernaussagen nicht falsch.

Auch das Bundesumweltministerium bekam vom Deut-schen Bauernverband sein Fett weg. Nur einen Tag vor der Bekanntmachung der Strategie der EU-Kommission hatte das Haus von Svenja Schulze im Mai 2020 seinen »Bericht zur Lage der Natur« vorgelegt. Der Verband sah darin »eindimensionale Schuldzuweisungen« an die eigene Klientel. Denn Umwelt-ministerin Schulze hatte richtigerweise festgehalten, dass Wäl-der, Flüsse und Auen Anzeichen von Erholung zeigen. Als ne-gativ hob sie jedoch hervor: »Vor allem in der Agrarlandschaft geht es der Natur dagegen besorgniserregend schlecht.«

Empört wies der Bauernverband darauf hin, dass der Bericht viele freiwillige Blühstreifenprojekte der Landwirte unerwähnt gelassen habe. Er legte damit den Finger auf eine Wunde, die – wiederum – in Brüssel geheilt werden müsse, denn die Landwirtschaftspolitik macht die Europäische Union, deren Budget zu einem großen Teil diesem Ziel vorbehalten ist.

Paradoxerweise hat die EU mit ihrer Förderpolitik den intensivierten und großflächigeren Anbau, wie gesagt, jahrelang forciert. Früher verlangte sie das Stilllegen von Agrarflächen und zahlte dafür. Das Motiv war rein ökonomisch, aber durchaus redlich: Es gab ein Überangebot an landwirtschaftlichen Produkten. Seitdem man aber mit dem Anbau von Raps und Mais für die Energieerzeugung Geld verdienen kann, ist eine künstliche Verknappung der Anbauflächen nicht mehr nötig. Die Folge sind die schon beschriebenen Monokulturen und weniger Brachen, in denen Ackerunkräuter wie Klatschmohn, Kornblumen und Flughafer gedeihen können. Die Insekten verschwinden … Ich erspare Ihnen (und mir), hier noch einmal den Teufelskreis nachzuzeichnen.

Die EU-Subventionen flossen vor allem an Großbetriebe, die unentwegt ein und dieselben Pflanzen- oder Getreidearten anbauten und mit »Bioprodukten« fast so viel zu tun haben wie Eisbären mit der Wüste. Noch absurder ist, dass Bauern, die Nutztiere halten, keine EU-Flächenförderung bekommen. Gerade sie stehen unter Sparzwängen – was zulasten von Tier und Mensch geht. Zugespitzt könnte man sagen: Wer Mais anbaut und den Boden zerstört, wird dafür von der EU belohnt. Wer sein Vieh frei auf Weiden grasen lässt, geht leer aus. Besteht unser gesellschaftliches Ziel aber in einer nachhaltigen und lebenswerten Zukunft, sollten öffentliches Geld lieber diejenigen erhalten, die umwelt- und artgerechte Landwirtschaft betreiben.

HAT GAR BAYER RECHT?

Oder ist vielleicht doch alles ganz anders? Braucht man sogar noch intensivere Landwirtschaft, um andere Ackerflächen der Natur zurückgeben zu können? In der Debatte meldete sich ein Vertreter der Bayer AG zu Wort, Matthias Berninger, früher bei den Grünen politisch aktiv. Er thematisierte den Umstand, dass sich immer mehr Fläche auf immer weniger Landwirtschaftsbetriebe konzentriert, die immer höhere Erträge erwirtschaften müssen.

Vermutlich auch in der Absicht, sein im Zuge der Glyphosat-Diskussion an den Pranger gestelltes Unternehmen in ein schöneres Licht zu rücken, sprach Berninger einen Punkt an, über den wir reden müssen. Er sagte im Mai 2020 im Deutschlandfunk: »Eine ganz wichtige Aufgabe von Bayer ist, dass man auf weniger Land mehr produzieren kann.« Der Konzern wolle die Umweltauswirkungen seiner Produkte bis 2030 um 30 Prozent reduzieren. Berninger äußerte sich kaum über Insekten, machte aber eine Rechnung auf, über die man nachdenken kann, wenn nicht muss: »Pflanzen konkurrieren mit Unkraut. Wenn ich Unkraut nicht erfolgreich bekämpfe, habe ich weniger Ernteerträge. Wenn ich weniger Ernteerträge habe, muss ich auf mehr Fläche anbauen, um die gleiche Nachfrage zu erfüllen. Vor diesem Hintergrund sind sowohl modernes Saatgut als auch moderne Chemie wichtig, um den Flächenfraß zu begrenzen.«

Natürlich dürfte es Berninger auch darum gehen, dass sein Arbeitgeber künftig weiter gut verdient. Trotzdem: Sehen Sie das Problem? Es kommt halt darauf an, wo man die Akzente setzt. Warum behellige ich Sie überhaupt mit all diesen Erwägungen? Warum lasse ich so viele Stimmen zu Wort kommen? Weil ein wichtiger Aspekt – der nicht mit der Ursache verwechselt werden darf – des Artensterbens ganz sicher die Nutzung des Landes ist, das uns nur in begrenztem Maße zur Verfügung steht. Landwirte heißen nicht umsonst »Land-Wirte«. Sie nutzen nicht nur die Erde, sondern kümmern sich auch um sie. Tun sie es nicht, wird auch ihnen die Lebensgrundlage entzogen. Bauern sind keine Feinde der Natur. Sie sind Unternehmer und nutzen – wie andere Unternehmer der Welt auch – den technischen Fortschritt und folgen gewissen Marktgesetzen. Es hat keinen Sinn, die Landwirte zu verteufeln. Wir brauchen sie. Nicht nur für unsere Ernährung, sondern auch als Bündnispartner. Deshalb lasse ich hier abermals den Bauernverband zu Wort kommen. Er ist davon überzeugt, »dass der Einsatz von Pflanzenschutzmitteln oft gesundheitliche Risiken bei der Ernteware vermeidet und dadurch gleichzeitig zu mehr Lebensmittelsicherheit und Versorgungssicherheit beiträgt«. Diese Überzeugung wird man so schnell nicht aus dem Weg räumen können. Genauso wenig sollten wir ignorieren, was der Verband berechtigterweise verlangt: »Die Bäuerinnen und Bauern dürfen mit den Kosten für mehr Umwelt- und Klimaschutz nicht allein gelassen werden.«

In der Tat muss ein gesamtgesellschaftliches Problem gesamtgesellschaftlich gelöst werden.

Die Presse erweckt gern den Eindruck, Julia Klöckner, die Landwirtschafts- und Ernährungsministerin in der Regierung von Angela Merkel, sei mit der Agrarindustrie verbandelt. Das ist wahr und doch auch wieder grundfalsch. Jedenfalls für mich kein Grund, ihre Mahnung zu ignorieren, das Erreichen der deutschen Naturschutzziele nicht allein bei den Landwirten abzuladen.

Wir sollten uns vor Feindbildern hüten. Man kann als Landwirtschaftsministerin nicht über die Interessen der rund 260.000 Agrarbetriebe zwischen Ostsee und Schwarzwald hinwegsehen. Ihr Appell macht Klöckner noch nicht zum willfährigen Instrument der Bauernschaft. Naturgemäß sieht sie die Dinge von einer anderen Seite als die Umweltministerin. Ausgesprochene Insektenfeindschaft kann man Klöckner, die in einer Winzerfamilie aufwuchs und also weiß, wie es ist, Boden zu beackern, wahrscheinlich nur in Bezug auf die Reblaus vorwerfen.

Halten wir also fest: Eine Hauptursache für das Insektensterben ist unsere moderne, hochindustriell strukturierte Landwirtschaft. Sie ernährt uns nicht nur, sondern hat obendrein das Geschäft mit Bioenergie entdeckt. Konventionell wirtschaftende Bauern sind kaum bereit, auf Pflanzenschutzmittel zu verzichten. Die Agrarpolitik der EU basiert auf Fördermitteln, die sich zum Großteil nach der Hektarzahl eines landwirtschaftlichen Betriebes richten. In der Folge verdrängen Großbetriebe zunehmend Kleinbetriebe. So bekommt die Industrialisierung der Landwirtschaft immer wieder neue Schübe. Hier liegt das größte Problem – und es wird bestehen bleiben, solange enormer Kostendruck auf den Bäuerinnen und Bauern lastet.

Alles, was Insekten helfen würde – Blühstreifen, Ackerbrachen, Hecken, Verzicht auf Pestizide, standortgerechte und vielfältige Frucht- und Sortenwahl –, kostet Ertrag. Deshalb müsste Naturschutz stärker belohnt werden, damit einhergehende Verluste müssen kompensiert werden. Dann könnten Landwirte die Intensität ihrer Bewirtschaftung variieren. Dafür brauchen sie nicht einmal allesamt auf Bio umzustellen. Ganz abgesehen davon, dass auch Biobauern die Artenvielfalt bedrohen können, wenn sie zu viel aus ihrem Land herausholen wollen und zu oft mähen.

NICHT FLEISCH AN SICH – DER MASSENKONSUM IST SCHÄDLICH

An dieser Stelle – Vegetarier mögen mir verzeihen – muss ich es loswerden: Aus ethischen Motiven heraus vielleicht, aber ökologisch betrachtet gibt es keinen Grund, komplett auf Fleisch zu verzichten. Die große Insektenvielfalt im Grünland geht auf jahrhundertelange Tierhaltung zurück. Eine völlige Umstellung auf vegetarische und vegane Nahrung würde nicht nur Traditionen und Kulturlandschaften wie die Almen in den Bergen Süddeutschlands, der Schweiz und Österreichs oder die Lüneburger Heide im Norden inklusive ihrer Artenvielfalt vernichten. Ein Rind kann mit seinem Dung unter günstigen Umständen jährlich mehr als 100 Kilogramm Insektenbiomasse erzeugen. Das Problem ist nicht der Fleischkonsum an sich, sondern die immense Menge an Rindern, Schweinen,

Hühnern, Puten, Gänsen, Kängurus, Pferden und anderen Tieren, die immer mehr Menschen rund um den Erdball in sich hineinstopfen. Weltweit wird heute vier Mal so viel Fleisch produziert wie vor fünfzig Jahren. Waren es 1965 noch etwa 84 Millionen Tonnen, sind es 2018 rund 340 Millionen Tonnen gewesen – Tendenz danach glücklicherweise leicht sinkend. Das hat mit der Zunahme der Weltbevölkerung zu tun, ist durchaus auch Ausdruck von mehr Wohlstand in armen und sehr armen Ländern, ist aber vor allem ein Problem, das direkt auf uns in den reichen Ländern zurückgeht. Allein in Deutschland liegt der Verbrauch von Fleisch pro Kopf konstant bei rund 87 Kilogramm Schlachtgewicht, von denen etwa 60 Kilogramm tatsächlich in Topf und Pfanne oder auf dem Grill landen.

Um den riesigen Bedarf zu decken, kommt man momentan gar nicht ohne industrialisierte Massentierhaltung und -schlachtung aus. Konventionelle Nutztierzucht ist verbunden mit riesigem Wasserverbrauch und belastet Böden und Gewässer. Die Aufzucht der Tiere an sich, aber auch die Produktion und der Transport sowohl des lebenden Viehs als auch des Fleisches in allen verarbeiteten Varianten ziehen einen ganzen Rattenschwanz von Schadstoffausstößen nach sich. Nach Angaben der Ernährungs- und Landwirtschaftsorganisation der Vereinten Nationen (FAO) hängen 14,5 Prozent der weltweit durch den Menschen verursachten Treibhausgase mit der Tierhaltung zusammen. Einen großen Anteil daran haben auch die methanhaltigen Verdauungsgase der Tiere, vor allem der Rinder.

Der größte Teil des Fleisches, das Menschen verzehren oder sonst wie verbrauchen, kommt aus Stallhaltung oder der

Aufzucht in Fressbuchten, in denen die Tiere zwar unter freiem Himmel, aber auf sehr kleinen Flächen gehalten werden. Damit das Vieh schnell wächst, wird es ständig mit Futter versorgt, häufig versetzt mit Medikamenten, damit es nicht krank wird. Auch daraus entwickelte sich in der Vergangenheit ein hässlicher Teufelskreis: Das Futter wird aus Getreide oder Ölpflanzen wie Soja hergestellt, das erst einmal irgendwo wachsen muss. Das sind häufig die Flächen, die bislang Grünland oder (Regen-)Wald waren. Soja wird inzwischen weltweit auf mehr als 123 Millionen Hektar angepflanzt – das entspricht in etwa der Größe Spaniens und Frankreichs zusammen. In den USA, Argentinien und Brasilien entstehen rund 80 Prozent der weltweiten Produktion von Sojabohnen. Das sind drei Länder mit sehr hohem Fleischverbrauch. Dass die Vereinigten Staaten und Brasilien von Präsidenten regiert werden, die von Umweltschutz nicht viel bis gar nichts halten, macht die Sache nicht besser. Gerade von Brasilien ist bekannt, dass dort Glyphosat und andere Pestizide in Mengen eingesetzt werden, die alle bisher bekannten Dimensionen sprengen. Nach der Abholzung des Regenwalds folgen Monokulturen. Ausgerechnet dieser südamerikanische Staat zählt zu den insektenreichsten Ländern der Welt. 9 Prozent der erst eine Million uns bekannten Insektenarten bevölkern Brasiliens tropische und subtropische Regionen.

Gerade unter diesem Aspekt macht die Forderung nach lokalen und regionalen Produkten absolut Sinn. In der Regel sind diese teurer, aber die aus fernen Ländern importierten Waren werden mitunter mit Hungerlöhnen und Umweltschäden hergestellt, die nicht eingepreist sind, dennoch von Verbrauchern mitgedacht werden sollten. Lokal hergestellte Lebensmittel zu verspeisen, sollte übrigens ein weltweiter Trend sein: Denn auch wir exportieren Fleisch nach China.

Bereits ein Rückgriff auf heimische Hülsenfrüchte wie Ackerbohnen, Futtererbsen, Lupinen oder Klee würde unser Klima schonen. Sie eignen sich als Eiweißfutter und haben den Vorteil, dass sie auf natürliche Weise gewaltige Mengen an Stickstoff binden, der für Pflanzen lebenswichtig ist. Sie sind nicht in der Lage, Stickstoff aus der Luft zu ziehen, sondern müssen ihn aus dem Erdreich aufnehmen. Ackerbohnen, Futtererbsen, Lupinen oder Klee bilden Symbiosen mit bestimmten Bodenbakterien, die Stickstoff aus der Luft zu Ammoniak – eine chemische Verbindung von Stickstoff und Wasserstoff – verarbeiten können. Noch bis zur Mitte des vergangenen Jahrhunderts pflanzten Bauern Hülsenfrüchte als eine Art natürlichen Dünger zwischen Getreide und Früchten. Klee hilft zum Beispiel auch bei der Unkrautbekämpfung und der Erosionsminderung des Bodens. Außerdem kann er sehr schnell und ohne große Lagerung als Futter verwendet werden.

Doch nachdem in den 1950er-Jahren synthetische Stickstoffdünger durch Massenproduktion für die meisten Bauern erschwinglich wurden, gerieten die Hülsenfrüchte als Untersaaten rasch in Vergessenheit. Künstlicher Stickstoffdünger wird unter enormem Energieaufwand hergestellt. Pflanzen können maximal 50 Prozent des ausgebrachten Düngers verarbeiten. Der Rest gelangt ins Grundwasser, in Teiche und Seen. Bakterien wandeln Stickstoffverbindungen in Lachgas um.

Die biologische Landwirtschaft nutzt inzwischen wieder verstärkt Klee und andere Hülsenfrüchte als natürliche Stickstofflieferanten. Selbst Laien ahnen aber, dass es aufwendiger ist, seine Felder auf diese Weise zu bestellen. Es ist daher nur logisch, dass Bioprodukte deutlich teurer sind als konventionell hergestellte Produkte. Auch hier wäre ein Umdenken in der deutschen und europäischen Förderpolitik für eine bessere Zukunft sehr förderlich.

6.3. VORSICHT, LICHT!

Der Legende nach soll Goethe mit seinen letzten Atemzügen »Mehr Licht!« gefordert haben. Die Hüter seines Erbes meinten wohl, dies letzte Wort hätte dem Dichterfürsten im Sinne der Aufklärung gut zu Gesicht gestanden. Auch wenn das heute als widerlegt gilt, so hätte der Ausruf zu seiner Zeit immerhin einen konkreten Hintergrund gehabt: Goethe und seine Zeitgenossen konnten tatsächlich noch in pechschwarze Nacht eintauchen. Heute gibt es in den besiedelten Gebieten unserer Erde keine Finsternis mehr. Seit der Elektrifizierung und der Erfindung der Glühlampe im 19. Jahrhundert nimmt die Helligkeit auf der Erde stetig zu, zuletzt durch die LED-Revolution Anfang der 2000er-Jahre.

Straßenlaternen, Leuchtreklame, Megastrahler, die historische Gebäude illuminieren: Der Anteil künstlich beleuchteter Außenbereiche stieg zwischen 2012 und 2016 weltweit jährlich um 2,2 Prozent. Städte der Industrienationen leuchten nach dem Sonnenuntergang bis zu 4000 Mal heller als das natürliche Licht.

Das sieht man gut auf Satellitenaufnahmen, wo Ballungsgebiete Lichtinseln bilden. Die Nacht wird zum Tag, und wer umgekehrt in den nächtlichen Himmel blickt, sieht dagegen oft gar nichts. Lichtsmog auf der Erde verhindert die Sternenschau.

Zahlreiche Insektenarten werden von Licht geradezu magisch angezogen. Und künstliche Lichtquellen werden für nachtaktive Insekten daher nicht selten zur Todesfalle. In Städten, in denen es lichterloh zugeht, liegt die Insektensterblichkeit zwischen 40 und 100 Mal höher als in ländlichen Regionen, wo die Nacht noch Nacht sein darf. Die Wissenschaft nennt das Phänomen »Lichtverschmutzung«.

In einem Kommentar für das Fachmagazin *Nature* rief ich 2009 dazu auf, sich dem Appell des Astronomen Malcolm Smith unter dem Titel »Zeit, das Licht auszuschalten« für einen dunkleren Himmel anzuschließen. Smith wies darauf hin, dass die Lichtverschmutzung zunehmend den Blick auf fremde Gestirne trübe. Ich schrieb damals, dass wegen der möglichen Auswirkungen der Lichtverschmutzung auf diverse biologische Systeme auch die Naturwissenschaft gut daran täte, das Phänomen ernst zu nehmen und das Anliegen zu unterstützen.

Beileibe nicht nur Motten und andere Insekten werden durch künstliche Lichtquellen in die Irre geleitet. Ganze Vogelschwärme sind schon gegen beleuchtete Hochhäuser gekracht. Die im Jahresverlauf wechselnde Länge des Tageslichts spielt eine Schlüsselrolle bei der Überwinterung und der Fortpflanzung vieler Arten. Vielleicht ist Ihnen, wenn Sie denn in der Stadt wohnen, bereits aufgefallen, dass Vögel früher am Tag zu singen beginnen und den Nestbau zeitlich vorziehen. Das hat unter anderem damit zu tun, dass sie ständig mit künstlichen Lichtquellen konfrontiert werden. Ein Forschungsteam an der Universität Leiden in den Niederlanden fand heraus, dass Dauerlicht bei Mäusen zu Entzündungsreaktionen, Muskelschwund und Osteoporose führen kann. Und Meeresschildkröten werden durch künstliches Licht mitunter so stark abgelenkt, dass sie nicht mehr den Strand finden, an dem ihre Vorfahren seit Jahrtausenden ihre Eier ablegen.

Das Zusammenleben der Arten wird seit Jahrmillionen durch den Lichtzyklus mitbestimmt. Rund 30 Prozent aller Wirbeltiere und mehr als 60 Prozent aller wirbellosen Geschöpfe sind nachtaktiv. Die Wissenschaft spricht von Phototaxis. Der Fachbegriff steht für das natürliche Verhalten bestimmter Tierarten, auf Unterschiede der Beleuchtungsstärke zu reagieren. Kakerlaken etwa meiden Licht, in der Biologie nennen wir das negative Phototaxis. Das Gegenteil ist – Sie ahnen es schon – die positive Phototaxis. Motten, Fliegen und viele andere Insekten fühlen sich zum Licht hingezogen. Für sie hat es eine unwiderstehlich anziehende Wirkung.

Warum das so ist, konnte bisher nicht ganz zweifelsfrei geklärt werden. Die gängigste Theorie lautet, dass nachtaktiven Insekten der Mond als Manövrierhilfe dient. Sie versuchen, einen bestimmten Winkel zu dieser hellsten natürlichen Lichtquelle in der Nacht zu halten, die aus ihrer Sicht unveränderlich am Himmel steht. Wenn sie aber an einer Straßenlaterne vorbeifliegen, verlieren sie die Orientierung. Beim Bemühen, den Winkel zu korrigieren, kommt es zum ewigen Kreisen und

Flattern ums Licht, bis Nachtfalter und Co. daran verbrennen, der Tod durch Erschöpfung eintritt – sie fliegen buchstäblich bis zum Verhungern – oder ein undichtes Lampengehäuse zum unentrinnbaren Gefängnis wird.

Entomologen nutzen die Lichtfixiertheit nachtaktiver Insekten für wissenschaftliche und dokumentarische Zwecke. Im philippinischen Archipel verbrachte ich zwischen 1985 und 1988 insgesamt rund 200 Nächte im Freien, um Lichtfallen aufzustellen, unter anderem im Regenwald. Aus dieser Zeit rührt meine Nachtfaltersammlung, sie umfasst etwa 100.000 Exemplare.

Lichtverschmutzung war schon damals ein, wenn auch spärlich, diskutiertes Thema. Und schon damals kam man zu dem Ergebnis, dass die Lichtverschmutzung reduziert werden müsse. Es wäre ein möglicherweise lohnendes Unterfangen, einmal die Archive zu durchstöbern, wie die Debatte um das Licht in den 1980er- und 1990er-Jahren verlief. Ich fürchte, man würde ziemlich desillusioniert werden. Zwar ist seitdem ein bisschen was passiert, aber längst nicht genug. So konnte sich künstliches Licht zu einem – in der medialen Öffentlichkeit noch immer kaum beachteten – relevanten Faktor beim Arten- und ganz besonders beim Insektensterben entwickeln.

Die Evolution hat die Tierwelt nicht darauf vorbereitet, dass der Mensch die Nacht zum Tag macht. Die genaue Anzahl der Tiere, die durch Kontakt mit künstlichem Licht ums Leben kommen, ist zwar unbekannt und wohl auch nicht umfassend ermittelbar. Es wird sich aber weltweit jährlich um unzählige Milliarden handeln. Allein für Deutschland wird von etwa einer Milliarde Falter und anderer Insekten ausgegangen, die der Lichtverschmutzung zum Opfer fallen – pro Jahr wohlgemerkt. Österreichische Wissenschaftler hielten fest, dass eine einzige Straßenlampe in den Sommermonaten pro Nacht rund 150 Insekten tötet. In Graz wurde eine 2 Meter hohe blau-weiße Leuchtschrift aus drei Buchstaben zum Massengrab: 350.000 Insektenleichen im Laufe eines Jahres zählte man dort.

Wobei nicht allein der direkte Kontakt mit dem Licht zum Tod führt. Auch funktionale Störungen sind die Folge. Die Nahrungs- und Partnersuche wird durch zu viel Licht schwieriger, zudem lässt die Paarungsbereitschaft nach. Lichtverschmutzung führt außerdem zur Verhinderung der Eiablage.

Mit exakten Zahlen lassen sich diese Tragödien nicht belegen. Untersuchungen dazu sind schwierig. Aber es gibt starke Indizien, die die aus Beobachtungen gewonnene These untermauern.

Immerhin, so könnte man dagegenhalten, hat die Entwicklung zu immer mehr Licht auch ihr Gutes. Spinnen, Fledermäuse und andere nachtaktive Fressfeinde der Insekten halten sich gerne an Laternen auf, wo sie leichte Beute machen können. Damit sichern sie ihr Überleben. Für zahlreiche Fledermausarten stimmt das auch. Aber auch unter ihnen gibt es Opfer der künstlich erzeugten Lichtflut.

Seit Jahrmillionen liefern sich Fledermäuse und Insekten einen evolutionären Wettstreit. Nachtaktive Falter verbessern immer wieder ihre Abwehrstrategien, ehe die mittels Schall ausgerüsteten Angreifer nachziehen und sich wiederum winzige

Vorteile verschaffen. Einige Motten haben ihr Gehör soweit geschärft, dass sie den Ultraschall der Fledermäuse wahrnehmen und die Kurve kratzen oder besser: fliegen, wenn es eine auf sie abgesehen hat. Manche antworten sogar mit einer Art »Gegenschall«, der den Jagdflieger verwirren soll. Nachtaktive Schmetterlinge aus der Gruppe der Bärenspinner, die lustigerweise auf Englisch »Tigermotten« heißen, wiederum tun so, als seien sie giftig. Der an der Universität Bristol forschende deutsche Biologe Marc Holderied entdeckte mit Kollegen, dass die Kohlbaum-Kaisermotte (*Bunaea alcinoe*), ein großer und sehr schöner Nachtfalter aus der Familie der Nachtpfauenaugen, auf ihren Flügeln Schuppen hat, die die Ultraschallwellen der Fledermäuse schlucken, so dass sie von den Jägern nicht mehr geortet werden können.

Es gibt wissenschaftliche Hinweise, dass Taktiken nachtaktiver Insekten, sich Fressfeinde vom zarten Leib zu halten, an Lichtquellen nicht mehr richtig funktionieren. »Die Zunahme der Insektendichte, aber auch die Beeinträchtigung der Abwehrmechanismen von Mottenarten erleichtern die Nahrungssuche der Fledermäuse«, ermittelten Forscher vom Institut für Ökologie in Wageningen, das zur Niederländischen Königlichen Akademie der Künste und Wissenschaften gehört. In einem mehrjährigen Feldversuch, der nach wie vor andauert, verwendeten sie Laternen an acht Standorten in nachts normalerweise dunklen Naturreservaten, die in Grün, Rot und Weiß strahlen. Die Intensität entspricht gewöhnlicher Straßenbeleuchtung. Den Untersuchungen werden Versuche in Dunkelheit an gleicher Stelle gegenübergestellt.

Das Projekt unter Leitung des Tierökologen Kamiel Spoelstra bezieht Fledermäuse, kleine Säugetiere, Vögel, Insekten sowie die Vegetation ein. Die Forscher publizierten verschiedene Studien mit jeweils unterschiedlichen Schwerpunkten. In einer stellten sie fest, dass Singvögel mit Ruheplätzen nahe weißer Lichtkegel krankheitsanfälliger wurden – sie schliefen schlechter und kürzer.

In einer anderen Arbeit entdeckte das Team: Die Wirkung von Lampen auf Fledermäuse »hängt wahrscheinlich von der Lichtfarbe ab«. Weiß und Grün macht ihnen weitaus mehr zu schaffen als Rot. Die weit verbreiteten Zwergfledermäuse (*Pipistrellus pipistrellus*) labten sich an dem üppigen Angebot an Insekten. Andere Arten, die das Licht strikt meiden, kamen mit dem Verschwinden der Dunkelheit überhaupt nicht oder höchstens mit rotem Licht klar, mancherorts verschwanden sie völlig. Eine wichtige Erkenntnis für den Schutz der flatterhaften Tiere. Die Tatsache, dass die meisten in der Untersuchung berücksichtigten Fledermausarten Rot aushielten, führte laut Projektleiter Spoelstra dazu, dass erste niederländische Kommunen vorangingen und Beleuchtung im öffentlichen Raum umstellten.

Ausdrücklich mit Blick auf die Lichter der Großstadt beobachteten Kollegen des Berliner Leibniz-Instituts für Zoo- und Wildtierforschung (IZW) drei Monate lang Fledermäuse an 22 Grünflächen. Ihnen ging es darum, wie sich schattenwerfende Bäume und der Ultraviolett-Anteil auf das Verhalten von Insekten und ihrer Fressfeinde auswirken. Anhand der aufgenommenen Geräusche identifizierten sie die einzelnen

Fledermausarten. Auch die im Sommer 2017 erschienene Studie erbrachte Indizien, dass die Zwergfledermaus und die Rauhautfledermaus (*Nathusius pipistrelle*) auf Laternenlicht mit hoher UV-Intensität fliegen – wohl deshalb, weil dort der imaginäre Tisch mit Insekten reich gedeckt ist. Andere suchten lieber das Weite, selbst wenn genügend Bäume in der Nähe der Lampen standen. Mausohren (*Myotis*) etwa war Helligkeit ein Graus, egal wie hoch der UV-Anteil war.

Verlassen wir die Großstadt und schauen aufs Land. Der Verhaltensbiologe Christian Voigt – als Forscher am IZW auch an der vorherigen Studie beteiligt – hat das Verhalten wandernder Fledermausarten an der lettischen Ostseeküste angeschaut. Dort kommen die Tiere im Herbst auf ihrer Reise von Nordeuropa in den Südwesten vorbei. Die Aktivität von Rauhaut- und Mückenfledermäusen (*Pipistrellus pygmaeus*) nahm um 50 Prozent zu, sobald Voigt und sein Team eine weiße Fläche mit einem grünen Laser bestrahlten. Letztere Farbe ist hier kein Zufall: Grün lockt Insekten kaum oder gar nicht an. Motten und andere Falter waren jedenfalls nicht der Grund der Anziehungskraft der beleuchteten Flächen, wie die Forscher herausfanden.

»Wir schließen daraus, dass künstliches Licht in der Nacht möglicherweise die Fledermauswanderung auf noch nicht erkannte Weise beeinflussen kann«, hieß es in der Studie. Das klingt zunächst nicht dramatisch. Aber was, wenn Fledermäuse grünem Licht an Bojen oder Offshore-Plattformen folgen? Abgesehen vom Energieverlust könnten sie die Orientierung verlieren und entkräftet sterben. Das Team betonte in seiner Arbeit: »Dies ist besonders besorgniserregend, da wandernde Arten auch besonders anfällig für andere anthropogene Stressfaktoren sind, einschließlich beispielsweise der zunehmenden Zahl von Windkraftanlagen, bei denen weltweit eine große Anzahl von Fledermäusen getötet wird.« Auch wenn es dafür keine Beweise gibt: Voigt und andere Ökologen gehen fest davon aus, dass jedes Jahr allein in Deutschland Zehn- oder gar Hunderttausende Fledermäuse von Windrädern erschlagen werden. (Das Kapitel zu der Problematik folgt ab Seite 286.)

Licht lockt nicht nur nachtaktive Insekten an und macht es ihren Jägern recht einfach. Abwehrmechanismen von Schmetterlingen laufen an erleuchteter Stelle mittlerweile ins Leere. Forscher der Universität Pretoria in Südafrika konnten belegen, dass die Verteidigungsfähigkeit nachtaktiver Insekten unter direktem Einfluss künstlicher Beleuchtung leidet. Sie studierten das Fressverhalten der Kap-Kleinohrfledermaus *(Neoromicia capensis)* und stellten fest: In dunklen Jagdrevieren machten die Falter nicht einmal 6 Prozent der Nahrung der Fledermäuse aus – in Arealen, die künstlich erhellt waren, stieg der Anteil auf das Sechsfache, obwohl in dem Gebiet verhältnismäßig weniger Motten lebten. Das deutet stark darauf hin, dass die Insekten die Fähigkeit verlieren, ihr Leben zu schützen. Offenkundig ist es so, dass elektrisches Licht das Abwehrverhalten der Motten beeinträchtigt oder sogar lahmlegt.

Das klingt vielleicht nicht so schlimm, denn immerhin profitiert die Kap-Kleinohrfledermaus davon, wenn sie leichter Beute macht. Doch im Kern zeigt die Erscheinung eine Störung eines seit Jahrmillionen genau austarierten Gleichgewichts: »Künstliche Nachtbeleuchtung droht stark konservierte, lichtabhängige Prozesse bei Tieren zu stören und kann kaskadenhafte Auswirkungen auf Ökosysteme haben, wenn sich die Artenwechselwirkungen ändern. Insektenfressende Fledermäuse und ihre Beute sind seit Millionen von Jahren an einem nächtlichen, co-evolutionären Wettrüsten beteiligt. Lichter können das Abwehrverhalten der Motten gegen Fledermäuse beeinträchtigen und eine komplexe und global allgegenwärtige Interaktion zwischen Fledermäusen und Insekten stören, was letztendlich zu nachteiligen Folgen für Ökosysteme auf globaler Ebene führt.«

GEFANGENE DES LICHTS

Seriöse Forschungsergebnisse lassen den Schluss zu: Je mehr Licht, desto düsterer wird die Lage für Insekten. Der Hydrobiologe Franz Hölker, der am Leibniz-Institut für Gewässerökologie und Binnenfischerei (IGB) in Berlin die Arbeitsgruppe Lichtverschmutzung und Ökophysiologie leitet, veröffentlichte im Mai 2016 eine Studie zum Einfluss von Straßenlaternen auf das Flugverhalten von Nachtfaltern. Zwei Jahre lang installierten er und seine Kollegen im stockdunklen Naturpark Westhavelland nordwestlich von Berlin Lampen in regelmäßigen Abständen, deren Lichtkegel sich überschnitten. Sie stellten fest, dass die Motten die Orientierung verloren und Schwierigkeiten hatten, die beleuchteten Straßen zu passieren. Sie wurden, wenn man es so sagen will, Gefangene des Lichts. Die Schlussfolgerung der Studie lautete, dass Straßenlampen eine Landschaft »in viele kleine Lebensräume unterteilen. Es ist daher anzunehmen, dass die öffentliche Beleuchtung in der Nähe von Hecken und Büschen oder Feldrändern die Qualität dieser wichtigen Lebensraumstrukturen verringert und dass die öffentliche Beleuchtung die Mottenbewegung zwischen den Flecken beeinflussen kann.« Mit anderen Worten: Die Laternen bilden unüberwindbare Barrieren und zerstückeln dadurch Lebensräume.

Dazu muss man wissen: Laternenlicht erscheint Insekten wesentlich heller als uns, da ihre Augen für Licht mit hohem blauem und ultraviolettem Anteil deutlich empfänglicher sind. In Wohnsiedlungen ersetzte man teilweise auch deshalb schon vor längerer Zeit die alten Quecksilberdampf-Hochdrucklampen, die eine hell-bläuliche Farbe erzeugen, nach und nach durch umweltschonende Natriumdampf-Hochdrucklampen mit orange-gelblichem Licht.

Die gläsernen Schirme der Quecksilberdampf-Hochdrucklampen waren hierzulande jahrzehntelang Mottengräber und sind es an vielen Orten leider noch immer. Dass die modernen Lampen mit Natriumdampf-Technik weitaus weniger Insekten anlocken, kann übrigens eine Erklärung dafür sein, warum viele Menschen beobachten, dass heute deutlich weniger Nachtfalter um Straßenlaternen fliegen. Die Wahrnehmung dürfte richtig sein. Der Grund ist aber nicht zwangsläufig der Insektenrückgang, sondern vermutlich auch die geringere Anziehungskraft der Lampen.

Legendär war früher die belgische Autobahnbeleuchtung, vor allem im flämischen Landesteil. Flanderns Autobahnen sind heute nicht mehr die ganze Nacht über erleuchtet, seit 2011 und ausdrücklich auch deswegen, um neben der Energierechnung auch Fauna und Flora zu schonen. Nur die stark belasteten Autobahnringe um Brüssel und Antwerpen machen noch eine permanente Ausnahme, ebenso Ab- und Ausfahrten. Insgesamt stellen die Belgier auf LED-Beleuchtung um.

Manchmal denke ich, wie wunderbar einfach es für die Wissenschaft wäre, wenn in der Natur alles eindeutig wäre. Denn es gibt auch in diesem Fall nicht nur Verlierer, sondern auch Gewinner der Folgen menschlichen Handelns. In der englischen Grafschaft Cornwall haben Forschende der Universität in Exeter den Einfluss von Straßenlaternen auf bodenlebende wirbellose Tiere untersucht. Unabhängig von der Tageszeit tummelten sich unter den Lampen viel mehr Ameisen, Flohkrebse, Spinnen, Laufkäfer und Asseln als an den dunkleren Stellen dazwischen. Daraus schlussfolgerten die britischen Kollegen, dass die Lichtquellen für die Tiere eine Verlockung darstellen und einen dauerhaften Einfluss auf die Zusammensetzung des Biotops haben, von dem einige Insektenarten eben auch profitieren.

Und auch für die Motten ist nicht alles verloren. Zoologen der Universitäten Zürich und Basel legten 2016 eine Studie vor, die zeigt, dass sich die Evolution nicht aufhalten lässt. Sie verglichen das Flug-zu-Licht-Verhalten der Pfaffenhütchen-Gespinstmotte *(Yponomeuta cagnagella)* aus zehn verschiedenen Populationen in heller Stadt und dunklem Land und fanden heraus: Die Herkunft der Tierchen hatte einen entscheidenden Einfluss auf die Anziehungskraft des Lichts. Die Motten, deren

Vorfahren in Dunkelheit auf dem Land lebten, ließen sich mithilfe von Lichtfallen leicht einfangen. Ihre Artgenossen, deren Populationen im hell erleuchteten Basel heimisch waren, entgingen der Gefangenschaft. Mit anderen Worten, die Stadtmotte hat gelernt: Grelles Licht kann tödlich sein.

6.4. DIE INVASION DER BLINDEN PASSAGIERE

In Ostafrika spielt sich seit einem halben Jahrhundert eine Naturkatastrophe ab, von der in Europa kaum jemand Notiz nimmt: Dem Viktoriasee droht der ökologische Kollaps. Die entscheidende Rolle spielen dabei sämtliche vom Menschen verantwortete Treiber der Triple-Krise. Zu den eklatantesten Bedrohungen des Ökosystems am und im Viktoriasee zählen der Klimawandel, die Verschmutzung durch Industrie und Schadstoffeinflüsse aus der Landwirtschaft, die Vernichtung nahe gelegener Wälder, die Trockenlegung von Feuchtgebieten sowie das Auftreten von Arten, die eigentlich nicht in das Gewässer gehören. Für die mehr als 40 Millionen Einwohner im Einzugsgebiet des drittgrößten Binnensees der Welt, der zu Kenia, Tansania und Uganda gehört, gerät die zentrale Lebensgrundlage als Nahrungs-, Trinkwasser- und Einnahmequelle insbesondere durch Fischerei und Tourismus in akute Gefahr.

Im Mai 2020 erreichte der Wasserstand ein historisches Hoch von knapp 13,5 Meter über Normal. Auslöser waren starke Dauerregenfälle über dem Viktoriabecken. Nach einer zweijährigen Dürreperiode hatte es Anfang 2019 angefangen zu schütten – in der Jahreszeit, in der normalerweise Trockenheit herrscht. Unmengen an Regenwasser flossen in den See, den Tiefpunkt des Viktoriabeckens. Riesige Flächen von Sumpf- und Feuchtgebieten entlang der Ufer wurden unterspült. Sie brachen ab und trieben als »schwimmende Inseln« umher. Das schlammige Land verstopfte den Abfluss zum Nil, Afrikas längstem Strom. Der Morast bestand vor allem aus Millionen Exemplaren der Wasserhyazinthe *(Eichhornia crassipes)*, die ursprünglich aus Südamerika stammt. Als Folge der Zerstörungen, Überschwemmungen und Erdrutsche starben Dutzende Menschen, Tausende mussten ihre Dörfer verlassen.

Ihren Lauf nahm die ökologische Katastrophe in den 1960er-Jahren, als der Nilbarsch *(Lates niloticus)* in dem See angesiedelt wurde, weil er bestmöglichen kommerziellen Gewinn versprach. Der Fisch, der weltweit als Viktoriabarsch verkauft wird und bis zu 2 Meter lang sowie mehr als 150 Kilogramm schwer werden kann, vermehrte sich in ungewollter Rasanz und zerstörte das ökologische Gleichgewicht des gesamten Habitats. Das Tier, das keine natürlichen Feinde in dem See hat, fraß und verdrängte Konkurrenten, die schon immer dort lebten, und brachte viele von ihnen zum oder an den Rand des Aussterbens.

Der Mensch erledigte das Problem auf eine ganz spezielle Weise: Er dezimierte den weltweit begehrten Viktoriabarsch durch Überfischung. Beinahe wäre der Fisch fünfzig Jahre nach seiner Ansiedlung ausgerottet worden – dann setzte das Umsteuern ein. Jetzt dürfen nur noch ausgewachsene Exemplare gefangen werden, wenn sie älter als eineinhalb Jahre und größer als 50 Zentimeter sind. Die gesetzlichen Vorgaben für die

Mindestgröße der Maschen der Fischernetze wurden verschärft, um Jungtiere zu schützen. Allerdings ist es nun der illegale Fang, der den Bemühungen um die Rettung der Barsche zuwiderläuft.

In den 1990er-Jahren begann das zweite Drama rund um eine Art, die niemals in den Viktoriasee hätte gelangen sollen. Die Wasserhyazinthe wurde Ende der 1980er-Jahre über Südafrika eingeschleppt und breitete sich in rasantem Tempo aus. Große Bereiche des Sees, der mit 68.800 Quadratkilometer Fläche ungefähr so groß ist wie die Niederlande und Belgien zusammen, waren mit der Pflanze bedeckt, einige Abschnitte wie das ugandische Küstenufer waren besonders schlimm betroffen. Dort waren gut 90 Prozent mit der Wasserhyazinthe überwuchert.

Sonnenstrahlen dringen nicht durch den dichten immergrünen Teppich, sodass es Fischen und anderen Tieren sowie Pflanzen in dem See an Licht und Sauerstoff mangelt, weshalb sie in ihrer Existenz bedroht sind. Zudem erschweren die Hyazinthen Fischerei und Schifffahrt.

Agrarbetriebe verwenden Pestizide, die zusammen mit ungeklärten industriellen und gewerblichen Abwässern und dem Müll privater Haushalte im Viktoriasee landen und das Wachstum der Schwimmpflanze begünstigen. Das Internationale Zentrum für Agrarforschung mit Sitz in Nairobi stellte fest, dass Regen, der in abgeholzten Gebieten der Region niedergeht, fruchtbare Erde in jene Flüsse schwemmt, die in den See münden. Auch sie begünstigen die Fortpflanzung der Hyazinthen. Dass die mit der Pflanze zugewachsene Fläche trotzdem wieder von etwa 700 auf rund 30 Quadratkilometer verkleinert werden konnte, ist einer

Heerschar gefräßiger Rüsselkäfer zu verdanken, die vor mehreren Jahren am Ufer des Sees angesiedelt wurden – ein Beispiel biologischer Unkrautbekämpfung, logischerweise auch mit einer fremdländischen Art. Neuerdings werden die Hyazinthen zum Biokraftstoff Ethanol verarbeitet, was sie ebenfalls dezimiert.

Das ändert aber nichts daran, dass der Viktoriasee dort, wo die Schwimmpflanze ihr Unwesen treibt, immer mehr zu einem stinkenden Tummelplatz für Erreger von Cholera, Malaria und anderen Tropenkrankheiten wird. Trotz aller Warnungen, rasch und entschlossen gegenzusteuern, nimmt die Ökokatastrophe weiter ihren Lauf. Ständig steigender Bedarf an Brennmaterial, die scheinbar unaufhaltsame Umwandlung von Feuchtgebieten und anderen Arealen in Ackerland sowie inzwischen auch der Abbau von Bausand – einem weltweit begehrten und überraschenderweise raren Gut – zerstören die Uferregionen. Analog zur Verschmutzung nimmt die Bodenerosion zu.

Die für die Erstellung der internationalen Roten Listen verantwortliche Weltnaturschutzunion (IUCN) erklärte in einem 2018 vorgelegten Bericht ein Fünftel der 651 untersuchten Tier- und Pflanzenarten im Viktoriabecken für vom Aussterben bedroht. Im See selbst stehen zahlreiche Fisch-, Weich- und Krustentierarten sowie Wasserpflanzen vor dem Ende. Noch heftiger hat es die endemischen Lebewesen erwischt. Von 205 Arten, die nur im Viktoriasee vorkommen, sind drei Viertel stark gefährdet. Mein auf die Unterwasserwelt spezialisierter Kollege Ole Seehausen, Professor an der Universität Bern, erforscht seit vielen Jahren die Fische des Viktoriasees. Er war an dem Bericht der Weltnaturschutzunion beteiligt und verweist darauf, dass schon zahlreiche Arten in dem Gewässer ausgestorben und weitaus mehr bedroht sind, als es die Studie ausgewiesen hat. Denn in dem See leben mehrere Hundert weitere endemische Spezies, die wir zwar kennen, aber die noch keinen wissenschaftlichen Namen erhalten haben, also noch nicht beschrieben wurden, weshalb sie in dem Bericht nicht berücksichtigt werden konnten.

Der Viktoriabarsch und die Wasserhyazinthe stehen für eine Entwicklung, die erst in jüngerer Vergangenheit in den Fokus der Öffentlichkeit geraten ist. In diesem Buch beklage ich oft, dass wir viele Tier- und Pflanzenarten demnächst noch schmerzlich vermissen werden. Es gibt allerdings eben auch jene, die wie der Viktoriabarsch und die Wasserhyazinthe mehr oder weniger plötzlich an Orten auftauchen, in denen sie eigentlich nichts zu suchen haben und meistens auch nicht erwünscht sind, weil ihre Anwesenheit häufig zulasten heimischer Spezies geht. Die Rede ist von invasiven Arten, die zunehmend zu einem globalen Problem werden, da sie Anstrengungen für mehr Biodiversität zunichtemachen.

Seit 1980 hat die Anzahl an Arten, die irgendwo als gebietsfremd auftauchten, um 40 Prozent zugenommen. In 21 Ländern mit detaillierten Aufzeichnungen ist ihre Zahl seit 1970 um etwa 70 Prozent gestiegen. Rund um den Globus sind aktuell bereits mehr als 18.000 solcher Spezies erfasst. Fast ein Fünftel der Erdoberfläche ist von ihnen bedroht, weshalb sie vom Weltbiodiversitätsrat auch bereits auf Platz fünf der wichtigsten Treiber für den Verlust von Arten und Ökosystemen aufgeführt werden und der Rat dem Thema derzeit ein eigenes Assessment widmet. Sie verbreiten sich schneller denn je zuvor.

Und es gibt keine Anzeichen dafür, dass dieser Trend abnimmt. Verdrängt werden vor allem andere Tiere und Pflanzen, die langsam wachsen und sehr stark auf einen Lebensraum spezialisiert sind. Dazu zählen zum Beispiel Menschenaffen und tropische Hartholzbäume. Weniger anspruchsvolle Allrounder verbreiten sich hingegen rasant rund um den Globus.

DER SCHUB DES KOLUMBUS

Einen wesentlichen Antrieb für die Ausbreitung gebietsfremder Arten bedeutete Ende des 15. Jahrhunderts die Ankunft der Europäer in Amerika. Christoph Kolumbus und seine Nachfolger brachten ganz bewusst amerikanische Arten nach Europa, die heute zum Nahrungsalltag gehören: Kartoffel, Tomate oder auch Mais. Andere Arten schleppten die Seefahrer unabsichtlich ein. Bei der Besiedlung Australiens durch die Briten stellte sich der umgekehrte Effekt ein: Europäische Arten wurden ans andere Ende der Welt exportiert, teilweise mit verheerenden Folgen.

Über die Römer kamen Pflanzen nach Germanien, die wir heute in Deutschland als heimische Arten bezeichnen: Birne, Pflaume, Weizen und Gerste, Klatschmohn, Kornblume, Echte Kamille. Das beweist, nicht alle invasiven Arten schaden. Sie können darbende Ökosysteme sogar stabilisieren. Kommen sie aus benachbarten Lebensräumen, sind sie oft gut integrierbar. Das Bundesamt für Naturschutz betrachtet mehr als 800 gebietsfremde Tier-, Pflanzen- und Pilzarten in Deutschland als etabliert. Als gefährlich für einheimische Arten, Biotope oder Ökosysteme schätzt es 80 Fälle ein, darunter den Waschbären

(Procyon lotor) und den Japanischen Staudenknöterich *(Fallopia japonica)*. Weitere 90 Arten gelten in Deutschland als potenziell invasiv. Auf der EU-Liste der invasiven Arten stehen rund 70 Spezies, darunter der Amerikanische Ochsenfrosch *(Rana catesbeiana)* und das Drüsige Springkraut *(Impatiens glandulifera)*. Knapp zwei Drittel der gelisteten Invasoren kommen in Deutschland vor.

»Biologische Invasionen sind ein Haupttreiber für die Verschlechterung des Ökosystems. Die Zahl der invasiven gebietsfremden Arten nimmt rasch zu, ohne dass Anzeichen dafür vorliegen, dass sich entweder die Geschwindigkeit der Arteneinführung oder das Auftreten neuer invasiver Arten verlangsamt«, lautet das Fazit einer Studie von Wissenschaftlerinnen und Wissenschaftlern aus 13 Ländern, die in Afrika, Asien, Australien und Europa zu dem Thema forschen. Zu ihnen zählt mein unmittelbarer Kollege Ingolf Kühn, Professor für Makroökologie und wie ich tätig am Helmholtz-Zentrum für Umweltforschung in Halle/Saale. Besonders traurig ist eine Schlussfolgerung der Untersuchung: »Obwohl die Grenzen von Schutzgebieten einen gewissen Widerstand gegen Invasionen bieten, werden selbst die isoliertesten und am besten verwalteten Reservate von invasiven gebietsfremden Arten unter Druck gesetzt.« Das heißt, dass auch Nationalparks und Inseln in Gefahr geraten.

Die Forscher schreiben die rasante Entwicklung der ebenfalls steigenden Zahl und immer breiteren Palette an möglichen Wegen zu, über die Arten in Regionen gelangen, die nicht ihre angestammten Gebiete sind. Weltumspannende Transportwege und Warenströme tragen ihren Teil dazu bei. Ozeane und Gebirgszüge verlieren als natürliche Verbreitungsbarrieren massiv an Wirkung. Die Trittbrettfahrer – die Wissenschaft spricht vornehm von »Transportbegleitern« – steigen als blinde Passagiere zu, in Ladungen von Bananenstauden und anderen Lebensmitteln, von Erde, Sand, Kies und weiterem Schüttgut. Sie klammern sich an Schiffsrümpfe oder überdauern im Inneren riesiger Frachträume. Sie segeln auf Plastikteilen über das Meer. Hinzu kommt der Online-Handel etwa mit exotischen Tieren, die von ihren Besitzern später manchmal einfach dort ausgesetzt werden, wo sie definitiv nicht hingehören. Finden die Tiere und Pflanzen annehmbare Verbreitungsbedingungen vor, geht die Invasion erst richtig los: Die Neuankömmlinge vermehren sich. Sie bauen stabile Populationen auf. Von diesen Brückenköpfen aus kommt es zur Massenfortpflanzung und zum Marsch ins gesamte Eroberungsgebiet. Die Auswirkungen sind enorm.

Es ist nichts Neues, dass Arten umziehen, sogar zu regelrechten Eroberungszügen aufbrechen. In Deutschland wurden in den vergangenen Jahrhunderten Zehntausende Arten absichtlich mitgebracht oder unabsichtlich eingeschleppt. Doch beispielsweise das Klima minderte die Überlebenschancen in der Fremde extrem.

Verbreitungsgebiete von Arten haben sich im Laufe der Jahrmillionen ständig verschoben. Seit dem Auftauchen des *Homo sapiens* jedoch, insbesondere seit er Landwirtschaft betreibt, hat sich dieser Prozess verändert. Landwirte sorgen für die gezielte Ausbreitung erwünschter Pflanzen. Dadurch entstehen neue Lebensräume. Diese besiedeln wiederum Arten, die der Mensch zu unerwünschten Schädlingen erklärt und bekämpft. In der Wissenschaft sprechen wir von biologischer Invasion. Es findet also eine Wechselwirkung zwischen gezielter Verbreitung von Tieren und Pflanzen und daraus entstehenden Einfallstoren für andere Arten statt – an die der Mensch mitunter erst einmal nicht denkt. Diese Invasionen finden heute bedeutend schneller statt, als es früher möglich war. Sie können zur völligen Verdrängung großer Teile der ursprünglich heimischen Fauna und Flora führen.

IM MILITÄRJET AUF DEN BALKAN

In der biologischen Fachsprache werden die unwillkommenen Einwanderer »Neobiota« genannt – auch die Begriffe Neozoen, Neophyten und Neomyceten sind gebräuchlich, je nachdem, ob es sich um Tier-, Pflanzen- oder Pilzarten handelt. Ein Beispiel dafür ist der Maiswurzelbohrer *(Diabrotica virgifera)*, ursprünglich in Amerika beheimatet, über den wir auch auf Seite 122 schon kurz sprachen. Die Reise über den Atlantik trat der gefräßige Schädling vielleicht im Bauch einer Lockheed C-5 an, wie sie das US-amerikanische Militär in den 1990er-Jahren für Hilfslieferungen auf dem vom Krieg gebeutelten Balkan einsetzte. Jedenfalls breitete sich das Tier vom Balkan her in Europa aus.

Es war eine Invasion mit Ansage. Mehr als 2,5 Millionen Hektar Anbaufläche für Mais in Deutschland lockten den Schädling. Den 5 Millimeter großen Maiswurzelbohrer erwarteten in Deutschland Pflanzenschutzexperten, nachdem klar war, dass er über Kroatien, Bosnien-Herzegowina und Österreich seine

Weiterreise angetreten hatte. Über Ober- und Niederbayern setzte das Neozoon seine Fraßspur fort. Baden-Württemberg meldete Befall, Niedersachsen war das nächste Opfer.

Ein weiteres Beispiel, das so gar nicht in das Bild des Insekten- beziehungsweise Falterschwundes passen möchte, ist das immer stärkere Auftreten des ostasiatischen Buchsbaumzünslers *(Cydalima perspectalis)* in Europa. Als invasive Schmetterlingsart fand er in Gärten und Parkanlagen, in denen Buchsbaum *(Buxus sempervirens)* angepflanzt wurde, paradiesische Bedingungen vor: eine üppige Nahrungsgrundlage, die bislang kaum ein Konkurrent nutzte, und Lebensräume, frei von natürlichen Rivalen. Fressfeinde haben sich noch nicht etabliert, womit im Laufe der Evolution aber durchaus zu rechnen ist. Die Frage ist nur, wann. Bis es so weit ist, gibt es zwei Möglichkeiten, den Eindringling loszuwerden: Chemikalien oder den Abschied vom Buchsbaum. Es gibt neuerdings einen Hoffnungsschimmer, da Spatzen allmählich ihren Speiseplan um diesen Leckerbissen zu erweitern scheinen.

Berüchtigt ist die Asiatische Kirschessigfliege *(Drosophila suzukii):* Sie legt ihre Eier auf Kirschen, Trauben und Brombeeren ab. Die sehr schnell schlüpfenden Larven können erhebliche Ernteausfälle verursachen. Die Liste ließe sich fortsetzen bis hin zur Neuwelt-Schraubenwurmfliege *(Cochliomyia hominivorax),* eine Schmeißfliegenart, die in ihrer Heimat Amerika erfolgreich bekämpft wurde, aber in erobertem Gebiet bisher nicht auszurotten ist. Sie bevorzugt Wunden und Körperöffnungen von Warmblütern, vor allem Wild- und Haustieren, seltener auch Vögeln und Menschen, für die Eiablage, die daraus entstehenden Larven nisten sich tief ins Körpergewebe ein und entzünden es schwer.

Ich zitiere noch einmal aus der internationalen Studie, an der mein Kollege Ingolf Kühn mitgewirkt hat: »Interaktionen mit anderen Treibern des globalen Wandels verschärfen die gegenwärtigen biologischen Invasionen und erleichtern neue, wodurch das Ausmaß und die Auswirkungen von Invasoren erheblich eskalieren.« Das gilt insbesondere für den Klimawandel, der solche Einwanderungen begünstigt. Südliche Arten dringen in Weltgegenden vor, in denen es früher zu kühl für sie war.

An der Stelle muss ich nochmals an das Problem der Zoonosen erinnern. Seit etwa zehn Jahren werden in Europa zunehmend Mückenarten heimisch, die – anders als die bei uns bekannte Nördliche Hausmücke (*Culex pipiens*) – gefährliche Tropenkrankheiten übertragen können. Auch Zecken und andere Gliederfüßer kommen als Träger von Viren infrage, die als invasive Arten zu uns gelangen. Deutschland und anderen europäischen Staaten drohen in nicht allzu ferner Zukunft Krankheiten wie Dengue- und Zikafieber, aber auch Malaria.

VON SUPERKOLONIEN UND GEN-WAFFEN

Das komplexe Problem der biologischen Invasion ist manchmal sogar wohlmeinendem Umweltschutz geschuldet. So verbot die EU 2003 Bootsanstriche mit dem Gift Tributylzinn, das Bewuchs auf Schiffsrümpfen verhinderte. Seitdem haben blinde Passagiere bessere Chancen auf Weltreisen. Die Zebramuschel *(Dreissena polymorpha)* aus dem Schwarzmeer-Raum verstopft allerorten Rohre und Ventile in Wasserwerken, Schleusen und Turbinen. Bioinvasoren, so schätzte eine von der EU in Auftrag gegebene Studie, richten jedes Jahr Schäden von mindestens 12 Milliarden Euro an.

Problematisch sind zugewanderte Lebewesen dann, wenn sie sich aggressiv auf Kosten anderer ausbreiten, ihnen Nahrungskonkurrenz machen, sie auffressen oder mit eingeschleppten Krankheiten anstecken. Sie sind dann nicht nur gebietsfremd, sondern wahrhaftig invasiv. Sie können auch die Umweltbedingungen verändern, zum Beispiel die Trinkwasser- und Bodenqualität. Die Robinie *(Robinia pseudoacacia)*, ein Baumzuwanderer aus Nordamerika, reichert den Boden mit Stickstoff an. Das entzieht Mager- und Sandtrockenrasen die Existenzgrundlage.

Die Argentinische Ameise *(Linepithema humile)* nutzt in Europa ihre Chancen im Wettstreit um Lebensraum zum Leidwesen heimischer Konkurrenten. Sie wird von der Weltnaturschutzunion zu den 100 schädlichsten invasiven Arten der Welt gerechnet. Das aus Südamerika eingeschleppte Insekt bildet Superkolonien, was bedeutet, dass sich Ansammlungen ein und derselben Art zusammenschließen und im Kampf um Nahrung und Gebiete eine gemeinsame Front gegen Ameisen anderer Arten bilden. Die angestammten Tiere, deren Kolonien sich auch dann bekämpfen, wenn sie artgleich sind, haben der dominanten Überlebensstrategie der »Argentinier« nichts entgegenzusetzen. Die sind in ihrem Verhalten generell deutlich aggressiver als Ameisen, die in Europa seit Millionen Jahren etabliert sind. Die Zugereisten stören zudem das ausgeklügelte Zusammenspiel heimischer Ameisen und Pflanzen und richten dadurch immense Schäden in Ökosystemen an. Die extrem hohen Bestandsdichten der Superkolonien können in geballter Ladung auf Jagd nach Gliederfüßern gehen, die wiederum Bestäuber von Pflanzen sein können.

Ameisen und Blattläuse gehen eine Symbiose ein. Die winzigen Schädlinge stechen mit ihren Mundwerkzeugen in die Stängel von Pflanzen und saugen jeden Tag eine Menge kohlenhydratreichen Saft heraus, die ihrem eigenen Körpergewicht entspricht. Die Blattläuse ziehen nur die Aminosäuren heraus, weshalb bei ihrer Verdauung viel Zucker und Wasser übrigbleiben. Ihre Ausscheidungen heißen Honigtau. Den wiederum lieben Ameisen. Mit ihren Antennen berühren sie die Blattläuse, damit sie den süßen Honigtau abgeben. Als Gegenleistung werden sie von den Ameisen gegenüber Fressfeinden – andere Insekten, Spinnen und sogar Vögel – verteidigt. Die Argentinische Ameise ist bei der Symbiose ganz vorn dabei. Zum Ärger von Landwirten führt das zu Bestandsexplosionen von Blattläusen an Nutzpflanzen. Alle Versuche, die Invasoren auszurotten, sind gescheitert. In Kalifornien gelang es mittels vergifteter Köder, die Bestände der Argentinischen Ameise lokal um bis zu 90 Prozent zu verringern. Aber die Populationen erholen sich recht schnell.

Nicht nur invasive Zecken- und Mücken-, auch Pflanzenarten stellen ein Gesundheitsrisiko dar. Der Riesenbärenklau *(Heracleum mantegazzianum),* auch Herkulesstaude genannt, stammt aus dem Kaukasus und wurde vor mehr als hundert Jahren als Gartenpflanze in unsere Breitengrade eingeschleppt. Aber erst seit den 1980er-Jahren machte er sich auf, Deutschland flächendeckend zu erobern. Der Riesenbärenklau – eine Pflanze kann 80.000 Blüten tragen und bis zu 3,5 Meter hoch werden – wächst an Straßenrändern und Flussufern, mittlerweile aber auch in Parks und anderen Grünanlagen.

Der Riesenbärenklau ist hochgiftig und vor allem für Kinder eine Gefahr. Wer ihn berührt, dem verbrennt die Haut. Die Pflanze gibt Gift frei, durch das die Haut ihren natürlichen UV-Schutz verliert. Sobald die Sonne auf die betroffene Stelle scheint, kommt es zu Verbrennungen zweiten oder sogar dritten Grades. Das Problem bei der Bekämpfung der invasiven Pflanze ist: Ihre Samen können, sage und schreibe, bis zu zehn Jahre in der Erde überleben, bevor sie aufgehen.

Selbst die Tierliebe des Menschen kann Invasoren weit die Pforten öffnen. Früher enthielt Vogelfutter Samen der Ambrosia *(Ambrosia artemisiifolia),* auch Wilder Hanf genannt – oder Asthma-Pflanze, wegen ihrer verheerenden allergenen Wirkung. Ursprünglich war das aggressive Unkraut in Nordamerika beheimatet. In Deutschland ist es seit Mitte des 19. Jahrhunderts nachweisbar und hat sich seitdem zu einem echten Problem ausgewachsen. Bei rund 80 Prozent der Pollenallergiker löst es tränende Augen, Kopfschmerzen und Asthma aus. Die Pflanze ist auf einem offenkundig unaufhaltsamen Vormarsch, rund 12 Prozent aller Deutschen leiden unter ihren Pollen, weshalb sie als eine der schädlichsten invasiven Arten eingestuft worden ist. Sie breitet sich auf vernachlässigten Grünstreifen aus, aber auch in Privatgärten. Eine Staude setzt bis zu eine Milliarde Pollen frei. In Deutschland blüht Ambrosia von Juli bis teilweise in den Dezember hinein. Die Pflanze ist eigentlich nicht kältehart, aber Winter ohne Frost überlebt sie. Behörden reagieren immer wieder mit Vernichtungsfeldzügen gegen den Eindringling, mit mäßigem Erfolg.

Invasive Arten führen auch genetische Angriffe durch: Sie schleusen ihre Gene in verwandte Arten ein und verändern sie damit schleichend – im Extremfall so weit, dass diese komplett »übernommen« werden. Erbgutveränderungen könnten nach Meinung einiger Fachleute aber auch hilfreich sein, um das Problem zu bekämpfen – bis hin zur Ausrottung der Invasoren.

Eine schon seit Längerem diskutierte genetische Waffe namens Gene Drive, auch »Vererbungs-Turbo« genannt, soll unter ihnen aufräumen. Am Beispiel der Stechmücken erklärt: Theoretisch sind wir heute in der Lage, ihre DNS, den Träger ihrer Erbinformationen, zu verändern. Damit könnte man Mücken eine Abwehrreaktion gegen Malaria einimpfen, sodass sie als Überträger der Krankheit ausfallen. Noch radikaler gedacht: Es ließe sich auch ein Gen in der Mückenpopulation verbreiten, das bei Weibchen zur Unfruchtbarkeit führt. Oder man schleust einen sogenannten »X-Shredder« ins Erbgut ein, der für die Vermehrung der Art nur noch Y-Chromosomen zulässt, also lediglich männliche Nachkommen, die nicht stechen und saugen.

Beide Optionen werfen nicht nur Fragen der praktischen Anwendung auf, sondern würden auch einen schweren Eingriff in die Natur mit möglicherweise unabsehbaren ökologischen

Folgen darstellen. Neuseeland hatte in einem Programm zur Ausrottung invasiver Arten ursprünglich vorgesehen, eingeschleppten Raubtieren bis 2050 den Garaus zu machen, mit Maßnahmen, die auch Gene Drive einschließen. Davon ist die Regierung in Wellington inzwischen abgerückt und will die Konsequenzen zuvor unter allen Aspekten abklären, was ich nur begrüße. In meinem Buch habe ich einige Beispiele dafür angeführt, was unüberlegte Aktionen, so gut sie auch gemeint sind, in der Natur anrichten können.

Das Büro für Technikfolgen-Abschätzung beim Deutschen Bundestag (TAB) bewertete Gene-Drive-Technologien 2020 als »neue Möglichkeiten, Probleme im Bereich von öffentlicher Gesundheitsvorsorge, Naturschutz und Landwirtschaft anzugehen, die bisher nicht zufriedenstellend gelöst werden konnten«. Zugleich wies es allerdings darauf hin, dass Gene-Drive-Modelle bislang vorwiegend in der Theorie existieren und hochumstritten sind. Dennoch wurde bereits an Gene Drives gearbeitet, unterstützt von Millionenmitteln aus der Stiftung des Microsoft-Gründers Bill Gates und seiner Frau Melinda. Ziel war die Eindämmung von Malaria durch Manipulation des Erbguts der *Anopheles*-Mücke. Die Entwicklung stand 2020 noch am Anfang und befand sich weitgehend im Laborstadium.

Warten können wir nicht. In der EU und vielen anderen Ländern der Erde sind strategische Konzepte zur Reduzierung bestehender und künftiger Invasionen ausgearbeitet worden. Ihre Umsetzung lässt jedoch in vielen Staaten zu wünschen übrig, aber auch die Sachlage ist noch oft schwierig einzuschätzen. Auch hier muss die Welt zu einem gemeinsamen Handeln finden.

6.5. WELCHEN EINFLUSS HAT DIE WINDKRAFT?

Für die einen war es ein Sturm im Wasserglas, für die anderen ein Hurrikan im Wasserfass. Ich glaube, die Wahrheit liegt irgendwo in der Mitte. Ende 2018 legte Franz Trieb vom Deutschen Zentrum für Luft- und Raumfahrt (DLR) eine Studie vor, die zu dem Ergebnis kam, dass Windräder mitverantwortlich für das Insektensterben sein könnten. Mir erschien das überraschend, und ich möchte das Thema nicht übergehen, da die regenerative Energiegewinnung durch Windkraft auch künftig eine bedeutende Rolle spielen wird. Es ist immer gut, Klarheit zu haben, in diesem Fall darüber, wie viele Insekten tatsächlich Jahr für Jahr den Rotorblättern zum Opfer fallen.

Die Expertise beruhte auf teilweise veralteter Fachliteratur und auf Szenarien, deren Grundannahmen ich nicht wirklich nachvollziehen konnte. Was nicht heißt, dass die Studie unsolide ist. Unseriös empfand ich eher, was beispielsweise sowohl die Gegner als auch die Anhänger der Atomkraft daraus machten. Erstere verwarfen das Ergebnis der Studie und insbesondere Schlussfolgerungen daraus als »total absurd«. Die Atomlobby wiederum jubelte, nun sei bewiesen, dass Windräder gar nicht so umweltfreundlich seien, wie sie von Umweltschützern dargestellt würden. Natürlich stimmt in dieser Absolutheit weder das eine noch das andere.

Die Analyse kam zu dem Schluss: Mindestens 1200 Tonnen Insekten werden Jahr für Jahr von den Rotorblättern der Windkraftanlagen erschlagen. In der warmen Jahreszeit können die Windmühlen jeden Tag fünf bis sechs Milliarden Fliegen und dergleichen den Garaus machen. Der Autor der Studie legte sich selbst nicht fest, was aus seinen Berechnungen zu schließen sei, sondern formulierte vorsichtig: »Diese Größenordnung könnte relevant für die Stabilität der Fluginsektenpopulation sein und damit den Artenschutz und die Nahrungskette beeinflussen.« Mit anderen Worten, die Windenergie ist vielleicht kein Hauptfaktor des Insektensterbens, aber man kann auch nicht sagen, dass sie mit dieser Katastrophe gar nichts zu tun hat.

Ich finde diese Vorsicht wissenschaftlich erst einmal völlig in Ordnung. Aber man kennt das ja in diesen Zeiten – und ich erlebe es selbst oft genug: Jeder zieht sich das raus, was zu seinem Standpunkt passt, und dann wird übereinander hergefallen statt gemeinsam diskutiert. Fachleute, die sich zu Landnutzung, Umwelt- und Naturschutz äußern, geraten schnell unter den Pauschalverdacht, Gegner der Agrar-, Chemie-, Pharmawirtschaft und anderer Industrien zu sein oder eben Freunde derselben, je nachdem, welche Aussage gemacht wird. Ich mache Erfahrungen in beide Richtungen, sitze oft zwischen den Stühlen. Und ich mag es nicht, wenn wissenschaftlichen Arbeiten automatisch politische Absichten unterstellt werden – selbiges gilt auch für die Aussagen von Herrn Trieb.

Unbestritten ist, dass Insekten gerne in der Höhe – auch in den Bereichen, in denen die Rotorblätter ihre Runden drehen – fliegen oder sich in größeren Schwärmen vom Wind durch die Gegend tragen lassen. Sie erreichen auf diese Weise leichter weit entfernte Lebensräume. Ein wunderbares Beispiel sind die Distelfalter *(Vanessa cardui)*, eine Schmetterlingsart, die in Höhen zwischen 100 und 1000 Metern mit bis zu 50

Kilometern in der Stunde unterwegs ist. 2009 erlebten weite Teile Europas eine regelrechte Invasion dieser Tiere aus Afrika. Das Phänomen ist alle paar Jahre zu beobachten und noch längst nicht völlig erforscht. Sicher wissen wir, die spektakuläre Massenwanderung tritt vor allem dann auf, wenn die Bedingungen zur Fortpflanzung im Atlas-Gebirge, das sich über etwa 2300 Kilometer in Marokko, Algerien und Tunesien erstreckt, besonders gut sind. Das heißt, dass nach genügend Regen die Nahrungspflanzen der Raupen gut gewachsen waren und sich daraus massenweise Falter der Art entwickelten. Werden es zu viele, reicht der Platz nicht für alle: Dann begeben sich Millionen Falter auf die Suche nach neuen Lebensräumen. Weil sich die Distelfalter am Ort ihrer Metamorphose zum Schmetterling als Raupen aufgrund des großen Nahrungsangebots jede Menge Kraft anfuttern konnten, sind sie dann in der Lage, bei entsprechenden Winden und günstiger Witterung einen sicheren Flug über das Mittelmeer anzutreten.

Distelfalter gehören damit zu den potenziellen Opfern von Windkraftanlagen. Zur Beruhigung sei gleich gesagt: Die Tiere zählen zu denjenigen Arten, die Bestandsverluste bislang gut verkraftet haben. Ihr Überlebensrezept beruht darauf, eine unglaublich große Zahl an Nachkommen in die Welt zu setzen, und zwar in kurzer Zeit – eine Strategie, die viele Insekten anwenden. Ein einziges Weibchen legt Tausende Eier ab. Selbst wenn aus jedem Gelege lediglich zwei Tiere groß werden und später selbst Nachwuchs in diesem Umfang zeugen, ist das Überleben der Art gesichert. Im Frühjahr 2009 flogen nach unseren Berechnungen rund 11 Millionen Exemplare nach

Großbritannien, sodass sich im Sommer und Herbst desselben Jahres sage und schreibe 26 Millionen Distelfalter auf der Insel tummelten, von denen schätzungsweise etwas mehr als 14 Millionen den Rückweg in südliche Gefilde antraten.

Die Vermutung, dass einige von ihnen dabei unter die Räder – besser gesagt: die Windräder – kamen, liegt auf der Hand. Ich würde dies jedenfalls nicht einfach zur Seite schieben. Die Frage ist jedoch: Wie viele Tiere sterben tatsächlich durch den Zusammenprall mit Rotorblättern? Hat das eine Relevanz für den Bestand? Schwer vorstellbar, dass alle reisenden Schmetterlinge betroffen sein könnten. Die allermeisten Distelfalter werden den Windkraftanlagen entkommen sein.

Allerdings sind Distelfalter nicht die einzigen Insekten, die sich in der kritischen Flughöhe bewegen. Jason Chapman von der University of Exeter forscht seit vielen Jahren, wie Insekten wandern. Er stellte im Süden Englands Radargeräte auf, um ihre Bewegungen auf einem 70.000 Quadratmeter großen Gebiet zu ergründen. Aufgrund der reflektierten Radarwellen der Insekten mit einem Gewicht zwischen 10 und 500 Milligramm – eine Honigbiene wiegt ungefähr 82 Milligramm – konnten die Zahl der Tiere, ihre Fluggeschwindigkeit, -höhe und -richtung ermittelt werden. Damit auch die noch kleineren Insekten gezählt werden konnten, ließ Chapman ein 12 Meter hohes Fangnetz an einem Ballon rund 200 Meter über dem Erdboden herunterhängen. Die Zahlen der winzigen Himmelsstürmer, die in der Falle landeten, wurden hochgerechnet und mit denen vom Echolot erfassten zusammengefasst.

Das Ergebnis war frappierend: Über dem untersuchten Terrain hielten sich zwischen 2000 und 2009 jedes Jahr durchschnittlich rund 3500 Milliarden Insekten in Höhen von mehr als 150 Metern auf. Die überwältigende Mehrheit – nämlich mehr als 99 Prozent – waren winzige Tiere wie Fliegen und Mücken. Sie erreichten Höhen von bis zu 1500 Metern. Die Anzahl der Tiere wies dabei große Schwankungen auf. 2003 wurde mit rund 5000 Milliarden Exemplaren das Maximum erreicht, im Jahr 2007 mit 1900 Milliarden das Minimum.

Noch eine weitere Zahl ist atemberaubend: Die Insekten in luftigen Höhen kamen im Jahresdurchschnitt zusammen auf ein Gewicht von insgesamt 3200 Tonnen – und das nur über einem Teil Südenglands. Auf der gesamten Hauptinsel Großbritanniens dürften also weitere Tausende Milliarden Insekten in der Luft schwirren, ohne dass wir zweibeinigen Erdbewohner das groß mitbekommen. Deutschland ist knapp 358.000 Quadratkilometer groß, das Britische Königreich rund 242.000. Setzt man das alles ins Verhältnis, wird klar, dass die von Trieb errechneten 1200 Tonnen Verlust – und das ist lediglich eine Schätzung – ein vergleichsweise geringer Teil der Insektenbiomasse wäre, der durch Rotorblätter in Deutschland verloren geht.

Die DLR-Studie beruhte wie gesagt auf nicht unbedingt taufrischen Forschungsergebnissen und Annahmen, die womöglich gar nicht mehr zutreffen. Für die Insektendichte in verschiedenen Luftschichten zog der Ingenieur eine Untersuchung aus Schleswig-Holstein für die Jahre 1998 bis 2004 und einen Aufsatz zu dem Thema von 1957 zu Rate. Das Insektensterben in großem Maßstab ist aber eher ein jüngeres

Phänomen. Daraus Modellrechnungen zu entwickeln, wie es Trieb tat, ist wissenschaftlich zulässig. Aber es bleiben Zweifel an der Aussagekraft, zumal die Dichte an Windkraftanlagen und die Regionen generell unterschiedlich sind. Ob ein Windpark in Schleswig-Holstein mit einem in Baden-Württemberg eins zu eins zu vergleichen ist, wage ich zu bezweifeln.

Vor allem aber: Anders als Vögel fliegt die überwiegende Mehrheit der Insektenarten nicht auf der Höhe der Rotoren, sondern eben darunter. Das heißt, selbst wenn die 1200 Tonnen stimmen würden, müsste die Zahl in Bezug zum Gesamtbestand der fliegenden Insekten gesetzt werden. Nur dann kann seriös eingeschätzt werden, ob Rotorblätter eine größere Relevanz beim Verschwinden zum Beispiel der Schmetterlinge haben. Sosehr ich für einen Blick auf die Windräder plädiere, so sehr muss klar sein: Entscheidend ist das, was mit Insekten als Folge menschlicher Eingriffe direkt in ihren Lebensräumen passiert. Während Windräder und Autos lediglich die Tiere erfassen, die zufällig vorbeifliegen oder -krabbeln, sind Lichtverschmutzung, Pestizide, Landzerstörung und -zerstückelung sowie der Klimawandel die schlimmeren Übel. Auf diese Entwicklungen und Habitate müssen wir uns konzentrieren, bevor der letzte Schmetterling stirbt. Und nur zur Erinnerung, um die von Trieb ermittelten Zahlen einschätzen zu können: Allein in Deutschlands Wäldern vernaschen Vögel pro Jahr 400.000 Tonnen Insekten.

Trotzdem wäre es wichtig, den Einfluss der Windkraftanlagen weiter zu erforschen. Insekten auf Wanderschaft sind für den Naturkreislauf von größter Bedeutung. Sie transportieren riesige Mengen an Nährstoffen. Jason Chapman und seine

Kollegen errechneten, dass in den Insekten, die Jahr für Jahr den Himmel Südenglands bevölkern, 100 Tonnen Stickstoff und 10 Tonnen Phosphor stecken. Noch in der Luft oder wieder auf dem Boden angekommen, werden sie von ihren Fressfeinden verschlungen. Die wiederum scheiden sie nach der Verdauung als Kot aus und düngen somit den Boden – wobei ein ähnlicher Effekt natürlich auch unter den Windrädern sich dann zeigen müsste, wenn viele Insekten getötet werden und zu Boden fallen.

Deshalb warne ich davor, die von Trieb angestoßene Diskussion nur als »Nischendebatte« und »Ablenkungsmanöver« abzutun. Durch seine Studie ist bestätigt worden, was wir aus Beobachtungen wissen: An Rotorblättern sterben Insekten in möglicherweise ernst zu nehmenden Mengen. Beleg dafür ist auch, dass sich um die Jahrtausendwende ein Geschäft aus der Reinigung der Teile entwickelte, da die Energieeinbußen durch die am Rotor haftenden Tiere enorm sein können. Dieser Umstand spielt beim Bau von Windkraftanlagen noch überhaupt keine Rolle. Da auch Vögel an oder in den Rotorblättern verenden, hat das Ganze definitiv Relevanz für den Artenschutz. Es ist an der Zeit, dass sich Hersteller der Anlagen mit Umweltexperten zusammentun und überlegen, was getan werden kann, um sowohl dem Vogel- als auch dem Insektentod in den Windrädern zu begegnen.

Kapitel 7

BEVOR DER LETZTE SCHMETTERLING STIRBT – EIN APPELL

»Wir missbrauchen Land, weil wir es als Wirtschaftsgut ansehen, das uns gehört. Wenn wir Land als eine Gemeinschaft ansehen, zu der wir gehören, können wir beginnen, es mit Liebe und Achtung zu nutzen.« Diese klugen Worte stammen von Aldo Leopold, einem Pionier der Naturschutzbewegung, der von 1887 bis 1948 lebte. Gültigkeit haben sie bis heute. Der Professor für Biologie an der Universität von Wisconsin formulierte schon in den 1920er-Jahren die Ethik einer auf Nachhaltigkeit verpflichteten Gesellschaft. Dazu gehört die Aussage: »Unsere noch verbliebenen unberührten Gebiete werden dem Charakter und der Gesundheit der Nation größere Werte bringen als ihrer Brieftasche; und sie zu vernichten bedeutet zuzugeben, dass die letzteren Werte die einzigen sind, die uns interessieren.«

Leopold nannte es »eine der Strafen« seines Berufes, »dass man allein in einer Welt der Wunden lebt«. Heutzutage leiden seine Kollegen nicht mehr in Einsamkeit oder Abgeschiedenheit, wenn sie beobachten, wie der Mensch Natur zerstört. Ihre Äußerungen und Publikationen erreichen eine breite Öffentlichkeit. Aber die Entscheidung zwischen gefülltem Portemonnaie und Allgemeinwohl ist längst nicht geklärt. Sieben Jahrzehnte nach Leopolds Tod haben dicke Brieftaschen für (viel zu) viele Akteure in klassischer Wirtschaft, Finanzmarkt und Politik weiterhin Vorrang vor »der Gesundheit der Nation« – und dem Rest der Welt.

Heute ist es mehr denn je notwendig, unsere Wirtschaftssysteme zu hinterfragen, weg von der rein ökonomischen Ausrichtung hin zu Werten, die jedem wichtig sind. Wie etwa die Schönheit der Natur und eine gute Lebensqualität für alle. Bewegungen wie »Fridays for Future« zeigen, dass Veränderungen möglich sind – zumindest schon mal in den Köpfen. Die Versöhnung von Ökologie und Ökonomie muss sich auf alle Köpfe übertragen, bei Konsumenten, in Gemeinden, Unternehmen, Verwaltungen, regionalen und nationalen Regierungen, den Lenkern der Staatengemeinschaft.

Ich habe mich während der vielen Monate, die ich an diesem Buch arbeitete, gefragt: Soll ich es mit einem Appell enden lassen? Braucht es diesen noch angesichts der Waldbrände in den USA, der Eisschmelze, des Waldsterbens und der Hunderttausenden Corona-Toten? Die Frage brachte mich in einen Zwiespalt: Ja, man kann nicht oft genug warnen. Nein, es gibt schon genug flammende Reden Einzelner und gemeinsame Erklärungen von Wissenschaftlern.

Ende 1992 machte die amerikanische Non-Profit-Organisation Union of Concerned Scientists – übersetzt etwa Vereinigung besorgter Wissenschaftler – weltweit Schlagzeilen. Sie veröffentlichte ihre »Warnung der Wissenschaftler der Welt an die Menschheit«, den rund 1700 führende Forscher unterschieben. Er begann markig: »Mensch und Natur befinden sich auf einem

Kollisionskurs. Menschliche Aktivitäten verursachen schwere und oft irreversible Schäden an der Umwelt und an kritischen Ressourcen.« Die Autoren und ihre Mitstreiter forderten »grundlegende Änderungen«, um die Umweltzerstörung aufzuhalten. Sie befanden, dass »eine große Veränderung unseres Umgangs mit der Erde und dem Leben auf ihr vonnöten ist, wenn unermessliches menschliches Leid vermieden werden soll«. Die Verfasser warben für eine Reduzierung sowohl von Treibhausgasemissionen als auch der Abholzung, Verzicht auf die Nutzung fossiler Energieträger und mehr globale Anstrengungen, das Artensterben zu stoppen. Kommt Ihnen das bekannt vor?

25 Jahre später unterzeichneten mehr als 15.000 Kollegen aus 184 Staaten, unter ihnen diverse Nobelpreisträger, eine »zweite Mitteilung« zu dem Appell von 1992. Im November 2019 folgte eine dritte. Über 11.000 Wissenschaftler aus 153 Ländern, darunter 871 Forscher deutscher Universitäten und Institute, zeigten sich alarmiert wegen eines globalen »Klima-Notfalls«. Wieder war davon die Rede, dass die Menschheit schnell handeln muss, um »unsägliches menschliches Leid« zu verhindern. »Obwohl global seit 40 Jahren verhandelt wird, haben wir weiter gemacht wie vorher und sind diese Krise nicht angegangen«, schrieb Initiator William Ripple, Ökologie-Professor an der Oregon State University. »Der Klimawandel ist da und er beschleunigt sich rascher als viele Wissenschaftler erwartet hatten.« Kommt Ihnen das bekannt vor?

Anlässlich der offiziellen Vorstellung des Zustandsberichtes des Weltbiodiversitätsrates in Paris im Mai 2019 erhielten acht federführend beteiligte Wissenschaftler eine Einladung von Frankreichs Staatspräsidenten Emmanuel Macron in den Élysée-Palast. Auch ich war mit von der Partie. Wir saßen eine Stunde bei einem Espresso zusammen – Kekse wurden nicht gereicht, die gab es erst später bei Bundespräsident Frank-Walter Steinmeier – und erlebten einen äußerst gut informierten und interessierten Staatslenker. Das kann ich über Angela Merkel nicht sagen – zumindest nicht aus eigener Anschauung. Die Kanzlerin hat sich bedauerlicherweise bis heute kaum zu dem Bericht geäußert oder gar erklärt, was aus ihrer Sicht aus der Bestandsaufnahme folgen sollte – ganz anders übrigens als zum Beispiel Umweltministerin Svenja Schulze.

Deshalb sahen wir davon ab, Frau Merkel als Fürsprecherin unserer Sache für die Treffen der G7-Staaten zu gewinnen. Wir setzten auf Macron und sahen uns in dem auf Englisch geführten Gespräch bestätigt. Der Präsident wusste zu meinem Erstaunen eine Menge über die Bedeutung der Insekten für die ökologischen Kreisläufe, insbesondere über deren Bestäubungsleistung, und die Gefahr durch Pestizide. Er beteuerte, das Problem zu sehen und anzugehen.

Die Begegnung zeigte wieder einmal: Das Bewusstsein für die Triple-Krise ist da. Seit Jahrzehnten wissen wir auch: So kann es nicht weitergehen. Aber es geht dennoch immer so weiter. Weder hochemotionale Ansprachen wie die »How dare you«-Rede Greta Thunbergs noch fachlich und sachlich begründete Erläuterungen aus der Wissenschaft führten zu einer bahnbrechenden Richtungsänderung. Meistens bleibt es bei Absichtserklärungen. Vom Scheitern des Pariser Klimaabkommens ganz zu schweigen.

Obwohl Brände, Wirbelstürme und andere Unwetter auf der Welt Billionenwerte vernichten, bewegen sich die Verharmloser und Leugner des Klimawandels kein Stück. Der Druck der Bürger ist nach wie vor nicht hoch genug. Was bedeutet für den Einzelnen auch schon der globale Anstieg des Meeresspiegels um ein paar Millimeter, solange die Kreuzfahrtschiffe noch darüber schippern können? Vielleicht bedurfte es erst der Corona-Pandemie und die alles vernichtenden Feuerwalzen Nordamerikas und Australiens, damit die Welt aufwacht. Die Katastrophen haben der Öffentlichkeit der westlichen Welt gezeigt, dass auch sie der Klimawandel hart trifft, sie obdachlos macht – und nicht nur Bewohner ferner Südseeinseln, die demnächst untergehen.

Wir müssen entscheiden, in welcher Welt wir leben wollen: in einer verödeten oder einer bunten, lebendigen Landschaft. Derzeit stehen etwa 15,1 Prozent der globalen Landflächen unter Schutz. Die Zahl nannte der amerikanische Ökologe und Umweltschützer Eric Dinerstein in einer Studie, die im Corona-Sommer im Wissenschaftsjournal *Science Advances* erschien. Er und die anderen Autoren plädierten dafür, weitere 35,3 Prozent besonders erhaltenswerte Landmasse vor dem ökonomischen Zugriff des Menschen zu bewahren. Die Forscher identifizierten Areale in 50 Regionen in 20 Ländern mit hoher Artenvielfalt, Lebensräume großer Säugetiere und mit der – schon jetzt – am stärksten bedrohten Flora- und Fauna sowie

Wälder und Moore, die zu den größten Kohlenstoffspeichern des blauen Planeten zählen. Eine Umsetzung des Vorschlages würde helfen, die Triple-Krise zu meistern.

Einen ähnlichen Ansatz verfolgen europäische Wissenschaftler für »ihren« Kontinent. Ihr Zauberwort lautet »Rewilding«, also Renaturierung. Sie legten einen Wegweiser zur Biodiversitätsstrategie 2030 vor, der sich an die politischen Entscheidungsträger der EU-Staaten richtet. Die Arbeit mit dem Titel »Förderung der ökologischen Restaurierung für ein wilderes Europa« benennt ramponierte Gebiete in Europa als Schauplätze für die Wiederherstellung intakter Natur. Auf diese Weise sollen fragmentierte und verarmte Territorien mit ökologisch stabilen Lebensräumen verbunden werden. Studienleiter Néstor Fernández vom Deutschen Zentrum für integrative Biodiversitätsforschung fordert, mindestens 20 Prozent der Agrarflächen aufzugeben und in das zu verwandeln, was er funktionierende Ökosysteme nennt.

Die Deutschen würden sich bestimmt freuen. Umfragen bestätigen, dass die überaus große Mehrheit der Bundesbürger – bis zu 90 Prozent – das Thema Klimaschutz als wichtig oder sehr wichtig betrachtet. Es steht damit auf einer Stufe mit dem gesellschaftspolitischen Dauerbrenner der sozialen Gerechtigkeit. Allerdings klafft eine fundamentale Lücke zwischen Bewusstsein und Handeln. Bei vielen Bewohnern der Industriestaaten lautet die Devise: Umwelt- und Naturschutz ja, aber möglichst erst bei den anderen. Zu oft wird behauptet, dass der Einzelne nichts tun könne. Aber viele Einzelne ergeben eine Masse. Ein nicht gekauftes Stück Fleisch ändert nicht das Klima. Zehntausende schon.

DOCH, ES KOMMT AUF JEDEN EINZELNEN AN

Wie schon betont: Ich gehöre nicht zu denen, die Wasser predigen und Wein trinken. Ich bin nicht für konsequenten Verzicht auf allen Konsum, den Grillabend, jede Autofahrt oder Reise mit dem Flugzeug. Ein Hinterfragen des eigenen Handelns, ein bewusster Umgang mit Ressourcen im Alltag hilft schon. Ist es okay, dass Lebensmittel im Müll landen? Gibt es Alternativen zu Billigklamotten? Oder zum SUV? Wie wäre es mit einer Fahrt mit öffentlichen Verkehrsmitteln in die Stadt und der Bahn in den Urlaub statt mit dem Auto oder dem Flieger? Muss es jeden Tag Fleisch sein? Müssen der Rasen und die Hecke des Hauses tatsächlich permanent gemäht und beschnitten werden? Ist ein blühender Garten nicht viel schöner als eine Schotterfläche? Muss man die Wespe immer gleich totschlagen und die Fliege in die Falle locken?

Auf den Willen kommt es an. Für Hobby-Gärtner ist der Verbrauch von Pflanzenschutzmitteln überhaupt nicht reguliert. Jeder kann sich in Baumarkt oder Gartencenter weitgehend frei bedienen und nach Herzenslust hochgiftige Substanzen versprühen oder sonstwie ausbringen. Dabei ist es nicht schwer, einen insektenfreundlichen Garten oder Balkon zu gestalten. Erkundigen Sie sich bei einer Naturschutzorganisation. Die wissen, wie man Insekten auf die Beine hilft und Flügel verleiht. Denn nicht alles, was bunt blüht, nährt Hummel und Bienen. Mut zum Chaos, könnte die Devise lauten. Flächen, die zuwuchern, sind herrliche Biotope. Jeder hat daheim viele Möglichkeiten, einen winzigen Beitrag zu leisten. Ein Segen

wäre es schon, wenn Leute ihre Essensabfälle nicht in Plastik-
tüten in die grüne Tonne schmeißen würden.

Wo Einsicht noch fehlt, muss man vielleicht nachhelfen,
wo es am meisten schmerzt: beim Geldbeutel. Insektizide zum
Beispiel sind zu billig. Wären sie teurer, würden sie wahrscheinlich auch sparsamer eingesetzt. Eine höhere Besteuerung würde
hier helfen. Die Auszahlung der Milliarden, mit denen die EU
die Landwirte subventioniert, könnten zielgerichtet an insek-
ten- und klimafreundliches Verhalten geknüpft werden. Nur
mittels Kombination aus Anreizen, Subventionen, Steuern,
Ge- und Verboten können wir Arten konsequent schützen.

Autohersteller steuern nach Jahren der Ignoranz und des
Festhaltens am Fetisch Verbrennungsmotor um, Banken und
Hedgefonds entdecken »grüne« Anlagen. Manch Unternehmer
hat es vorgemacht und ist, man kann es ruhig so sagen, vom
Saulus zum Paulus geworden. Hans-Dietrich Reckhaus zum
Beispiel, der mit seiner Bielefelder Firma alles herstellt(e), was
Insekten in Gebäuden killt: Ameisenpulver, Ungezieferspray,
Mottenpapier und Fliegenfänger. »Der Tod war mein Beruf«,
beschreibt er selbst sein Schaffen, mit dem das Familienunter-
nehmen eine Menge Geld verdiente. Über den Wert der (ge-
töteten) Insekten für die Menschheit hatte sich Reckhaus nie
Gedanken gemacht – bis er vor einem Jahrzehnt damit begann
und dann gleich sein Tun in Frage stellte.

Der Unternehmer wurde vom Insektenvernichter zum
-retter. Auf Verpackungen – man fühlt sich an die Warnhin-
weise der Zigarettenwerbung erinnert – heißt es nun »Produkt
tötet wertvolle Insekten«. Ein Siegel »Insect Respect« zeigt an:

Wer das kauft, zahlt einen Obolus als Ausgleich für die Tötung von Fliegen und Ameisen. Er fließt in die Schaffung insektenfreundlichen Lebensraums. Reckhaus kündigte an, sich von allen Mitteln zu verabschieden, die den Tieren den Garaus machen. Die Firma verkaufen möchte er nicht, sondern Unternehmer bleiben, um am Markt zu einem generellen Umdenken beizutragen. Gut so.

Noch ein Beispiel: Die Beliebtheit von Bienen als meistens schwarz-gelb-gestreifte Sympathieträger ist so gewaltig, dass sie bisweilen echte Blüten treibt. Die Stadtwerke Nürtingen bieten »Bienenstrom« an. Zusammen mit dem Biosphärengebiet Schwäbische Alb investieren sie in den Anbau und die Pflege artenreicher Blühflächen zur Energiegewinnung in Biogasanlagen. Andernorts muss dafür Mais herhalten, dessen Felder für Bienen und andere Insekten nur wenig attraktiver sind als Schottergärten. Wer das Ökostrom-Produkt – eines von vielen auf lokaler Ebene gegen das Insektensterben – bezieht, zahlt mit seiner Rechnung einen »Blühhilfe-Beitrag«. Der finanziert eine Prämie für Landwirte, die Wildpflanzen für Biogasanlagen anbauen. Der dort entstehende Strom geht aber nicht an die mitmachenden Privatkunden. Er wird anderweitig vermarktet. Die Elektrizität für die »Blühhelfer« entsteht in Wasserkraftwerken, laut Eigenwerbung hundertprozentig klimaneutral.

NICHT VON OBEN HERAB, SONDERN AUF AUGENHÖHE

Bauern kann ich nur auffordern – ja, also doch ein Appell –, ihr Grünland nicht fünf- oder sechsmal im Jahr, sondern wenn es irgendwie geht deutlich seltener zu mähen, und bei jedem

Einsatz von Pestiziden und Dünger genau zu überlegen, ob es sein muss. Auch hier bin ich nicht für strikte Verbote, sondern einem bewussten Umgang mit Ressourcen. Wie leicht Natur- und Klimaschutz sinnvoll verbunden werden können, zeigen solarthermische Anlagen am Boden statt auf dem Dach. Der Grund, auf dem sie stehen, kann sich zu hochwertigen Habitaten entwickeln, sogenannten Biotop-Solarparks – allein deshalb, weil auf ihm entsprechendes Naturschutz-bezogenes Management stattfindet. Allerdings setzt das die Akzeptanz der Bürger voraus, die glänzenden Teile in ihrer Nähe stehen zu haben.

Im Laufe der Jahre meiner wissenschaftlichen Tätigkeit und meiner Erfahrungen in der Politikberatung bin ich natürlich auch zum kühle(re)n Rechner geworden. Ich weiß, Landwirte, Lebensmittelproduzenten und viele andere Zweige der Wirtschaft müssen genau kalkulieren, um profitabel zu bleiben. Es geht daher darum, sie rational und ökonomisch davon zu überzeugen, dass ein Umdenken über die Bedeutung der Artenvielfalt und speziell der Insekten ihrer eigenen Zukunftssicherung dient und ein ernst zu nehmender Faktor in der Gesamtbetrachtung ist. Und uns auch die Schönheit der Schöpfung bewahrt. Wir müssen die Landwirte mitnehmen und als Partner auf Augenhöhe begreifen, statt sie von oben herab als Umweltsünder anzuprangern. Viele von ihnen sind mit der Natur verbunden und an ihrem Schutz interessiert, nicht zuletzt, weil gerade sie um deren Bedeutung wissen.

Mir liegt die Welt am Herzen. Ich erhebe dennoch niemals explizit den Anspruch, mich an ihrer »Rettung« zu beteiligen. Ich forsche schon mein gesamtes Berufsleben und habe – bislang jedenfalls – noch nicht den Stein der Weisen gefunden, genau gesagt: nicht mal ein Kieselsteinchen. Andererseits kann ich nur ein weiteres Mal betonten: Die Lage ist ernst, verdammt ernst. Mein Buch sollte ursprünglich *Bevor der letzte Schmetterling stirbt* heißen und sich »nur« mit dem Rückgang der Insekten befassen. Doch dann kam die Corona-Pandemie. Mir wurde klar, dass der Ansatz jetzt zu kurz greifen würde, der Klimawandel, das Artensterben und die wachsende Gefahr durch Zoonosen in größerem Zusammenhang geschildert werden müsse.

Ich hoffe, ich konnte Sie überzeugen, dass Sie es nun – erst recht oder ab sofort – als unsere gemeinsame Aufgabe betrachten, die Dystopie des ersten Kapitels nicht ansatzweise wahr werden zu lassen. Ich sehe einen positiven Trend, gerade unter jungen Leuten. Ich bin ja ursprünglich aus Bayern und gerade dort hat es sich mit dem Volksbegehren für den Erhalt der Bienen ein breiter gesellschaftlicher Rückhalt für mehr Artenschutz gezeigt. Im Bericht des Weltbiodiversitätsrates von 2019 heißt es: »Gesellschaftliche Ziele – etwa sauberes Wasser, Gesundheit, Nahrungs- und Energiesicherheit, und damit hohe Lebensqualität für alle – können durch einen raschen und optimierten Einsatz von vorhandenen Politikinstrumenten sowie neue Initiativen erreicht werden, die individuelle und kollektive Maßnahmen für einen transformativen Wandel wirksamer nutzen.« Worauf warten wir also noch?

Ein Reporter schrieb einmal über mich: »Angesichts der Brisanz des Themas wirkt er überraschend entspannt.« Das stimmt. Ich war, bin und bleibe zuversichtlich: Die Erde wird weiter existieren. Die Frage ist nur: in welchem Zustand. Wir müssen die

Frage klären: Definieren wir unseren Wohlstand über ständig steigende Wirtschaftszahlen oder über die Lebensqualität? Ich weiß, es klingt mega-abgedroschen. Aber der Satz »Wir haben nur diese eine Welt« bringt es auf den Punkt. Sie ist wunderbar. Und wir wären dumm, wenn wir sie nicht erhielten. Einen Beitrag habe ich hoffentlich mit meiner jahrzehntelangen Arbeit als Forscher geleistet und vielleicht auch ein klein bisschen mit diesem Buch. Das nun doch mit einem Appell endet: Helfen Sie mit, den blauen Planeten zu bewahren – bevor der letzte Schmetterling stirbt.

ALARM WIRD ZU RECHT GROSSGESCHRIEBEN – SCHÜLER FÜR DEN KLIMASCHUTZ GEWINNEN

Die Forschung untersucht den Klimawandel und die damit einhergehenden Risiken für die biologische Vielfalt seit Jahrzehnten. Anfänglich gelangten unsere Erkenntnisse nur spärlich an die Öffentlichkeit. Nun gibt es ein verstärktes Interesse junger Menschen an ihnen. Greta Thunberg und die weltweite Klimaschutzbewegung Fridays for Future trugen wesentlich dazu bei, das Interesse eines breiten Publikums zu wecken. Engagement für den Kampf gegen den Klimawandel führt zwangsläufig zur Sorge um den Zustand der Ökosysteme und der Artenvielfalt.

Das Helmholtz-Zentrum für Umweltforschung (UFZ) hat eine der größten europäischen Forschungsanstrengungen auf dem Gebiet der Arten und Ökosysteme an Land initiiert und federführend begleitet. Das Projekt trägt nicht zufällig den Namen ALARM (www.alarmproject.net). Das Kürzel steht für »**A**ssessing **LA**rge scale **R**isks for biodiversity with tested **M**ethods«, also Abschätzung großräumiger Risiken für die Biodiversität mit getesteten Methoden. Ziel war es, Entscheidern in Politik und Naturschutz Empfehlungen für neue Strategien und fundierte Schutzmaßnahmen an die Hand zu geben.

An diesem Projekt waren von 2004 bis 2009 68 wissenschaftliche Einrichtungen mit über 250 Forscherinnen und Forschern aus 35 Ländern beteiligt. Die Ergebnisse der Forschung zeigen, dass so unterschiedliche Organismengruppen wie Pflanzen, Tagfalter, Hummeln, Amphibien und Reptilien oder Vögel ganz erheblich unter dem bereits stattfindenden Klimawandel leiden und zukünftig noch größere Probleme haben werden. Für sie werden die klimatischen Bedingungen in ihrem momentanen Verbreitungsgebiet untragbar. Neue, günstigere Siedlungsräume können sie oft nicht in absehbarer Zeit erreichen. Hinzu kommt, dass gestörte ökologische Abhängigkeiten wie die eines Falters von den Pflanzen, die seine Raupen ernähren, solche Effekte noch verschlimmern können. Allerdings zeigten die Ergebnisse auch, dass es noch beträchtlichen Handlungsspielraum dafür gibt, die Folgen des Klimawandels abzuschwächen.

Um die jüngere Generation für das Thema zu sensibilisieren, hat vor allem meine UFZ-Kollegin Karin Ulbrich die hochkomplexen Forschungsergebnisse für Kinder und Jugendliche in Schulen aufbereitet (siehe Kasten auf Seite 314). Dazu mussten wir entscheidende Fragen beantworten: Wie kann eine Lernsoftware abstrakte wissenschaftliche Ergebnisse anschaulich machen? Welche Auswahl treffen wir aus der Fülle des Datenmaterials? Wie lassen sich die überwiegend negativen Nachrichten zum Verlust der biologischen Vielfalt sinnvoll mit einer Motivation zum eigenen Handeln verknüpfen? Schließlich: Wie können vorhandene positive Emotionen wie Bewunderung und Interesse für die Natur genutzt werden, um nachhaltiges Engagement bei der jüngeren Generation freizusetzen?

Ein klarer Fall für Schmetterlinge! Es erwies sich als günstige Fügung, dass wir besonders viel Material über Tagfalter anbieten konnten, deren Lebensräume sich – wie die vieler anderer Insekten – durch den Klimawandel stark verändern werden. Schmetterlinge gelten bereits bei Kindern als Sinnbild für die Schönheit der Natur. Darauf konnten wir aufbauen, um das generelle Verständnis für die Lebensraumansprüche einheimischer Arten zu fördern und Motivationen für ihren Schutz zu stärken. Der Entwicklungsarbeit des von uns aufgebauten Netzwerks aus Umweltforschenden und Bildungsexperten kam außerdem zugute, dass globale Verantwortung, kritisches Denken, Aneignung fachlicher Kenntnisse, Bewertung komplexer Prozesse und Kommunikation eigener Erkenntnisse als Bildungsziele anerkannt sind und die Schulen sich zunehmend Anregungen von außen öffnen.

Wir arbeiteten unter anderem mit Expertinnen und Experten der Martin-Luther-Universität Halle-Wittenberg zusammen, des Zentrums für Umwelt und Kultur Benediktbeuern, der Historisch-Ökologischen Bildungsstätte Emsland in Papenburg, dem TorfHaus im Nationalpark Harz und der Ökoschule Franzigmark bei Halle/Saale. Natürlich war auch die Kooperation mit Schulen ein wichtiger Erfolgsfaktor.

Wir begannen mit einer Umfrage unter Schülerinnen und Schülern der 9. bis 11. Klassen eines Hallenser Gymnasiums. Damit erhoben wir ihren Wissensstand über Biodiversität und konnten von ihnen zugleich erfahren, über welche Pflanzen und Tiere sie gern mehr lernen wollten. Interessanterweise erhielt der Feuersalamander (*Salamandra salamandra*) mit großem Abstand die meisten Stimmen, während die Mehrzahl der Amphibien und Reptilien im hinteren Drittel landete. Ich selbst hätte nie gedacht, dass es so leicht ist, Kinder und Jugendliche für diese Themen zu begeistern, und kann nur alle Schulen in Deutschland dazu aufrufen, unsere Mittel, die kostenfrei zur Verfügung stehen, zu nutzen. Unser Ziel ist es, Wissen darüber zu vermitteln, warum wir Insekten erhalten müssen.

KLIMAAMPEL FÜR DEN WEG IN DIE ZUKUNFT

Wir integrierten drei Szenarien einer künftigen Welt aus dem Projekt ALARM in die Lernsoftware: GRAS (**GR**owth **A**pplied **S**trategy – wachstumsorientierte Strategie); BAMBU (**B**usiness **A**s **M**ight **B**e **U**sual – Business wie es üblich sein dürfte); SEDG (**S**ustainable **E**urope **D**evelopment **G**oal – nachhaltiges Europa).

GRAS führt ungebremstes Wirtschaftswachstum mit freiem Handel, Globalisierung und Deregulierung vor. Nur die Folgen des Klimawandels werden bekämpft, seine Ursachen kaum. BAMBU berücksichtigt einige Maßnahmen, um die Erderwärmung abzuschwächen, gleichzeitig auch Anpassungsstrategien an Änderungen, die nicht mehr rückgängig zu machen sind. Artenschutz spielt in diesem Szenario eine gewisse, aber keine bevorzugte Rolle. SEDG geht davon aus, dass sich die Einsicht in die Notwendigkeit einer integrierten ökologischen, sozialen, institutionellen und ökonomischen Nachhaltigkeit durchsetzt.

Weil die Abkürzungen für Schülerinnen und Schüler weder schön noch hilfreich sind, übersetzten wir sie für die einzelnen Szenarien in die Farben Rot, Gelb und Grün, also in dieselben Signalfunktionen wie bei einer Verkehrsampel. Damit machten wir deutlich, dass GRAS die gravierendsten und SEDG die geringsten Folgen für Biodiversität und Ökosysteme nach sich ziehen. So zeigten wir auf Grundlage bereits vorhandener Klimaszenarien unterschiedliche Risiken auf, aber auch diverse Handlungsoptionen. Dieser Denkansatz ist gut geeignet, dynamisches und kritisches Denken zu fördern, und entspricht damit einem Grundanliegen von Bildung.

Das Angebot ergänzt unter anderem eine Rahmenhandlung, in der zwei Jugendliche sich Gedanken über die Zukunft machen, Begegnungen mit Menschen aus der Wissenschaft haben und sich zu Exkursionen aufmachen. Virtuelle Erkundungstouren führen in vier Regionen Deutschlands, wo die Schülerinnen und Schüler Arten nachspüren und den Einfluss des Klimawandels auf sie kennenlernen. Diese Ausflüge in die Wissenschaft sind so konzipiert, dass sie problemlos auf den gleichen Routen real nachvollziehbar sind. Ein Abschnitt unter der Überschrift »Sei aktiv!« ruft zu eigenem Handeln für den Naturschutz auf und gibt Anregungen dafür. Aber immer gilt: Niemand wird gezwungen.

Im Verlauf der Projektarbeit zeigte sich, wie spärlich aktuelle Forschungsergebnisse bislang in deutsche Klassenzimmer gelangen. Ein Großteil des Lernstoffs ist längst veraltet. Wir hoffen, einen unbedingt notwendigen Beitrag dazu zu leisten, das Wissen aus den Sphären der Wissenschaft »auf die Erde« zu bringen. Der Weg dorthin ist mit zahlreichen Problemen gepflastert, auch weil der Anreiz für die Wissenschaft oft zu gering ist. Tests in zahlreichen Klassen zeigen aber, dass viele Kinder und Jugendliche großes Interesse an Lernmaterialien von Experten haben – besonders wenn sie von

»echten Wissenschaftlern« angeboten werden. Begeisterung für praktische Tätigkeit kann dann mit exakter wissenschaftlicher Arbeitsweise kombiniert werden.

DAS THEMA BIODIVERSITÄT IN SCHULEN

Am Helmholtz-Zentrum für Umweltforschung (UFZ) haben wir – vor allem meine Kollegin Karin Ulbrich – in enger Zusammenarbeit mit Bildungsexperten die Lernsoftware PRONAS (PROjektionen der NAtur für Schulen) entwickelt. Sie zeigt, wie Wissenschaftler den Einfluss des Klimawandels auf die Lebensräume von Tieren und Pflanzen untersuchen. Tagfalter sind hierfür der Ausgangspunkt, da wir für sie auf einen Atlas der klimatischen Risiken in Europa zurückgreifen konnten, den wir 2008 publiziert hatten und der online frei zum Download verfügbar ist. (https://biorisk.pensoft.net/article/1821/)

Die Lernsoftware war interdisziplinär angelegt und für die Fächer Biologie, Geografie, Ethik, Mathematik und Informatik ebenso geeignet wie für Sozialkunde, Deutsch und Kunst. Handreichungen für Lehrkräfte gaben konkrete Hinweise auf den Einsatz im Unterricht und in der außerschulischen Arbeit. Ziel von PRONAS war es, bei jungen Menschen Interesse am Thema Klimawandel und Artenverlust zu wecken, ihr Bewusstsein zu schärfen und die Motivation zu eigenem Handeln zu erhöhen. Dafür präsentiert das Programm Zukunftsszenarien und Simulationen, eine Kombination von virtuellen und realen Exkursionen sowie Einblicke in die Arbeit von Wissenschaftlern.

PRONAS gab es auf Deutsch und Englisch und war kostenfrei verfügbar. Weil PRONAS nur noch von älteren IT-Systemen genutzt werden kann, hat das UFZ, sprich Karin Ulbrich – ebenso zweisprachig – zusätzlich die Lernsoftware SITAS veröffentlicht. SITAS steht für SImulation von SchmeTterlingen und SzenArien für Schulen. Sie ist technisch auf dem neuesten Stand und damit leicht und gut anwendbar. Zudem hat SITAS einen expliziten Bezug zu heimischen Schmetterlingen. Sie findet ich unter: https://webapp.ufz.de/sitas/.

DANKSAGUNG

Zuallererst geht mein ganz herzlicher Dank an Tommy Schmoll, der nicht locker ließ, mich von der Idee eines derartigen und letztlich dann dieses Buches zu überzeugen, und der dann die Aufgabe auf sich nahm, sich in meine Hirnwindungen hineinzudenken und die vielen Elemente dessen, was ich glaubte erzählen zu müssen – und etwas mehr als dies – in die richtigen Worte und Sätze und schließlich eine konsistente Story zu bringen. Beim Edel-Verlag bedanke ich mich für die professionelle Unterstützung und Begleitung des Vorhabens – insbesondere spielte Dr. Marten Brandt hier eine Schlüsselrolle. Michael Meller und seiner Agentur danke ich für das Vertrauen mich in diesem Prozess zu vertreten und zu unterstützen. Ohne die genannten Personen und Persönlichkeiten hätte es dieses Buch nie gegeben.

Für die Unterstützung über all die Jahre und Jahrzehnte in fachlicher und persönlicher Hinsicht gilt mein Dank ungeheuer vielen Menschen. Neben meinen lieben und leider längst verstorbenen Eltern wie auch meinem Doktorvater Prof. Dr. Werner Koch will ich besonders erwähnen: Adam Vanbergen, Alban Pfeifer, Aletta Bonn, Alexander Harpke, Alexandra-Maria Klein, Alfons Mack, Almut Arneth, Andreas Krüß, Anett Richter, Angela Lausch, Aniko Kovács-Hostyánszki, Anja Schmidt, Anne Larigauderie, Anne Lindner, Annette Schmidt, Andy Purvis, Axel Hofmann, Beate Jessel, Beate Schütze, Bill Kunin, Bill Settle, Birgit Binzenhöfer, Bruno Elischer, Chris

Margules, Chris Thomas, Chris van Swaay, Christophe Do-
minik, Christoph Häuser, Christian Stettmer, Christian Wirth,
Christine Preisser, Conny Eisenschmidt, Constanti Stefanescu,
David Roy, Demi Macandog, Dirk Maes, Doris Vetterlein, Doris
Wolst, Eduardo Brondizio, Elisabeth Kühn, Ellen Selent, Enrique
Garcia-Barros, Enrique Pereira, Erwin Rennwald. Eugene VanA-
ckere, Franz Schnabl, Frank Wätzold, Gabriel Herrmann, Georg
Kugelmann, Georg Teutsch, Giselher Kaule, Graham Elmes,
Hajnalka Szentgyörgyi, Hans Van Dyck, Hans-Joachim Poethke,
Harald Plachter, Hartmut Kretschmer, Hartmut Roweck, Hien
Ngo, Ingolf Kühn, Ingolf Steffan-Dewenter, Irma Wynhoff,
Isabell Hensen, Jens Dauber, Jens Jetzkowitz, Jeremy Thomas,
Jesus-Victor Bustamante, Jimmy Cabbigat, Joachim Rüth, Joa-
chim Spangenberg, Jörg-Uwe Meineke, John Dover, Jürgen Ott,
Julia Giebler, Julia Schmidtchen, Julian Gutt, Kai Tobias, Karin
Johst, Karin Ulbrich, Karin Zaunberger, Karsten Schönrogge,
Klaus Henle, Kong Luen Heong, Konrad Fiedler, Konrad Mar-
tin, Koos Biesmeijer, Koos Boomsma, Laszlo Rakosy, Leo und
Pasita Bustamante, Leo Marquez, Lyubomir Penev, Magdalena
Kugelmann mit Familie, Marcelo Sánchez Sorondo, Mari Moora,
Maria Hoffmann mit Familie, Mariam Akhtar-Schuster, Mark
Frenzel, Mark Rounsevell, Markus Bräu, Markus Fischer, Markus
Franzen, Marlies Uhlig, Marten Winter, Martin Drechsler, Mar-
tin Musche, Martin Schädler, Martin Sorg, Martin Sykes, Martin
Warren, Martin Wiemers, Martin Zobel, Martina Šašić, Mathil-
de und Hermann Riederer, Matthias Dolek, Michael Kleyer, Mi-
chael Sommer, Michał Woyciechowski, Miguel Munguira, Mike
Hulme, Mikko Kuussaari, Mladen Kotarac, Monina Escalada,

Montse Vilà, Nga Ott, Nicola Gallai, Nicolas Titeux, Oliver Schweiger, Otakar Kudrna, Patrick Tonissen, Paul Leadley, Pavel Stoev, Peter Fritz, Peter Poschlod, Petr Pyšek, Piotr Nowicki, Ralf Seppelt, Reinart Feldmann, Reinhold Jahn, Riccardo Bommarco, Risto Heikkinen, Robert Paxton, Robert Scholes, Robert Spaull, Robin Moritz, Roel van Klink, Roger Dennis, Roland Steiner, Rolf Reinhardt, Rotraud Krüger, Rudi Verovnik, Sabine Geißler, Sam Settele, Sandra Diaz, Sepp Margraf, Silke Beck, Simon Potts, Simona Bonelli, Sophie Erfurth, Stefan Klotz, Steffen Caspari, Sue Collins, Susan Walter, Susanne Hufe, Teja Tscharntke, Thomas Hickler, Thomas Hovestadt, Tibor Hartel, Tim Carter, Tim Shreeve, Tom Oliver, Trig Treadaway, Uta von Witsch, Ute Jacob, Volker Grescho, Volker Hahn, Volker Hammen, Walter Schmidt, Willi Sälzle, Wolfgang Cramer, Wolfgang und Wilma Ewen, Wolfgang Nässig, Xiushan Li, Zdenek Fric, Zoltan Varga und viele weitere, die ich leider hier nicht alle aufzählen konnte, sowie das Claretinerkolleg in Weißenhorn, iDiv, und das Helmholtz-Zentrum für Umweltforschung – UFZ.

Bedanken will ich mich ebenso schon jetzt für Hinweise zu Fehlern, die sich trotz aller Sorgfalt, die ich natürlich versuchte walten zu lassen, eingeschlichen haben mögen und derer ich aus der 1. Auflage schon einige wertvolle erhielt. Damit meine ich wirkliche Fehler und nicht nur Nuancen, die einer besseren Verständlichkeit geschuldet sein könnten, und dem Experten nicht immer ganz korrekt vorkommen mögen.

Josef (Sepp) Settele
Halle (Saale), Dezember 2020

 Prof. Dr. Josef Settele arbeitet am Helm-holtz-Zentrum für Umweltforschung – UFZ – in Halle/Saale, wo er die AG »Tierökologie und sozial-ökologische Systeme« im Department Biozönose-forschung leitet. Er ist promovierter Agrarwissenschaftler und Professor für Ökologie an der Martin-Luther-Universität Halle-Wittenberg. Seinen Forschungsschwer-punkt Insektenkunde hat er stets eingebettet in Analysen von Landnutzungssystemen – sowohl im Hinblick auf landwirt-schaftliche Produktion als auch Schutz der Artenvielfalt. Josef Settele ist seit vielen Jahren in internationale Assessments in-volviert und war u. a. Koordinierender Leitautor (CLA) im 5. Sachstandsbericht des IPCC und CLA im IPBES Bestäubungs-Assessment. Er ist Co-Chair des Globalen Assessments von IPBES, gemeinsam mit Prof. Sandra Diaz (Argentinien) und Prof. Eduardo Brondizio (USA/Brasilien). Er ist auch Leiter des Tagfalter-Monitoring Deutschland (TMD), dem einzigen deutschlandweiten Langzeitmonitoring für Insekten. Zum 1. Juli 2020 wurde er von der deutschen Bundesregierung in den Sach-verständigenrat für Umweltfragen berufen.

Edel Books
Ein Verlag der Edel Germany GmbH

Copyright © 2020 Edel Germany GmbH,
Neumühlen 17, 22763 Hamburg
www.edelbooks.com
2. Auflage 2020

Redaktion: Thomas Schmoll
Projektkoordination: Dr. Marten Brandt
Lektorat: Dr. Marten Brandt | Dorit Aurich, lektoratplus
Umschlagfotos: picture-alliance
Layout und Satz: Datagrafix GSP GmbH, Berlin
Umschlaggestaltung: Rothfos & Gabler, Hamburg
Druck und Bindung: GGP Media GmbH, Pößneck

Printed in Germany

ISBN 978-3-8419-0653-3